普通高等教育农业农村部 "十三五" 规划教材
全国高等农林院校"十三五"规划教材
全国高等农业院校优秀教材

草地调查规划学

朱进忠　主编

中国农业出版社
北　京

内 容 简 介

　　本书是为适应我国现代草牧业建设与发展，草学人才培养而编写的教材。全书共分为 11 章，系统介绍了草地调查与规划的一些基本概念，草地调查与规划涉及的理论基础；天然草地调查，人工饲草料地调查，草地调查资料的整理与图件编制；草地管理、利用和建设调查，退化草地与草地灾害调查；天然草地保护与利用规划，人工饲草料地建设规划和草地经营实体牧场规划的技术与方法。

　　本书可作为草业科学专业教学用书，也可供畜牧、资源、环境、生态等领域科技和管理人员阅读参考。

编写人员

主　编：朱进忠（新疆农业大学）

副主编：花立民（甘肃农业大学）

　　　　安沙舟（新疆农业大学）

参　编：（按编写章节排序）

　　　　张鲜花（新疆农业大学）

　　　　干友民（四川农业大学）

　　　　唐庄生（甘肃农业大学）

　　　　孙飞达（四川农业大学）

　　　　蒲小鹏（甘肃农业大学）

　　　　孙海松（青海大学）

　　　　李治国（内蒙古农业大学）

　　草地调查规划是草业科学专业的一门主干课程。作为国家统一组织编写的草地调查与规划的教材产生于20世纪80年代，在全国高等农业院校教材指导委员会领导下，先后编写出版了《草原调查与规划》（甘肃农业大学，1985）、《草地调查规划学》（许鹏，1994）、《草地资源调查规划学》（许鹏，2000）。这些教材的出版，对草学学科建设、人才培养以及促进草业建设与发展发挥了重要作用，并在理论与实践上丰富和发展了草地调查规划课程内容。

　　自改革开放以来，我国农业经营体制发生了重大变化。随着土地家庭承包经营责任制在种植领域的推行，草牧业领域也相继推行草原家庭承包责任制，实行以家庭承包经营为基础、统分结合的双层经营体制，成为农牧业经营方式的主体。当前，我国生态文明发展正处于重要的历史阶段，草业发展面临着新的机遇和挑战。保护修复草原生态、大力发展草产业，重现绿水青山和助力乡村振兴成为草业工作的重要任务。以往教材内容无论是现在还是应对未来，显然已难以适应农区、牧区改革后的发展要求，特别是涉及草地和草业的规划部分，原教材内容和解决问题的出发点与现实草原生态服务功能定位以及草产业高质量发展需要相差甚远。另外，草地调查规划是一门综合性、应用性较强的课程，涉及的许多内容源于草业科学专业课程和专业基础课程。作为一门独立的专业主干课程，为了避免在教学过程中与其他课程出现相同的内容，对课程教学内容重新界定，建立相对完整的课程内容体系，并编写适应新时期教学改革和现代草业发展进程的教材是非常必要的。本教材正是基于以上原因而编写的，以适应我国现代草牧业建设与发展、为建设生态文明和美丽中国培养草学人才。

　　从内容与结构来看，本教材既注意了草地调查与规划的发展离不开对相关学科理论成果的借鉴与吸收，又关注了现代新技术的发展动态与应用，同时对当前草地保护与经济发展面临的生态与经营问题给予了重视，草地经营实体的规划更符合经营体制和生产方式的变革。本教材虽然与原教材相比有较大改进，但不全然是知识创新，传承了原教材的一些基本理论与技术体系，吸取了原教材中的精髓。

　　本教材共分为四部分，第一部分主要论述了草地调查与规划的一些基本概念和草地调查与规划涉及的理论基础；第二部分介绍了草地资源调查的技术思路与方法，包括天然草地调查、人工饲草料地调查和草地资源调查资料的整理与图件编制；第三部分是专题调查，主要内容包括草地管理、利用和建设调查，草地退化与草地灾害调查；第四部分是草地保护、利用与建设规划，包括天然草地保护与利用规划、人工饲草料地建设规划和草地经营实体牧场的规划。

本教材是集体智慧的结晶，参加编写人员有朱进忠（第一、二、四章），花立民（第三、六章），安沙舟（第四、七章），张鲜花（第五章），干友民、唐庄生（第六章），孙飞达（第八章），花立民、蒲小鹏（第九章），孙海松（第十章），李治国（第十一章）。全书由朱进忠、花立民、安沙舟负责统稿。

本教材在编写过程中得到了新疆农业大学草业与环境科学学院、甘肃农业大学草业学院及相关参编学校的支持，在此一并表示诚挚的感谢。本书在编写中参考和引用了国内外一些学者的研究成果，在此表示谢意。

由于本教材涉及领域广泛，加之编者水平的限制，不足之处在所难免，恳请读者批评指正。

编　者

2020 年 1 月

CONTENTS >>> 目 录

第一章

绪　论

第一节　草地、草地调查与规划的概念

一、草地的概念

草地是从事草业生产的基本生产资料，要开展调查与规划工作，首先要对草地及其相关概念有所了解。

（一）草地、草原与草地资源

1. 草地　在以往的草学教材中均对草地的概念进行了阐述，并对草地一词的认识与发展过程做过系统的总结与说明。从 20 世纪 50 年代王栋给草地所下定义起，诸多学者从不同角度对草地的认识进行了有益的探讨，逐渐对草地的概念，草地的性质、内涵与功能以及与社会发展的时代性，达成了共识。由最初对草地只是一类自然体的认识，到对草地所承载的内涵与时代发展所赋予的功能有了一个全面认识。例如，贾慎修（1982）认为"草地是草和其着生土地构成的综合自然体，土地是环境，草是构成草地的主体，也是人类经营利用的对象。"许鹏（1994）认为草地是一类特定的绿色植被、土地类型、环境景观、自然资源，草地的定义应为"具有一定面积，由草本植物或半灌木为主体组成的植被及其生长地的总称，是畜牧业的生产资料，并具有多种功能的自然资源和人类生存的重要环境"。在《中国草地资源》一书中，对草地给予以下定义："草地是一种土地类型，它是草本和木本饲用植物与其所着生土地构成的具有多种功能的自然综合体。包括植被盖度＞5％的各类天然草地，以牧为主的树木郁闭度＜0.3 的疏林草地和灌丛郁闭度＜0.4 的疏灌丛草地，弃耕还牧持续撂荒时间＞5 年的次生草地，以及实施的改良草地和人工草地等。"任继周（2015）在以往对草地认识的基础上，对草地的概念做了进一步的界定和说明，"草地同草原，是土地资源的一种特殊类型，主要生长草本植物，或兼有灌木和稀疏乔木，可以为家畜和野生动物提供食料和生存场所，并为人类提供优良生活环境和其他多种生物产品，是多功能的草业基地，不包括植被盖度在 5％以下的永久禁牧草地。"

在国外，不同国家对草地存在不同的认识，并随着时代的发展不断更新。表示草地与草原的英文单词有"rangeland"和"grassland"。rangeland 主要是指天然草地，包括温带草原、热带或亚热带稀树草原、灌木地、荒漠、高寒草原、冻原、湿地和草甸。grassland 与我国草地概念的内涵基本一致，不仅包括以草本植物为主的天然草地，也涵盖人工草地。rangeland 和 grassland 在词意和实指草地的内涵上侧重点不同。

从世界范围而言，尽管对草地概念的描述仍众说纷纭，但有着共同的趋向。随着社会生产力的发展、科学技术的进步以及对草地功能的进一步认识和理解，草地的概念、含义也在逐步深化。

随着现代生态学与系统论对地学领域的渗透，对自然资源的认识系统论观点越来越被引起重视。持这一观点者认为，草地应该是由天然草地、人工草地和改良及培育草地子系统构成的草地大系统，是包含了非生物要素的气候、地形、土壤与水文，生物要素的植被与人类活动作用结果的自然综合体。对草地的任何干扰，都会受到系统组成要素的制约，并对草地的发展产生影响。因此，对草地的认识不能仅停留在对一种自然体的描述与可利用功能的认识，而应随时代的发展将草地看作一类具有完备组分和多样性系统结构与利用功能，可为人类造就福祉的再生资源。

2. 草原 在我国，草原一词有地理学、植物学、农学、社会学的不同含义。在地理学和植物学范畴，草原是特指的一类自然地理景观和植被类型，是以多年生旱生草本植物为主组成的群落类型，在陆地表面占有特定的生态位与固定的自然地理空间。草原植被通常被划分为温带草原（steppe、prairie、pampas、veld）和热带稀树草原（savanna）。在农学范畴，草原是指一种特定的土地类型，用于草牧业生产，是具有多种功能的自然资源。而在社会学范畴，草原则体现的是人类生存环境、一种文化等。

3. 草地资源 对草地资源概念的认识，在我国基本形成了共识。《中国草地资源》一书中对草地资源的定义是："草地资源是具有数量与质量、空间结构特征，有一定分布面积，有生产能力和多种功能，主要用作畜牧业生产资料的一种自然资源。"许鹏（2000）在《草地资源调查规划学》一书中对草地资源的概念做了进一步的补充，"草地资源是经过人类利用、经营的草地，是生产资料和环境资源，是有数量、质量和分布地域的草地经营实体，使蕴藏的生产力变为现实生产力。同时，草地资源的内涵，随着生产的发展，应该扩展为一切天然、人工、副产品饲草料资源的总体。"

以上定义，草地资源指的是从人类利用角度理解的一类生产资料与环境资源，具有数量与质量、空间结构和功能特征，在一定的时间和技术条件范围内，可以为人类提供生活环境物质和能量的草地。数量与质量是体现草地资源经济属性的基本特征，主要包括：草地的面积和所具有的第一性生产力，即草地的草产量和载畜量；草地牧草内含化学成分，用于放牧家畜的适口性和利用率，适宜利用方式、季节、家畜种类等。而空间结构指的是草地类型在某一区域三维空间中分布的格局及组成结构。其功能是指草地可以改善环境，保护生态，为家畜提供饲料，为医学和工业提供原料，为野生动物提供栖息与繁衍地，为人类提供游憩场所等。

（二）草地与草原、草地资源的区别与联系

1. 草地与草原 草地与草原的关系，从农学的范畴讲应该是同义词。任继周（2015）认为，在一般情况下草地与草原视为同义词，它们之间的区别是草地指中生地境，人工管理成分较多并有所指的某些具体地块（meadow、pasture、grassland）；草原则泛指大面积和大范围的较为干旱的天然草地（steppe、rangeland）。仅就其农学属性而言，因语境不同，可视为同义词互相取代。胡自治在《草原分类学概论》一书中提出，鉴于我国对草原一词的认识存在农学和植物学范畴内的含义差异，在不排除传统语言和有利于国际交流的前提下，将草原与草地两词在农学和植物学中恰当使用。在农学的范畴，草原与草地两词可并存；在国际学术交流中，草原对应 range、rangeland 两词，草地对应 grassland 和 pasture 两词。

2. 草地与草地资源 以上介绍了国内具有代表性的对草地与草地资源概念的一些认识，

从中不难看出，草地资源与草地在概念上有区别。天然草地是一自然体，它包括了自然界一切类型的草地，具有自然资源的基本属性；而草地资源则是侧重于在一定技术条件和时间内可为人类利用的草地，是从草地所具有的资源利用价值的角度来阐述其含义。在这里提出"草地资源"概念的目的，是为了进一步强调草地作为一种自然资源所具有的资源利用价值方面的基本属性。草地资源不是全部草地，只有当人类通过一定的投入、开发、利用、经营和管理等活动，产生一定的收益，草地方可作为生产资料而成为资源，那么草地的范围应比草地资源范围更广。由于草地与草地资源的研究对象均是草地，而不同之处在于，草地资源的研究更具有利用与经济的目的性，因此草地资源包括草地在被开发利用后可能创造的价值，因而草地资源具有自然与社会经济双重属性。这种社会经济属性使其在开发利用时，印上了社会烙印，进入商品流通领域，从而产生一定的经济价值。

二、草地调查与规划的概念

（一）草地调查

草地调查就是对某一地区的草地或草地资源的形成要素、类型和空间分布、数量和质量特征、利用现状以及生态、环境与草业生产发展关系进行的调查与研究，据此提出草地利用与保护对策。

草地调查有草地普查与专题调查。草地普查是针对某一区域的草地以查清资源本底与利用现状为目的的综合性调查，如 20 世纪 80 年代我国开展的全国性草地资源普查工作，对我国的草地面积、分布状况、数量和质量特征、利用现状进行了全面调查。而专题调查，是针对某一目的而开展的调查工作，如对草地自然保护区调查、退化草地调查等，工作的侧重点是只查清专题所涉及的内容即可，有较严格的专一性。

（二）草地规划

草地规划也称草地保护与利用规划，是针对某一特定区域、某一时段内对草地资源保护与合理利用进行的资源配置、生产布局、优化管理和利用的综合性技术与经济的设计，使草地在未来利用中实现资源利用效率的最大化，实现资源的可持续利用以及社会、经济与生态环境的健康发展。草地规划包括总体规划、专项规划。总体规划是针对某一区域草地保护与利用而制定的综合性规划；而专项规划是针对草地利用与保护中某一部分内容的专项规划与设计，如我国目前实施的退牧还草工程规划、草地防灾减灾设施建设规划、草地经营实体牧场规划等，具有明确的针对性和专一性，是草地利用与保护总体规划的深入和补充。

第二节 草地调查与规划的目的、任务与内容

一、草地调查与规划的目的与任务

草地是人类赖以生存的一类重要的可再生绿色资源，是保护生态、发展畜牧业、保障食物安全、提高全民健康水平的生产与生活资料。草地的数量与质量及其演变趋势均会影响人类发展、社会进步与环境安全。因此，阶段性地定期对草地资源进行调查与优化利用，不仅

可以了解当前草地资源的数量与质量及其发展趋势和利用中存在的问题与矛盾，并据此制订或修正草地的利用与保护方案，而且可以通过这项工作，力求创造与始终保持自然、资源、人口、经济与环境协调和谐的发展状态。草地调查与规划工作正是完成与实现这一任务和目标的方法与技术手段。通过调查与规划工作，发掘积极因素、控制不利因素，从草地资源的配置、合理利用、基础设施建设、牧场管理与经营着手，制定综合与专项的发展规划，以促进草地资源的保护、生态系统良性循环及草业生产与经济的持续、稳定和高效发展。

二、草地调查与规划的内容

依据草地调查与规划工作的目的和任务，调查与规划工作内容一般包括以下方面。

1. 草地调查工作内容 草地调查的工作内容包括草地构成要素调查，天然草地调查，人工饲草料地调查，草地利用、保护与管理调查，退化草地调查，草地灾害调查以及调查资料的整理与总结。草地调查的目的是查清草地资源与利用现状，了解利用中存在的矛盾及其形成机制，提出资源利用与保护的决策建议和实施方案。

2. 草地规划工作内容 草地规划的工作内容包括天然草地保护与利用规划、人工饲草料地建设规划和草地经营实体牧场规划三部分。天然草地保护与利用规划包括规划的指导思想、依据、原则与目标，规划编制的工作程序与规划编制的内容与方法；人工饲草料地建设规划包括规划的指导思想、依据与原则，规划的目标、规模与期限，规划的内容与方法；草地经营实体牧场规划包括牧场的组织形式与经营规模、牧场的生产设施与布局、牧场草畜资源的配置、牧场经营与管理、牧场的环保方案以及牧场风险评估。

第三节　草地调查与规划的历史沿革与发展趋势

一、草地调查与规划的历史沿革

我国的草地资源研究工作，主要源于对草地的类型划分研究与草地资源的调查评价，对学科建设与发展卓有成效的工作始于 20 世纪。

（一）20 世纪 50 年代之前的草地调查与研究工作

20 世纪 50 年代之前，老一辈植物、生态与草原学家耿以礼、李继侗、刘慎谔、郝景盛、秦仁昌、侯学煜、曲仲湘、朱彦丞、何景、王栋、贾慎修、崔友文等，分别在甘肃、内蒙古、新疆、西藏、青海、贵州、云南等地区，开展了一些植物、植物群落、植物地理、牧草与草地的调查与研究工作，涉及草地植被与资源本身的若干问题。其成果既有较深的理论探讨，也有广泛的实践探索，是我国最早的植被与草地资源研究资料。

（二）20 世纪 50～60 年代的草地调查与研究工作

区域性的草地调查工作始于新中国成立后。1950 年，西北军政委员会组织科技人员赴宁夏、甘肃、青海、新疆、陕西等地进行草地与畜牧的调查工作。1951—1954 年，政务院文化教育委员会组织一批科学家对西藏自然资源进行了考察，其中包括了草地资源的调查，取得了新中国成立后首批有关地域性草地资源的资料。在此期间，农业部、内蒙古自治区也邀请王栋、李世英、汤彦丞等一批科学家对锡林郭勒盟的乌珠穆沁草原进行了考察，编写完成了《内蒙古锡林郭勒草场概况及主要牧草的介绍》。与此同时，王栋与任继周还对甘肃皇城滩和大马营草地进行了调查，编写了《皇城滩和大马营草原调查报告》。中国畜牧兽医学会、农业部、内蒙古自治区农牧厅组织了内蒙古伊克昭盟草原调查队，对东胜县、鄂托克旗、杭锦旗的草原进行了重点调查。1956—1959 年内蒙古自治区畜牧厅草原管理局组建草原队，首次对内蒙古的草地开展了大规模调查。1955—1958 年，新疆维吾尔自治区畜牧厅组建了草原调查队，对阿尔泰山、天山、帕米尔高原、昆仑山地区的天然草地进行了大规模调查，并按季节牧场进行了牲畜配置规划。随后，新疆维吾尔自治区草原勘查设计大队、中国科学院新疆土壤沙漠研究所、新疆畜牧科学院、新疆八一农学院又以县或牧场为单位进行了草地调查工作。

（三）20 世纪 60～70 年代的草地调查与研究工作

在这一时期，为适应草地畜牧业生产和建立国营畜牧场的迫切需要，全国各地先后开展了大规模自然资源的科学研究与综合考察，并进行了若干重要资源的专题调查。在此项工作中，首先在我国草地的主要分布区，如内蒙古、新疆、青海和甘肃，由地方政府组建草地资源勘测队，开展区域性草地资源的调查工作。同时，由中国科学院自然综合考察委员会以及有关省（自治区）草原勘测队和科研院校、业务部门对新疆、内蒙古、甘肃、青海、四川等10 个省（自治区）的草地进行了调查与评价，初步查清了这些地区草地资源的自然条件、数量和质量特征与空间分布规律，并针对资源研究的一些理论与实践问题进行了有益的探讨与探索，积累了大批的科学资料，也培养了一批新中国年轻的草原科技工作者。

（四）20 世纪 70～90 年代的草地调查与研究工作

20 世纪 70 年代末期至 90 年代，为了全面落实全国科学技术发展纲要（1978—1985 年）和全国农业自然资源调查与农业区划会议精神（1979 年），满足国家中长期发展战略规划的要求，由国家科学技术委员会、国家农业委员会下达任务，全面开展了对全国草地资源的普查工作。历时 10 余年，编制了全国、省级、县级（1：400 万）～（1：5 万）不同比例尺的草地资源图件，出版了若干地方草地资源专著与一大批理论和方法的论文。通过这一时期的工作，首次对我国的草地资源状况在整体上有了一个全面了解，基本掌握了我国草地资源的数量和质量与分布规律。同时，草地分类学、草地评价理论与方法、遥感（RS）与计算机技术的应用也得到了长足发展，建立了中国草地分类统一原则、标准和系统，发展了草地类型学理论，并较系统地讨论了草地资源的利用、保护、建设等问题。在 20 世纪末和 21 世纪初出版的《中国草地资源》《1：100 万中国草地资源图》及由许鹏主编的《草地资源调查规划学》、胡自治主编的《草原分类学概论》，代表了这一时期草地资源研究的水平，也标志着我国草地类型研究和草地调查工作跨入了一个新的发展阶段。

（五）进入 21 世纪以来的草地调查与研究工作

进入 21 世纪初，由于受气候变暖、干旱和过度利用等因素影响，我国的草地无论是在空间分布还是数量与质量上均发生了一定的变化。为了提高天然草地资源利用、管护和制定科学合理的草地生态建设规划，农业部于 2001—2003 年下达了应用 3S 技术快速查清我国草地资源现状的任务，并由中国科学院地理科学与资源研究所牵头，会同有关单位开展工作，完成了 1∶50 万和 1∶100 万的数字化草地类型图，初步建立了我国草地资源本底资源数据库。该项工作对利用现代技术快速调查草地资源进行了有益的探索。在此工作的推动下，苏大学（2013）编制出版了《中国草地资源调查与地图编制》一书，系统总结了自 20 世纪 80 年代以来我国在草地资源调查与研究领域所取得的进步。

自 2009 年，区域性的草地资源调查工作一直在进行，如内蒙古开展了第四次草地资源调查工作，新疆、西藏等地区也相继开展了部分调查工作。在此期间，草地调查工作的特点是，新技术与新方法广泛应用，大大缩短了调查时间。一些高等院校、科研院所也积极开展 GIS 技术在草地资源研究与管理中的应用，如兰州大学、中国农业科学院等研究人员，就 GIS 技术在草地资源信息管理、草地恢复、草地专题制图、草地资源管理等方面的应用做了大量研究工作，并取得重要进展。例如，中国农业科学院草原研究所袁青、徐柱、王家亭通过分析草地生态系统的要素及其关系，将其抽象为多维的虚拟空间，综合应用草地生态学原理、地理信息系统（GIS）技术、数据库技术、网络技术等，集成基础数据和动态信息，在互联网上构建了完全开放和共享的多维空间虚拟草地生态系统，实现了空间-属性的双向复合查询和分析、信息检索等主要功能。中国农业科学院农业资源与农业区划研究所唐华俊、辛晓平完成的数字化草业的理论与应用研究，在草业信息元数据标准、牧草生长和评价模型构建了信息管理、监测更新和决策服务等一套完整的草业信息集成技术体系，并将数字化草业技术在草地生产监测、草地生态退化监测、草地生产模拟与草地生产管理，包括平台建设等方面进行实践。与此同时，其他学者也开发了一批数字信息系统和草地生产模型，如草地数据信息系统和数据库技术研究（师文贵等，1996；李立恒，2001）、天然草地-家畜系统仿真和优化管理模型（李自珍等，2002；岳东霞等，2004；段庆伟等，2009；王贵珍等，2016）等。在牧场评价、草地监测、退耕还林还草决策、草原灾害监测与预报等方面也开展了一系列的研究与应用工作。特别是近 10 多年来，3S 技术已成为草地生产力估测与草地植被评价、监测与预警的主要方法，通过对不同尺度下草地资源的长期定位监测，及时把握草地资源的动态变化和草地生产力状况，为实现草畜平衡、草地资源的可持续利用提供了重要技术支撑。同时，也使 3S 技术的应用在准确性、实用性方面取得了很大进展。

2017 年，为了贯彻党中央、国务院关于推进生态文明体制改革总部署和创新政府配置资源方式的统一要求，全面深化草地生态文明体制改革，提高草地精细化管理水平，农业部办公厅印发了《关于开展全国草地资源清查总体工作方案》的通知（农办牧〔2017〕13 号）。随后，全国各省（自治区、直辖市）相继开展了全国性的草地资源清查工作。

二、草地调查与规划的发展趋势

随着生态文明建设、全面建成小康社会和深化产业发展供给侧结构性改革的推进，我国经济发展已由高速增长阶段转向高质量发展阶段。草牧业的发展与生态保护、草地调查与规划工作的重要性将越来越受到各级政府与部门的重视，并成为发展草牧业经济、保护草地生态的科学依据和先导。草地调查与规划工作将成为一项常态性工作，按照十九大提出的我国未来乡村振兴战略"产业兴旺、生态宜居、乡风文明、治理有效、生活富裕"的总体要求和山水林田湖草系统治理，既要留住绿水青山，也要给百姓带来生产力发展的金山银山发展理念，实现生态保护和经济效益统筹发展，定期进行资源现状的调查、分析与优化利用配置，是保证经济发展、资源持续利用、加快农业农村现代化建设的重要抓手和技术措施。

从草地调查和规划的内容和方法论看，草地资源的研究应在深入推进草地资源调查、利用与保护规划、持续利用和生态安全等领域研究的同时，更加重视草地资源研究的系统化、工程化、生态化、民生化的功能与方向，人与自然和谐共生，坚持节约优先、保护优先、自然恢复为主的方针，完善草地资源学科体系建设，创新发展草地工程与技术科学，着实推进学术研究、工程实践与战略决策的协同发展。

1. 草地调查与规划的基础性研究进一步深化与发展　我国在草地调查与规划的基础性研究还很薄弱，与相关产业或资源的调查与规划工作相比尚存在较大差距，特别是涉及现代化草牧业发展的理论与技术尚需加强。随着草地调查与规划工作的发展与进步，指导草地资源开发利用与保护理论体系的建立将会引起更多人的重视，一些基础性的研究工作将得到进一步提升与发展。例如，对草地生产过程中如何推进系统的优化，在保持草地健康的同时，使其物质流优化而质量提高，从而使经济效益递增；在草地资源调查中新技术应用与现有的草地分类方法如何相匹配，怎样改进与完善；草地资源评价中的评价指标与方法的创新与进一步拓展，草地规划中新理念、新原理、新技术与新方法的创新，资源保护的策略与政策的实用性、可操作性等都有待于进一步研究完善。在可预见的未来，随着草业科学的全面发展与日益壮大，草地调查与规划在基础建设和认识上将全面提升，取得更多创新性成果，课程的内容、体系、框架结构也将随之逐渐充实与完善。

2. 草地调查与规划的工作领域进一步扩展　基于我国对草牧业发展的需求和天然草地面临整体退化的现状，人工草地的建设与发展，保护草地生态安全重大工程的实施，以国家公园为代表的各类自然保护地的保护与建设，乡村振兴战略的落实与实践，加快推动山水林田湖草整体保护、系统修复和综合治理，推进生态文明和美丽中国建设，以及与草牧业紧密相连的发展牧场经营实体的天然草地优化配置与宏观调控，建立集约型草地利用体系和资源安全与生态友好型草地利用模式等诸多新型领域将得到进一步发展。

3. 新技术和新调查手段广泛应用　无论是调查手段还是规划技术的支撑，新技术与新方法的应用，使草地资源调查与规划工作的效率和水平进一步提高。随着 RS 技术的不断改进、应用模式的不断创新和日趋成熟，以及影像价格的持续下降，甚至可以免费获取，RS 技术将成为草地资源调查与监测的重要手段。RS 云服务平台、云 GIS 平台、大数据技术，可为用户提供按需的、安全的、可配置的服务。其功能由通用管理功能向资源评估、监督、跟踪分析等专业功能方向发展。草地资源的信息化、模型化的发展将极大提高新技术的应用水平。同时，各种草地利用试验、评估、定位监测等方法与手段也将在新技术的支持下得到进一步的发展，使草地资源的研究与决策工作进一步精准化与科学化，从而提高草地资源研究与决策的综合能力、创新水平。

第四节　草地分布与类型概况

草地是地球表面覆盖面积最大的绿色植被，面积约为 68.12 亿 hm^2，除南极洲和格陵兰岛外占全球陆地面积的 51.88%。其中，33.22 亿 hm^2 为永久性放牧地，占 48.8%；13.72 亿 hm^2 为疏林草地，占 20.1%；其他类型草地（荒漠、苔原、灌丛）为 21.18 亿 hm^2，占 31.1%（世界资源报告，1989）。草地面积分布，以亚洲最大，非洲次之，北美洲和中美洲居第三位（刘德福，2010）。

一、世界草地分布与类型概况

世界上植被的形成与分布，受多种环境因素影响，在诸多因素中与气候和土壤的关系更为密切。如地带性植被带的形成，在很大程度上受气候条件的控制，其中热量和水分的组合状况，是决定许多植被呈带状分布的决定性因素。因此，在陆地表面可清楚地看到，植被从北至南分布有苔原、森林、草原和荒漠4个基本植被带，森林是树木的着生地，草原、荒漠是草地的主要类型。

（一）草原分布与类型

世界草原面积约 $2.4 \times 10^7 \, km^2$，是陆地总面积的 1/6，大部分地段为天然放牧场。因此，草原不仅是世界陆地生态系统的主要类型，也是人类经营牧业的基地。根据草原的成因与植物组成和地理环境特征，世界草原可分为温带草原与热带草原。温带草原分布在南北半球的中纬度地带。夏季温和，冬季寒冷，春季和晚夏有明显的干旱期。由于低温少雨，草群较低，多以耐寒禾草（禾本科牧草）为主，土壤中钙化过程与生草过程占优势。热带草原分布在热带与亚热带，其特点是在高大禾草的背景下常散生一些株高超过 2m 的树木。

1. 温带草原分布与类型　温带草原是温带气候条件下的地带性草地类型，在欧亚和美洲大陆以及南非有广泛分布。欧亚大陆从欧洲的匈牙利和多瑙河下游起，向东呈连续带状分布，经过黑海沿岸延伸到俄罗斯、哈萨克斯坦、蒙古国与我国的黄土高原、内蒙古高原和松辽平原，向西南到青藏高原的南缘，占据东经 28°～128°、北纬 28°～56°的广大区域。具有代表性的类型有欧亚草原、北美草原和南美草原。

（1）欧亚草原：欧亚草原又称斯太普草原（Steppe），年降水量为 250～500mm，大多为 350mm 以下，干燥度 1～4。地势平坦开阔，排水良好，是世界上面积最大、保存较好的草原区。草地群落植物组成以禾本科、豆科和莎草科植物占优势，菊科、藜科和其他杂类草也占有一定的地位。禾草中的针茅属（*Stipa*）、羊茅属（*Festuca*）、拂子茅属（*Calamagrostis*）、落草属（*Koeleria*）、冰草属（*Agropyron*）和早熟禾属（*Poa*）是草地中主要优势种和伴生种。此外，还常见一年生植物、半灌木和灌木等。

欧亚草原区又分为黑海-哈萨克斯坦草原亚区、亚洲中部草原亚区和青藏高原草原亚区。黑海-哈萨克斯坦草原亚区位于欧亚草原区西半部，其东界大致在我国的新疆和哈萨克斯坦的边界带。受地中海气候影响，降水主要集中在春秋两季，草地植物形成明显的春、秋两个生长高峰期，春季短命与类短命植物发达。亚洲中部草原亚区位于欧亚草原区东北部，包括蒙古高原、松辽平原和黄土高原。受太平洋季风气候影响，冬季寒冷，夏季炎热，水热同期，植物生长呈单峰型，夏季是群落生长的最盛时期。青藏高原草原亚区是世界上海拔最高的草原区域，草地类型主要为高寒草原，气温终年偏低，植物组成种类少，草层低矮。

温性草原区内部因水热条件不同，有草甸草原、草原和荒漠草原。草甸草原是草原群落中最显湿润的类型，群落中有一定数量的中生植物，动植物区系复杂，草群生长茂密。在本区的西部群落建群种有约翰针茅（*Stipa joannis*）和针茅（*Stipa capillata*），蒙古高原东部和我国东北部建群种有狼针草（*Stipa baicalensis*）、羊草（*Leymus chinensis*）和线叶菊（*Filifolium sibiricum*），黄土高原为白羊草（*Bothriochloa ischaemum*）；裂叶蒿（*Artemisia tanacetifolia*）、地榆（*Sanguisorba officinalis*）、野豌豆（*Vicia sepium*）、歪头菜（*Vicia unijuga*）、斜茎黄耆（*Astragalus adsurgens*）等在群落中也占有优势地位。草原较草甸草原干旱，是典型的大陆性气候。以旱生丛生禾草占绝对优势，建群种从西至东有针茅、大针茅（*Stipa grandis*）、西北针茅（*Stipa sareptana* var. *krylovii*）、长芒草（*Stipa bungeana*）、羊茅（*Festuca ovina*）、沟叶羊茅（*Festuca valesiaca* subsp. *sulcata*）、冰草（*Agropyron cristatum*）、冷蒿（*Artemisia frigida*）、百里香（*Thymus mongolicus*）等。荒漠草原是草原植被中最干旱的一类草地，草群低矮稀疏，种类少。主要建群种有镰芒针茅（*Stipa caucasica*）、戈壁针茅（*Stipa tianschanica* var. *gobica*）、沙生针茅（*Stipa glareosa*）、短花针茅（*Stipa breviflora*）、东方针茅（*Stipa orientalis*）以及丛生的碱韭（*Allium polyrhizum*）等。

（2）北美草原：北美草原又称普列里草原（Prairie），是西半球分布面积最大的禾草草原。其分布范围从加拿大南部经美国中部直到墨西哥北部。美国的普列里草原以东经100°为界，此线以东为高草区，气候比较温润，降水量可达 1 000mm，植物种类多，草层的高度可达 40～60cm。特征植物为大须芒草（*Andropogon gerardii*）、裂稃草（*Schizachyrium brevifolium*）、柳枝稷（*Panicum virgatum*）。在干旱地区，则多为蓝茎冰草（*Agropyron smithi*）和针茅等。此线以西为低草区，主要植物有野牛草（*Buchloe dactyloides*）、格兰马草（*Bouteloua gracilis*）等。在低草区南侧，从美国西南部延伸至墨西哥北部有一荒漠-禾草区，生长的植物主要有格兰马草、木豆树（*Prosopis caldenia*）、金合欢和犹他桧（*Juniperus osteosperma*）的小针叶树等。

（3）南美草原：南美草原又称潘帕斯草原（Pampas），意指平坦、广阔以及以生长草本植物为主的区域。分布于南纬32°～38°地区，是南半球面积最大的草原。包括阿根廷的中东部，乌拉圭全部以及巴西的里奥-格朗德的南部。该地区降水量较多,在草原区的北部降水量可达 1 000～1 500mm，是温带草原地区降水最多的地段。其他地区降水较少，多为 500mm 左右，但蒸发量可达 700mm。草原的植被特征：北部地区生长由具刺朴（*Celtis spinosa*）组成的岛状林，优势草本植物有奈西针茅和白羊草等，群落中混生丰富的杂类草。西部和西南部生长了以短毛针茅（*Stipa brachychaeta*）和三歧针茅（*Stipa trichotoma*）为主的丛生禾草草原，群落中少有杂类草存在。草类中占优势的禾草还有早熟禾属、三芒草属（*Aristida*）、臭草属（*Melica*）、画眉草属（*Eragrostis*）、雀稗属、冰草属和狗尾草属（*Setaria*）等植物。此外，还有许多双子叶植物，菊科植物较多，豆科植物较少。

（4）南非草原：南非草原又称维尔德草原（Veld），主要分布于南非高原的东部与南部地区。这里海拔较高，形成了较为温和与夏季多雨的草原气候。草原根据海拔被分为高位、中位与低位 3 个区：海拔 1 200～1 800m 为高位维尔德，分布于南非、博茨瓦纳、莱索托、津巴布韦和赞比亚等地区，优势植物为白羊草；海拔 600～1 200m 为中位维尔德，分布于好望角和纳米比亚，群落特征以耐热和高大的多年生禾草与杂类草为主；海拔 150～600m 为低位维尔德，主要分布于瑞斯瓦尔、斯威士兰与赞比亚的东南部，植物群落有金合欢树丛与孔颖草（*Bothriochloa pertusa*）草地相间分布，部分地区被大戟科植物和其他肉质植物取代。

2. 稀树草原分布与类型 稀树草原也称萨王纳，是一种热带型的旱生草本群落，与分布于温带地区的草原在景观上有明显不同，典型特征是在草地中有随处可见的旱生型的乔木零星生长。对于稀树草原的形成，认识不一：一种观点认为是原生的，是气候条件下的产物；另一种观点认为是次生的。从它的分布来看，可出现在气候条件变幅很广的地区，并常与各种热带森林毗邻和交错存在，它应该是森林植被受人类活动影响遭到破坏后形成的，是一种偏途演替类型。

稀树草原气候与季雨林气候相似，全年气温均较高，降水量为 900～1 500mm，旱季 4～6 个月，干湿季交替。全年保持相对高的温度和降水量相对不均匀是形成稀树草原的主要条件。

稀树草原在地球上的热带地区有广泛分布，主要集中于非洲东部、南美洲圭亚那和奥里诺科河沿岸以及巴西和大洋洲，亚洲也有分布。由于水、热条件及季节分配的差异，稀树草原在类型上也多种多样。

非洲有大面积的稀树草原，约占非洲总面积的 40%，是世界上最大的稀树草原分布区，其分布范围在北纬 10°～17°、南纬 15°～25°以及东非高原的广大地区。主要植被类型是伞状金合欢（*Acacia spirocurpa*）和猴面包树（*Adansonia digitata*）的萨王纳群落，草类有须芒草属（*Andropogon*）、黍属（*Panicum*）、雀稗属（*Paspalum*）、狼尾草属（*Pennisetum*）等，双子叶草本植物很少。

南美洲稀树草原主要分布于热带雨林两侧南北纬 10°～25°的地区。大面积的草原主要分布在委内瑞拉的安第斯山脉与奥里诺科河之间和巴西中部，其他地区仅有零星分布。南美洲稀树草原与非洲稀树草原相比，草原中乔木较少且低矮，有些地区甚至无乔木生长。优势植物为黍属禾草和高大带刺的仙人掌类植物。分布于委内瑞拉和圭亚那的草地群落被称为 Lianos 群落，主要为禾本科的黍属、苞茅属（*Hyparrhenia*）和雀稗属的一些植物；乔木有檫枪木（*Curatella americana*）和毛瑞桐（*Mauritia flexuosa*）。在巴西亚马孙河与巴拉那河间的巴西高原上的稀树草原被称为 Campos 群落，群落中的禾本科植物除了黍属、雀稗属、须芒草属和三毛草属（*Trisetum*）植物外，还有莎草科的藨草属（*Scirpus*）、刺子莞属（*Rhynchospora*）植物。双子叶草本植物多以豆科和菊科占优势。分布于巴西高原东部的稀树草原，群落外貌与植物组成与前两类群落有较大差别，被称为 Caatinga 群落。群落中有木棉科的纺锤树属（*Cavanillesia*）零星分布，一些多刺肉质植物大量生长，如鼠尾掌属（*Aporocactus*）、仙人掌属（*Opuntia*）和大戟属（*Euphorbia*）植物，缺乏禾本科和菊科植物。

大洋洲稀树草原主要分布在澳大利亚，多分布在西部、北部和东部的内陆地区。草本植物主要有禾本科、毛茛科、百合科和兰科植物等，草原中散生着能适应较长旱季的桉属（*Eucalyptus*）、金合欢属（*Acacia*）、木麻黄属（*Casuarina*）的乔木和灌木。

在亚洲，稀树草原分布在印度半岛北纬 22°以南、斯里兰卡的北部、巴基斯坦、中南半岛及东南亚地区。在我国热带和亚热带地区南部，由于受到季风气候的影响，干湿季明显，稀树草原常分布在砖红壤或红棕壤地区，草原多数是由于森林砍伐后形成的次生性植被。如我国云南南部干热河谷地区和广东南部与海南岛滨海沉积台地上，常见由黄茅（*Heteropogon contortus*）与虾子花（*Woodfordia fruticosa*）、木棉（*Bombax ceiba*）与刺篱木（*Flacourtia indica*）和鹊肾树（*Streblus asper*）组合成的稀树草原。

（二）荒漠分布与类型

荒漠草地是在极端干旱气候条件下形成的一类草地。在地球表面主要分布于亚热带与温带的干燥地区，总面积约为 $4.9×10^7 km^2$。在类型划分上有热带和温带荒漠之分。荒漠生态条件极为严酷，夏季炎热干燥，最热月平均气温可达 40℃ 以上；年降水量少于 250mm，蒸发量是降水量的数倍或数十倍，干燥度大于 4；多大风和尘暴，物理风化强烈，土壤贫瘠。

荒漠在南、北半球均占有明显的地带，以大小不等的沙漠与戈壁生境形成特殊的自然地理景观，与草原存在明显差异。植被类型依据组成群落植物的生活型可划分为：小半灌木荒漠、灌木荒漠和半乔木荒漠。

由于气候、土壤条件、地质历史的差别，世界各地的荒漠类型多样。在不同地区，形成有各具特色的群落。

1. 非洲荒漠　非洲是世界上荒漠的主要集中分布区，占非洲大陆面积的 40%。在撒哈拉沙漠，由于气候极端干旱和年际降水的不平衡，植被生长发育年际极不稳定，降水极少年份几乎没有植物生长，降水后可出现一些短命植物。在含碳酸盐的沙地上，由于水分的改善，灌木逐渐发育；而在盐渍化的土壤上，形成以一年生植物为主的盐土荒漠，常见植物有猪毛菜（*Salsola collina*）、碱蓬（*Suaeda glauca*）、盐角草（*Salicornia europaea*）等肉质植物。

在南非，荒漠也占有相当面积。纳米布沙漠具有与撒哈拉沙漠相似的生境，优势植物仍以一些肉质植物如日中花属（*Mesembryanthemum*）为主。在内陆地区则有较大不同。卡拉哈里沙漠植物种类成分较丰富，如在卡拉哈里沙漠南部，有三芒草属与金合欢属、合欢属的灌木或乔木形成的群落。卡鲁荒漠则以肉茎和肉叶植物如马齿苋科的马齿苋属（*Portulaca*）和景天科的瓦松（*Orostachys*）等最为丰富，以日中花属的植物占首位；在石质丘陵上，生长有大量的芦荟（*Aloe* spp.）。

2. 亚洲荒漠　荒漠在亚洲也占有较大的面积，类型也多样。

阿拉伯荒漠许多地段几无植被，部分地方有一些盐生植被，常见植物有碱蓬、补血草（*Limonium* sp.）和滨藜（*Atriplex patens*）。在海拔 700～1 000m 的高原上分布着半灌木植被。

在小亚细亚半岛，盐生荒漠是主要类型，其植物种类成分与阿拉伯荒漠近似。

中亚细亚荒漠以咸海和巴尔喀什湖以南地带为界可分为南北两种类型。在北方类型中，降水分配较均匀，在山地，群落类型以旱生灌木为主；平原地区以土壤中盐分含量的多少分为盐生植被与非盐生植被，两者常呈复合分布。在沙质土壤上，多以旱生灌木与半灌木为主。在南方类型中，春季降水量较多，草地中有大量的短命与类短命植物出现。代表性的类型有绢蒿荒漠、猪毛菜荒漠和灌木荒漠。

亚洲中部荒漠，主要分布于我国和蒙古国境内，属温带荒漠。在我国主要分布于西北部，包括新疆的塔里木盆地，青海的柴达木盆地，甘肃、宁夏北部和和内蒙古西部地区。植被由一些超旱生半灌木、灌木和小乔木组成，并形成小乔木荒漠、灌木荒漠和半灌木荒漠三种类型。小乔木荒漠的代表性植物是超旱生的藜科植物梭梭（*Haloxylon ammodendron*），灌木荒漠由超旱生植物麻黄属（*Ephedra*）、霸王（*Zygophyllum xanthoxylon*）、沙冬青（*Ammopiptanthus mongolicus*）、白刺（*Nitraria tangutorum*）、沙拐枣（*Calligonum mongolicum*）等组成，半灌木荒漠由超旱生植物猪毛菜属（*Salsola*）、假木贼属（*Anabasis*）、琵琶柴（*Reaumuria soongonica*）、驼绒藜（*Krascheninnikovia latens*）、绢蒿属（*Seriphidium*）与蒿属（*Artemisia*）等组成。

3. 美洲荒漠 在北美洲与南美洲均有分布。北美洲荒漠主要分布在美国西南部和墨西哥高原，降水量 120～370mm，形状各异的仙人掌科植物广泛分布，成为以肉质植物为主的亚热带荒漠。此外，还可见到半灌木的三齿蒿（*Artemisia tridentata*）和刺蒿（*Artemisia spinescens*）群落，植株高大，旱季落叶。密叶滨藜（*Atriplex confertifolia*）、碱蓬、海滨盐草（*Distichlis spicata*）、盐角草（*Salicornia europaea*）等群落发育在土层内含有大量的碱、盐或土壤紧实处。在北纬 37°以南的太平洋和墨西哥湾之间，有以蒺藜科的 *Covillea tridentata* 为主呈带状分布的灌木荒漠。南美洲荒漠与北美洲荒漠有很大不同，广泛分布的是沙漠和盐生荒漠。植被中占优势的是具旱生结构的多刺灌木、盐生灌木、仙人掌科植物和草本植物。

4. 澳洲荒漠 主要分布于澳大利亚，占据大陆中央的大部分地区。分布最广的是盐土荒漠，位于埃尔湖和托伦斯湖周围。生长植物主要为藜科的地肤（*Kochia scoparia*）、滨藜和盐角草。在一些沙丘或沙区分布着以灌木金合欢、木麻黄（*Casuarina equisetifolia*）、灌木状桉（*Eucalyptus*）、齿稃草（*Schismus arabicus*）和鬣刺属（*Spinifex*）为优势种构成的群落。南纬 30°以南为亚热带荒漠，优势植物为旱生灌木与半灌木，针茅在群落中为常见草本植物。

（三）草甸分布与类型

草甸在地球表面存在于不同气候带，其形成与分布主要受非地带性环境条件制约，被称为隐域性分布的草地类型。

草甸（meadow）是一种生长于湿润条件下的多年生中生性植被类型，广泛分布于欧洲、亚洲、美洲各洲与森林共存地带，大多被认为是森林破坏后形成的次生植被。在一些高纬度和高海拔山地，有原生草甸类型。草甸形成的共同特点是土壤中水分充足，依靠大气降水，一般年降水量在 500mm 以上。若是依赖于地下水，地下水位埋藏深度一般为 1～2m。土壤为各种类型草甸土，富含有机质，肥力高。

草甸群落的植物种类组成十分丰富，少者十几种，多者几十种，主要有禾本科（Poaceae）、莎草科（Cyperaceae）、菊科（Asteraceae）、毛茛科（Ranunculaceae）、豆科（Fabaceae）、鸢尾科（Iridaceae）、牻牛儿苗科（Geraniaceae）、蔷薇科（Rosaceae）等的植物。草群盖度大，地面生物产量高。依据草甸植被的形成和分布地形的差异，可划分为低地草甸、山地草甸和高山草甸。

1. 低地草甸 低地草甸，是一类分布于由地形条件导致的水分补给，包括河流泛滥、潜水、汇集的地表径流，形成局部土壤水分丰富的中生环境而发育形成的草地。由于生境的差异，草地类型多样。在有周期性河水泛滥的地方，土壤肥沃，植被茂密，植物种类多样，一些禾本科、莎草科和双子叶植物因水分条件差异形成不同群落。以地下潜水为补给形成的草地，在干燥气候条件下，土壤中常积累一定的盐分，形成多种类型的喜湿耐盐并具有一定耐旱能力的植被群落。优势种和常见植物有芦苇（*Phragmites australis*）、大叶樟（*Deyeuxia purpurea*）、拂子茅（*Calamagrostis epigeios*）、薹草属（*Carex*）、狗牙根（*Cynodon dactylon*）、委陵菜属（*Potentilla*）、芨芨草（*Achnatherum splendens*）、赖草（*Leymus secalinus*）、碱茅属（*Puccinellia*）、獐毛（*Aeluropus sinensis*）、甘草属（*Gly-*

cyrrhiza）、骆驼刺（*Alhagi sparsifolia*）和结缕草属（*Zoysia*）等。

2. 山地草甸 一般是与森林带共存或者是在森林带以上的亚高山分布。在我国西部和西北部，常占据海拔 2 000～3 000m 的山地；在高加索和中亚地区，为 1 500～2 600m 的山地。草甸是由多年生草本植物组成的群落，草层高、种类多、盖度大，尤以各种双子叶植物占优势，禾本科植物也常成为草群中的建群种。代表性类型有以荻（*Miscanthus sacchariflorus*）、毛秆野古草（*Arundinella hirta*）、无芒雀麦（*Bromus inermis*）、鸭茅（*Dactylis glomerata*）、早熟禾属、金莲花属（*Trollius*）、乌头属（*Aconitum*）、地榆（*Sanguisorba officinalis*）、千里光属（*Senecio*）、橐吾属（*Ligularia*）、老鹳草属（*Geranium*）、披碱草属（*Elymus*）、野青茅（*Deyeuxia pyramidalis*）、羽衣草属（*Alchemilla*）、珠芽蓼（*Polygonum viviparum*）等为优势种组成的群落，在夏秋开花之际，形成五彩缤纷的草甸外貌。

3. 高山草甸 一般分布于海拔 3 000m 以上的山地，植被类型是由一些适寒性强的多年生中生草本植物组成。植物生境，温度低、日较差大、风力强、日照充足、紫外线强。土壤为高山草甸土。植物低矮，种类有限，群落外貌结构简单，多由一些特有的高山植物组成。常见植物如龙胆属（*Gentiana*）、报春花属（*Primula*）、马先蒿属（*Pedicularis*）、勿忘草属（*Myosotis*）、羽衣草属、珠芽蓼属、薹草属、嵩草属（*Kobresia*）、早熟禾属的植物。由于光照强烈，一些双子叶植物的花十分艳丽，整个夏季草群呈现出五光十色的景象。

二、我国草地分布与类型概况

我国是世界草地面积大国，拥有天然草地 4 亿 hm²，占世界草地面积 12.4%，仅次于澳大利亚，居世界第二位。草地是我国面积最大的绿色植被，占全国国土面积 40% 以上，约为森林面积的 2.5 倍、农田面积的 3.2 倍（高鸿宾，2012）。

（一）草地类型及基本特征

我国草地由于成因条件的多样性，类型多样。依据《中国草地资源》一书中制定的"中国草地资源类型的划分标准"，按其所处的水热条件差异和草地群落的特点，共将草地划分为 18 个草地类型。

1. 温性草甸草原 温性草甸草原，是在温带半湿润气候下发育形成的一类草地。年降水量 350～400（500）mm，≥10℃年积温 1 800～2 200℃，湿润系数 0.6～1.0，干燥度 1.0～1.5。土壤类型多为黑钙土、淡黑钙土和暗栗钙土。

草地群落植物组成：建群种为中旱生或广旱生的禾草和部分杂类草植物，通常混生大量中生或旱中生杂类草、疏丛与根茎禾草、薹草和旱生丛生禾草，草层较高，生长茂盛。代表性类型有羊草群落、狼针草（*Stipa baicalensis*）群落、多叶隐子草（*Cleistogenes polyphylla*）群落、线叶菊群落、裂叶蒿群落和白羊草群落。

2. 温性草原 温性草原，是在温带半干旱气候下发育形成的一类草地。年降水量 250～350mm，≥10℃年积温 2 200～3 600℃，湿润系数 0.3～0.6，干燥度 1.5～2.5。降雨多集中在夏季，常有春旱发生。土壤类型为栗钙土，随着土壤水肥和草被发育不同，也有暗栗钙土或淡栗钙土。

草地群落植物组成：建群种以旱生丛生禾草为主，混生一定数量的中旱生、旱生杂类草，也有以旱生灌木、半灌木为建群种的群落。代表性类型有以针茅、羊茅、糙隐子草（*Cleistogenes squarrosa*）、冰草、冷蒿、细裂叶莲蒿（*Artemisia gmelinii*）、百里香、碱韭、锦鸡儿属（*Caragana*）等为优势种的草地类型。

3. 温性荒漠草原 温性荒漠草原，位于草原带西侧，以狭带状呈东北—西南方向分布，往西逐渐过渡到荒漠区，也可以上升到荒漠区的山地呈垂直带状分布。处于半干旱区与干旱区的边缘地带，≥10℃年积温 2 000～3 000℃，年降水量 150～250mm，湿润系数 0.15～0.30，干燥度 2.5～4.0。草地群落植物组成常由旱生的小丛禾草与超旱生半灌木共同组成，少部分也可以由荒漠草原种半灌木为建群种组成。发育土壤类型为淡栗钙土与棕钙土、灰钙土，土壤较干燥，肥力较低。代表性类型有以短花针茅、沙生针茅、石生针茅（*Stipa tianschanica* var. *klemenzii*）、戈壁针茅、无芒隐子草（*Cleistogenes songorica*）、蓍状亚菊（*Ajania achilleoides*）、女蒿（*Hippolytia trifida*）等为优势种的草地类型。

4. 高寒草甸草原 高寒草甸草原，是低温、半干旱的高寒气候下形成的一类草地。日均温≥10℃多数不足 50d，≥10℃年积温不足 500℃，≥0℃年积温 800～1 000℃，年均温多为一4.0～0℃，年降水量 300～400mm。土壤类型主要为冷钙土，具有薄而松的草毡层和淡色腐殖质层，有机质含量不高，质地多以砾石质或沙砾质为主。草地植物群落由一些寒旱生丛生禾草和中旱生杂类草组成。最普遍的类型是紫花针茅（*Stipa purpurea*）与高山嵩草（*Kobresia pygmaea*）、臭蚤草（*Pulicaria insignis*）、青藏薹草（*Carex moorcroftii*）、嵩草（*Kobresia myosuroides*）、寡穗茅（*Littledalea przevalskyi*）。

5. 高寒草原 高寒草原，是寒冷干旱多风的高海拔高原、高山条件下发育而成的一类草地。分布区年均温 0～4.4℃，≥10℃年积温不足 500℃，≥0℃年积温 800～1 100℃，生长期 90～120d，年降水量 100～300mm，其中 80%～90%集中在 6—9 月。土壤类型主要为冷钙土，质地粗糙、疏松，结构性差，多为沙砾质或沙壤质；土层薄，有机质含量低。草地群落植物组成以寒旱生丛生禾草为主，草群稀疏、低矮，最常见类型是由紫花针茅与一些耐寒草类组成的群落。高寒草原的类型组成也非常丰富，不同区域有不同的代表类型。如在青藏高原有以青藏薹草、高原委陵菜（*Potentilla pamiroalaica*）、川藏蒿（*Artemisia tainingensis*）、藏沙蒿（*Artemisia wellbyi*）、藏白蒿（*Artemisia younghusbandii*）等为优势种的草地类型；在阿尔泰山有以座花针茅（*Stipa subsessiliflora*）、寒生羊茅（*Festuca kryloviana*）、穗状寒生羊茅（*Festuca ovina* subsp. *sphagnicola*）等为优势种的草地类型。

6. 高寒荒漠草原 高寒荒漠草原，是在气候更加干旱寒冷条件下形成的一类草地。年均温 0℃左右，≥10℃年积温 500℃左右，≥0℃年积温 1 000～1 500℃，年降水量多在 200mm 以下，是由高寒草原向高寒荒漠草地过渡的类型。土壤类型为寒钙土，质地粗糙、疏松，多为沙砾质或沙壤质；土层薄，有机质含量低。植被组成，是在高寒草原丛生禾草、根茎薹草中加入了荒漠半灌木。代表性类型有紫花针茅、垫状驼绒藜（*Krascheninnikovia compacta*）群落，座花针茅、高山绢蒿（*Seriphidium rhodanthum*）群落，沙生针茅、固沙草（*Orinus thoroldii*）、藏沙蒿群落，青藏薹草、垫状驼绒藜群落。

7. 温性草原化荒漠 温性草原化荒漠，是介于荒漠与荒漠草原的过渡类型。年降水量稍多于荒漠，达 120～200mm，≥10℃年积温 2 600～3 400℃，气温年较差、日较差均较大。湿润系数 0.2，干燥度 5～6。土壤类型为沙砾质或土质灰棕荒漠土、灰漠土、淡棕钙土、淡灰钙土，所处地区往往风大沙多，地表风蚀、剥蚀比较强烈。草地植物群落建群种多由超旱生盐柴类半灌木和旱生灌木中锦鸡儿属植物组成，蒿类半灌木少见。亚建群层片为多年生小丛禾草，草群中常混生大量一年生草本植物。小丛禾草与一年生草本的多度随年降水量变化而有明显波动。代表性类型有以珍珠猪毛菜（*Salsola passerina*）、琵琶柴、驼绒藜、博洛塔绢蒿（*Seriphidium borotalense*）、短叶假木贼（*Anabasis brevifolia*）、刺旋花（*Convolvulus tragacanthoides*）、沙冬青、短花针茅、沙生针茅、石生针茅、碱韭等为优势种的草地类型。

8. 温性荒漠 温性荒漠，是在极端干旱气候条件下形成的一类草地。年降水量一般为100～150mm，≥10℃年积温3 100～3 700℃，湿润系数<0.1，干燥度4～16或更大。土壤发育差，土层薄，质地粗，有机质含量低。土壤类型为灰棕色荒漠土与棕色荒漠土及部分灰钙土和荒漠灰钙土。

草地植物群落的建群种为超旱生的半灌木、灌木和小乔木。在中亚荒漠类型中有短生、类短生草本发育，在亚洲中部荒漠区有一年生草本发育；但它们的数量随年际降水量变化波动很大。代表性类型有以梭梭、沙拐枣、霸王、泡泡刺（*Nitraria sphaerocarpa*）、绵刺（*Potaninia mongolica*）、短叶假木贼、盐爪爪（*Kalidium foliatum*）、小蓬（*Nanophyton erinaceum*）、木本猪毛菜（*Salsola arbuscula*）、伊犁绢蒿（*Seriphidium transiliense*）、博洛塔绢蒿、琵琶柴、珍珠猪毛菜等为优势种的群落。

9. 高寒荒漠 高寒荒漠，发生在高海拔4 000m以上的内陆高山和高原。气温低，≥0℃年积温1 000℃或稍多；年降水量在100mm以下；日照强，风大，植物处于物理和生理干旱胁迫作用下。发育土壤为寒漠土，整个土体较薄，砾石含量达40%，属砾质沙土和砾质土，有机质含量低。草地植被多由垫状小半灌木组成。代表性类型有以高山绢蒿、垫状驼绒藜、高原芥（*Christolea crassifolia*）等为优势种的群落。

10. 暖性草丛 暖性草丛，是在暖温带山地、丘陵落叶阔叶林区域，由于森林灌丛被破坏后而形成的一种次生植被类型。气候温暖湿润，≥10℃年积温2 600～3 200℃，年降水量400～600mm，湿润系数0.4～0.6，干燥度<1。土壤类型以褐土为主，土体一般厚50cm。土壤腐殖质含量不高，具有石灰淋溶特征，呈中性反应，pH为7.0～7.5。

暖性草丛建群种多为旱中生的多年生禾本科植物，混生杂类草或蒿类植物，也常有少量乔木、灌木散生其中。代表性类型有以白羊草、黄背草（*Themeda triandra*）、毛秆野古草、白茅（*Imperata cylindrica*）、野青茅、结缕草（*Zoysia japonica*）等为优势种的群落。

11. 暖性灌草丛 暖性灌草丛，是暖温带森林植被被破坏后形成的相对稳定的次生植被，草地中灌木郁闭度达到0.1～0.4，形成独立层片。年平均温度8～13℃，≥10℃年积温3 200～4 500℃。年均降水量540～800mm，局部地区可达1 000mm以上。土壤类型以褐土、棕壤为主，褐土土层厚度达40～70cm，黏化过程较强，一般呈中性至微碱性反应，淋溶作用强烈。

暖性灌草丛植被成分仍以多年生旱中生、中生禾草为主，种类组成较简单，优势种明显，常由单优势种组成。灌木、乔木通常散生于草丛中，其种类在各地差异较大。代表性类型有以各类灌木的芒（*Miscanthus sinensis*）、荻、白羊草、黄背草、毛秆野古草、白茅、野青茅、结缕草等为优势种的群落。

12. 热性草丛 热性草丛，是在亚热带、热带暖热潮湿气候环境下形成的，是森林植被遭破坏后演替的产物。草地群落组成以多年生草本植物为主，混生少量的乔木和灌木。该区域热量资源丰富，年均温 14～22℃，≥10℃年积温 4 500℃以上；年降水量 800mm 以上，高者可达 2 000mm，除云南高原和川西高原有明显旱季外，其他地区旱季不明显；干燥度<1；相对湿度保持在 70%～80%。土壤类型主要为黄壤、黄棕壤、红壤和砖红壤等，土层较薄，呈酸性，肥力较低。组成热性草丛草地的草本植物多属旱中生类型，以禾草为主，划分为高、中、矮禾草类型。此外，还有以蕨类为主的草丛。代表性类型有以芒、五节芒（*Miscanthus floridulus*）、黄背草、毛秆野古草、白茅、黄茅（*Heteropogon contortus*）、金茅（*Eulalia speciosa*）、细毛鸭嘴草（*Ischaemum ciliare*）、地毯草（*Axonopus compressus*）、芒萁（*Dicranopteris pedata*）等为优势种的群落。

13. 热性灌草丛 热性灌草丛的成因与热性草丛相同，均属相对稳定的次生植被。特点在于水土条件比草丛地段好，距离居民点较远，受人为破坏程度较轻。土壤类型主要为黄壤、赤红壤、红壤、砖红壤等。热性灌草丛草地在种类组成上较热性草丛草地丰富复杂，草丛中既有原始森林破坏后残留的高大乔木和人工种植的次生树种，还有一定数量的灌木，常与高大禾草处在草群的上层。草本植物是构成灌草丛草地的主体，有高禾草、中禾草和矮禾草之分。代表性类型有以乔、灌木的芒、五节芒、黄背草、毛秆野古草、白茅、黄茅、金茅、细毛鸭嘴草、芒萁等为优势种的群落。

14. 干热稀树灌草丛 干热稀树灌草丛，是在地处热带和南亚热带干热河谷，受热带季风控制，雨季和旱季明显，气候十分干热的条件下，森林破坏后形成的一类特殊的次生植被。群落结构近似热性灌草丛，群落外貌又近似热带稀树草原；但从草地成因看，又不同于热性灌草丛和热带稀树草原。根据云南省元江县气象资料，年降水量 600～800mm，集中于雨季；每年旱季较长，蒸发量一般大于降水量的 3～4 倍。年均温 23.9℃，≥10℃年积温高达 8 800℃。土壤类型为燥红壤，土层浅薄，保水能力差而干燥，肥力低，呈酸性反应。

草地植物群落种类组成中多为喜阳耐旱的热带成分。因为在雨季时雨量充沛，多年生草本植物在长期适应过程中，形成了雨季生长发育旺盛，旱季生长缓慢甚至地上部干枯、抗旱性很强的特征，群落中的灌木大多为常绿种类。代表性类型有以木棉、厚皮树（*Lannea coromandelica*）、坡柳（*Salix myrtillacea*）等灌木、乔木及黄茅、华三芒草（*Aristida chinensis*）为优势种的群落。

15. 低地草甸 低地草甸，是由地形条件导致的水分补给，包括河流泛滥、潜水、汇集的地表径流，形成局部土壤水分丰富的中生环境而发育形成的草地，属非地带性分布草地。由于地下水位较高，土壤常伴有盐碱化过程，主要有草甸土、石灰性草甸土、白浆化草甸土、潜育化草甸土、盐化草甸土和碱化草甸土等。低地草甸分布地域广泛，但是，发育在不同自然带的群落，常含有地带烙印的当地区系成分。生成的地境主要为河漫滩、河谷地、冲积扇缘潜水溢出地、坡麓汇水地、湖滨周围、盆湖洼地、沙丘间低地和海滨滩涂等。草地群落主要由喜湿、耐盐，并具有一定抗旱能力的中生、旱中生禾草与杂类草组成，草地类型繁杂。代表性类型有以芦苇、大叶樟、小叶樟（*Deyeuxia angustifolia*）、拂子茅、寸草（*Carex duriuscula*）、狗牙根、蕨麻（*Potentilla anserina*）、芨芨草、赖草、碱茅（*Puccinellia distans*）、小獐毛（*Aeluropus pungens*）、獐毛（*Aeluropus sinensis*）、甘草（*Glycyrrhiza uralensis*）、骆驼刺和结缕草（*Zoysia japonica*）等为优势种组成的群落。

16. 山地草甸 温性山地草甸，主要分布于我国北方各大山地降水丰富的地带，是山地垂直带谱中最湿润的部分。一般年降水量可达到 500～600mm 或更多，干燥度<1，形成中

生环境。草地发生多与中山森林带共存，向上可延伸至亚高山带。山地草甸在南方亚热带草山、草坡区也有发生，一般均分布在灌草丛带之上属于温性的中山或高山地段。草地植被由温性中生禾草与杂类草为主组成，也常见散生的中生灌木。形成的土壤多为山地草甸土、山地黑钙土、黑毡土、山地黑土和亚高山草甸土，富含有机质，肥力较高。构成山地草甸的类型多样，代表性类型有以荻、毛秆野古草、无芒雀麦、鸭茅、多种早熟禾（*Poa* spp.）、多种薹草（*Carex* spp.）、地榆、草地老鹳草（*Geranium pratense*）、紫花鸢尾（*Iris rutheni-ca*）、垂穗披碱草（*Elymus nutans*）、野青茅、羽衣草（*Alchemilla japonica*）、珠芽蓼等为优势种组成的群落。

17. 高寒草甸　高寒草甸，是在高寒湿润气候条件下发育形成的一类草地，由寒中生草类组成草地群落。年均温度一般在 0℃ 以下，年降水量 350～550mm。土壤类型为草毡土，分化程度低，质地粗糙，土层较薄，下层多砾石。

草地群落主要由薹草属、嵩草属和一些小丛禾草、小杂类草植物组成，具有草层低矮、结构简单、生长密集、覆盖度大、生长季节短和生物产量低等特点，形成的草地类型也十分丰富。代表性类型有以高山嵩草、线叶嵩草（*Kobresia capillifolia*）、矮生嵩草（*Kobresia humilis*）、西藏嵩草（*Kobresia tibetica*）、甘肃嵩草（*Kobresia kansuensis*）、黑花薹草（*Carex melanantha*）、细果薹草（*Carex stenocarpa*）、葱岭薹草（*Carex alajica*）、圆穗蓼（*Polygonum macrophyllum*）、珠芽蓼等为优势种组成的群落。

18. 沼泽草地　沼泽草地，是在地表终年或季节性积水、土壤过湿的生境中发育的隐域性草地类型，分布十分广泛。分布生境主要有两种：一种是平原中局部低洼地、潜水溢出带、泉水汇集处、河湖边缘；另一种是在高原和各大山地上部的宽谷底部、冰蚀台地。形成的土壤为沼泽土。由于在过湿和低温环境中，土壤通气不良，好氧微生物活动受到限制，草本植物残体不能被完全分解，泥炭逐渐积累，并普遍积累较厚的草根层，有的地段往往形成丘状沼泽。沼泽草地植物组成比较简单，主要由大禾草、大莎草及高大杂类草组成。以湿生植物占优势，也有沼生植物和浮水、挺水植物。代表性类型有以芦苇、乌拉草（*Carex meyeriana*）、木里薹草（*Carex muliensis*）、荆三棱（*Bolboschoenus yagara*）、三棱水葱（*Schoenoplectus triqueter*）、水麦冬（*Triglochin palustis*）、东方香蒲（*Typha orientalis*）等为优势种组成的群落。

（二）草地分布规律

1. 草地的水平分布规律　我国草地的水平分布，依据自然地理条件的差异，大致可分为东北部草地、西北部草地、东南部草地和青藏高原草地四大片。

（1）东北部草地分布：东北部草地是欧亚大陆草原带向东的延伸，属半湿润、半干旱气候，地理位置处于松辽平原、内蒙古高原和黄土高原，在行政区域上包括黑龙江、吉林、辽宁、内蒙古、宁夏。草地分布由东向西为：温性草甸草原带，分布于呼伦贝尔高原东部、锡林郭勒高平原东部和松嫩平原东南部地区；温性草原带，自松辽平原中部经内蒙古高原东、中部与鄂尔多斯高原大部，一直延伸至黄土高原中西部；温性荒漠草原带，包括内蒙古苏尼特左旗、苏尼特右旗、达尔罕茂明安联合旗、乌拉特前旗、鄂托克旗一线以西的蒙古高原及鄂尔多斯高原西部和宁夏中部地区。在这一区域内，除了以上地带性植被外，在东部地区有较大面积的非地带性植被草甸与沼泽草甸的分布。

（2）西北部草地分布：我国西北部属干旱区，半荒漠、荒漠是该地区地带性草地类型的主体，由亚洲中部荒漠和部分中亚荒漠组成。草地类型的分布自东向西大致可分为：温性草原化荒漠带，包括狼山、贺兰山以西的内蒙古乌拉特后旗、杭锦后旗以西以及东阿拉善高原地带；温性荒漠带，包括东阿拉善高原北端以及阿拉善高原中西部、甘肃景泰以西的河西走廊、柴达木盆地和新疆全部。在新疆境内的准噶尔盆地，由于受中亚气候的影响，冬春季有较多的降水，草地植物区系组成与中亚荒漠更接近。

（3）东南部草地分布：我国东南部属于森林地带，除海滨、河滩低地及部分山地有草甸和沼泽草地分布外，草地均为山地、丘陵森林被破坏后形成的次生灌草丛。草地类型从南到北为热性草丛和热性灌草丛、暖性草丛和暖性灌草丛，前者主要分布在秦岭及淮河以南亚热带和热带地区，后者主要集中分布在暖温带地区，它们也具有垂直分布特点。

（4）青藏高原草地分布：青藏高原是我国乃至世界范围内的特殊自然区域，高原平均海拔超过 4 000m，草地的分布规律体现特殊的高原地带性分布特点。整个高原以高寒和强大陆性气候为主，导致草地的分布与同纬度草地类型之间差异显著。随水分状况由东南向西北递减，草地类型的分布则相应呈现出由高寒草甸、高寒草原、高寒荒漠草原向高寒荒漠递变的趋势。除高寒草地的水平分布规律外，还有：沿金沙江、怒江、澜沧江等河谷，从南向北为热性草丛—暖性草丛—温性草甸草原更替；在雅鲁藏布江河谷两侧，从东往西为山地草甸—温性草原—温性荒漠草原—温性荒漠更替；在东北部与黄土高原接壤部为温性荒漠—温性草原；在喜马拉雅山南坡和西南部边境河谷两侧，受印度洋气流影响，分布着热性灌草丛、暖性灌草丛和山地草甸。

2. 草地的垂直地带性分布规律 草地垂直地带性是山地草地分布的主要特征。从山麓到山顶，随着海拔的升高，草地类型呈现有规律的更替，表现出成带状分布格局，称为草地分布的垂直地带性。垂直带中草地的组合排列和更替顺序形成的体系，称为草地垂直带谱。草地的垂直地带性分布规律与特征，主要与山地所处地理位置或水平植被带和山体高度、走向有关。带谱繁简的基本规律是：湿润区较干旱区简单，北方草地区较南方草地区复杂。相同带所处海拔高度北方草地较南方草地高。由于垂直带谱受所处水平地带的制约，山地所在位置也就基本决定了草地垂直分布的格局。

（1）东北部山地草地垂直分布：我国东北部为温性草甸草原、草原主要分布区，由东向西立足于不同水平地带的山地，其草地分布垂直带谱的结构也有明显差异。如位于温性草甸草原带的长白山，山地草地垂直带谱为温性草甸草原—山地草甸—高寒草甸，带谱简单，整体呈中生性质。

位于内蒙古中部的大青山，属温带半干旱气候区，以草原为基带，随着海拔的升高，草地垂直分布类型为温性草原—温性草甸草原—山地草甸，局部山顶有高寒草甸分布。

（2）西北部山地草地垂直分布：我国西北部受干旱气候控制，区内诸多山地，草地垂直带谱的结构与复杂性较东北部地区有明显差异。如位于甘肃河西走廊南部的祁连山中段山地草地垂直分布，随山体的升高，依次发育的草地为温性荒漠—温性荒漠草原—温性草原—山地草甸—高寒草原和高寒草甸。

位于新疆境内中部的天山山地，以中段为例，南坡的草地垂直分布为温性荒漠—温性荒漠草原—温性草原—温性草甸草原—高寒草原—高寒草甸；北坡为温性荒漠—温性荒漠草原—温性草原—温性草甸草原—山地草甸—高寒草甸—适冰雪稀疏植被。

昆仑山位于塔里木盆地和藏北高原之间，以中昆仑山北坡为例，草地垂直带谱为温性荒漠—温性荒漠草原—温性草原—高寒草原—高寒草甸。

位于新疆境内北部的阿尔泰山，由于纬度的升高，山前荒漠草原发育，草地垂直带谱为温性荒漠草原—温性草原—温性草甸草原—山地草甸和高寒草甸。

（3）东南部山地草地垂直分布：由于东南部山地均处于暖热潮湿气候带，不同山地间草地垂直分布变化就草地类型组合多样性而言，往往不如温带草原区与荒漠区山地复杂，而且草地多为次生热性草丛、灌草丛类草地，只在中高山以上发育有原生山地草甸，乃至高寒草甸。以安徽境内大别山、亚热带北部太白山为例说明草地垂直分布特点。

大别山位于亚热带东部，是秦岭向东的延伸部分，山麓海拔100m，主峰1 755m，山地草地垂直带谱简单。海拔1 400m以下多为森林，只在森林被破坏地段形成次生热性草丛或灌草丛；海拔1 400～1 750m为热性灌草丛。

太白山是秦岭山脉的主峰，位于我国亚热带的最北部。因山体较高，草地的垂直分布较海拔低的山地略复杂，垂直带谱为热性灌草丛或热性草丛—暖性草丛或暖性灌草丛—山地草甸—高寒草甸。

（4）青藏高原山地草地垂直分布：青藏高原面积辽阔，经纬度跨度大，山地地形特别是东部横断山区变化显著，山体所处位置与隆起高度的差异也很明显，草地的垂直分布各有不同。现以南迦巴瓦峰地区、珠穆朗玛峰北坡阿依拉山为例说明青藏高原草地垂直分布特征。

南迦巴瓦峰位于喜马拉雅山东端，印度洋暖湿气流从孟加拉湾楔入后首先受阻于这一地区，受其影响山地南坡气候炎热、降水丰富。草地垂直带谱的基带是热带雨林和森林被破坏后形成的次生热性灌草丛；随海拔的升高依次分布暖性灌草丛—山地草甸—高寒草甸。而北坡2 500～4 200m基本为森林所覆盖，林间旷地和林缘分布一些山地草甸；4 200～4 800m为高寒草甸。

珠穆朗玛峰北坡草地垂直分布的带谱为温性草原—高寒草原—高寒草甸草原—高寒草甸。

阿依拉山位于噶尔藏布西边，属于干旱气候，草地类型旱化特征明显，带谱简单，为温性草原化荒漠—高寒荒漠草原—高寒草原。

我国不同生态地理地段部分山地草地垂直分布见图1-1。

3. 非地带性草地的分布规律 非地带性草地是指在地带性草地分布区域内出现的隐域性草地。它不是适应地带性气候的产物，也不随地带性气候呈相应的地带分布，是在地带性的气候条件下，由于地质构造、地形、土壤基质等多种因素的作用，形成不同于地带内的水、热和土壤矿物营养状况而发生、分布的草地。

（1）山地草甸类草地的分布：山地草甸主要分布于温带草原和荒漠区的各大山地，亚热带的一些山地也有分布。在草原与荒漠区，山地草甸在各大山地占据着降水量最大的中山与亚高山地段，常与森林形成复合分布；在亚热带地区，一般出现在高中山区域。山地草甸的形成，不仅受纬向热量、气候带的影响，同时也受经向水分因素变化的制约，因此草地的分布在南北各大山地的海拔高程及带幅宽度多有差异。

（2）高寒草甸类草地的分布：高寒草甸主要集中分布于青藏高原的东部和帕米尔高原，以及天山、阿尔泰山和祁连山等山地的高山带，太白山、小五台山和贺兰山山地也有零星分布。高寒草甸的分布，不同地理位置占据的海拔高度也有差异。如分布于青藏高原的高寒草

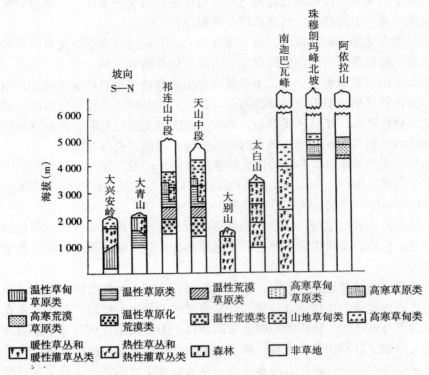

图 1-1　我国不同生态地理地段部分山地草地垂直分布

(廖国藩等, 中国草地资源, 1995)

甸, 海拔最高, 一般在 4 200m 以上山地, 到西部阿里地区, 分布上限可达到海拔 5 400m。在青海境内, 多分布在 3 800～4 800m 的山地上部; 在新疆的天山北坡和阿尔泰山南坡, 分布下限一般为 2 700m 和 2 300m; 在四川的西北地区, 集中分布于海拔 3 800～4 600m 的山原地带; 在甘肃的南部地区, 分布海拔下降至 3 600～4 000m; 在云南境内, 集中分布在海拔 3 800～4 300m 的山地上部。

　　(3) 低地草甸类草地的分布: 低地草甸在山地乃至高寒山地和高原都可发生, 广泛分布于湿润、半湿润、半干旱和干旱区, 从平原草甸草原到平原荒漠地带的广大地区, 在多大河、多湖泊以及冲积扇缘潜水溢出的地段分布较多。除分布于有淡水泛滥的地段外, 多数分布区的土壤母质含有较多的盐分, 地下水矿化度较高。根据土壤水盐状况的不同, 又划分为低湿地草甸、沼泽化低地草甸、盐化低地草甸和滩涂盐化低地草甸。

　　低湿地草甸, 主要分布在有河流侧渗或不定期泛滥河谷的河床、河漫滩和阶地上。淡水对土壤的淋洗使土壤中盐分较少, 有利于草地的发育。沼泽化低地草甸, 是从低地草甸向沼泽过渡的类型, 主要发育在紧接河床的沿岸以及湖盆四周的低湿地上, 有的分布区常紧邻沼泽或与沼泽组成复合体。盐化低地草甸, 是低地草甸类中分布最广、面积最大的一个亚类, 主要分布在内陆平原、盆地中低凹地, 因地下水位和土壤水分矿化度的不同有不同类型。滩涂盐化低地草甸, 分布于东部沿海, 受含盐海水浸渍而形成, 组成的类型也因水盐状况不同有所区别, 变异规律较为明显, 基本与距离海岸远近相一致。

　　(4) 沼泽类草地的分布: 沼泽在我国分布十分广泛, 而以温带地区和青藏高原为多, 亚热带只有零星分布，热带沿海有少量分布。分布面积最大的有东北三江平原和若尔盖草原。东北三江平原大面积沼泽分布在河流冲积形成的低平原。这里河流纵横，水量丰富，地形平坦，河流切割能力弱，河道曲率大，造成地面排水不畅；地表以下广泛分布黏土、亚黏土层或永冻层，形成天然隔水层，地面水难以下渗，加之气候湿润，水面与陆地蒸发力弱，从而造成河漫滩、阶地上洼地积水，成为沼泽发育与分布的地段。若尔盖草原沼泽分布区位于高原宽谷底部，地势开阔平坦，湖群洼地众多。黄河上游黑河、白河流域尤为突出，地势低洼，河道迁回，比降极小，成为四周流水的承泄区，形成沼泽发育分布的条件。

草地调查与规划的理论基础

草地调查与规划既要研究草地资源系统本身的运行规律，又要研究人类利用资源的组织形式和管理方式。其目标是在了解草地资源现状的基础上，力求创造与始终协调自然、资源、人口、经济与环境的和谐发展关系，不断提高草地承载力，在资源利用可持续的情况下制订经济发展、生态安全的最优化政策与利用方案。草地调查与规划工作的这一特点，也决定了它的性质与内涵是融合了草学、生物学、生态学、经济学、资源学与工程技术科学等相关学科的内容，构成了以草地资源及其开发利用为核心的截集，无可否认草地调查与规划学与其母体学科存在的承继关系。草地调查与规划学所依托的相关理论，可以借鉴作为草地调查与规划的理论基础。

第一节　草地成因理论

草地成因理论是关于草地发生与发展成因问题的论述，是认识草地并进行草地经营的重要理论基础之一。重视研究经营区域内草地形成和发展的条件与特点，了解一定空间草地与形成因素及发生发展过程存在怎样的因果关系，对于研究草地类型的划分、了解草地分布规律、认识草地演替发展规律，制定草地利用与保护策略，具有不可忽视的指导意义。

对于草地的成因，国内外不少学者从不同角度进行了研究，并提出各自的观点，概括起来可归纳为：无机环境因素成因说（王栋，1955）、无机环境与生物因素成因说（Tansely，1939；Dvais，1960）和无机环境、生物、人类活动因素成因说（任继周，1961；许鹏，1985）。本节中将重点介绍无机环境、生物、人类活动因素成因说的基本观点和各因素在草地形成与发展过程中的作用与影响规律。

一、无机环境、生物、人类活动因素成因说的基本观点

无机环境、生物、人类活动因素成因说，由我国草学家任继周院士和许鹏教授提出，并在草学界达成共识，已成为指导我国草地利用与保护的重要理论依据。

（一）大气、土地、生物和劳动生产因素说

这一论点由任继周提出。他认为草地这一农业自然资源在大气因素、土地因素、生物因素和劳动生产因素所构成的矛盾运动中发生并不断地发展。大气因素和土地因素构成草地生物群落的立地条件，生物因素居于核心地位，劳动生产因素则主要通过农业生产手段及生物活动对草地施加影响，并不断改变着草地的生产能力。

（二）非生物因素、生物因素、人类活动综合影响因素说

该论点由许鹏提出，特点是进一步明确了各类因素在草地形成中的作用性质与地位，强

调生物因素的核心作用，植被作为建成草地的实体，又在生物因素中起关键作用；非生物因素作为提供植物生活要素之源，具有决定性影响。气候，特别是水热条件又在非生物因素中占主导地位，决定着地带性草地的形成；而地形、土壤基质影响水热再分配，则是隐域性草地和显域性草地非地带性出现的主要原因。人类活动具有巨大的影响，特别是对草地的形成起着决定性作用，但它的作用范围往往有一定的限度。

二、无机环境、生物、人类活动因素与草地的形成

（一）非生物因素与草地的形成

非生物因素包括气候、土壤、地形与水文等要素。它们既是草地植物生活要素之源，也是草地作为生产资料价值的体现，对草地形成与利用具有控制性的作用。

1. 气候因素与草地的形成　气候因素对草地的生物学意义主要表现在光、热、水三个方面，它们是草地生态系统的重要组成部分。光是地球生物得以生存与繁衍的基本能量源，生物生存所必需的全部能量均直接或间接地源于太阳光。水、热因素是生物存在的基础，决定着植被和土壤的发育，决定着草地的形成，决定着水-土-草-畜草地系统的性质。水、热状况在地球上的分布，在不同的地理位置，由于太阳入射角和距离海洋远近的不同有明显变化，从广域范围决定了不同草地的发生。由此可见，以水、热为主导的气候条件决定了草地的性质、分布，在草地形成中起主导作用。

（1）光照与草地的形成：太阳光照条件对草地形成的生态作用，主要体现在光照度和光照质量及日照长度。植物细胞的增长与分化、个体体积与质量的增加、组织与器官的分化，均直接或间接地受到光照度和光照质量的影响。多数植物的生长发育要求一定的光照度和光照质量。植物体总干物质中，有 $90\%\sim95\%$ 是通过光合作用得来的，只有 $5\%\sim10\%$ 来自根部吸收的养分。太阳辐射强度越大，植物生产潜力就越大。光照度在地球表面并不是均一的，受地理位置、季节、天空云量的变化而变化，但其分布与太阳总辐射量的分布有关，一般来讲低纬度地区略高于高纬度地区，高海拔地区高于低海拔地区。

与水热条件相比，光照条件对植物生长和分布的影响较少起限制性作用，但分布于不同条件下的草地，光照质量有时会给植物生长带来一定的影响。例如，分布于高海拔地区的草地植物，由于所在环境空气稀薄、尘埃少、大气透明度高、紫外线强，植物均表现出生长受到限制，茎节间缩短，组织分化加快，机械组织发达，加之其他恶劣环境因子的影响，植物多呈小株型或莲座状。而分布于低海拔地区的草地植物，除了在极端干旱气候条件下形成的部分荒漠植被外，绝大多数植物在组织结构与株体外形上与高山植物有较大的差别。我国草地主要分布于高纬度与高海拔地区，分析光因子的生态作用，有益于深入了解不同区域不同地带草地形成、分布类型与生产性能差别的机理与机制。

（2）热量与草地的形成：太阳辐射到达地面以后产生气温、水温和土温，是草地生态系统中一切生物化学过程主要的热量来源。它除了直接对植物本身产生影响外，还间接地从诸多方面影响着草地的发生和构成。如温度的高低，影响着相对湿度的大小，而相对湿度不仅影响土壤的蒸发量，甚至当温度过低时，会打破植物的生理蒸腾而形成物理蒸发，会造成大气干旱。另外，温度还会影响地被物及土壤有机质的分解，从而影响土壤性质。因此，温度在很大程度上影响着草地动植物的分布及其群落结构。

温度对草地的影响起主导作用，决定着草地的形成，植被分布的格局，植物能量利用与转化的效率。当然，决定某种生物分布区的因子，并非仅是温度单一因子；但它是重要的生态因子，制约着草地植物的生长发育，每个地区生长繁衍着与其相适应的植物。

就全球范围而言，温度在陆地表面有随纬度变化而变化的规律，呈现低纬度向高纬度递减的趋势，进而形成了地球上热量地带性分布的特征。我国的气候在划分为东部季风区、西北干旱区和青藏高寒区的基础上，划分为温带、亚热带、热带三个温度带，依各带内温度的差异，将温带再划分为寒温带、温带和暖温带，将亚热带再划分为北亚热带、中亚热带和南亚热带，将热带再划分为边缘热带、中热带和赤道热带。从我国的草地分布来看，在不同的气候带，分布着相应的草地类型以及相似的草地利用特征。在温带区域形成温性草原与温性荒漠草原，在暖温带区域形成暖性草丛与灌草丛，在亚热带与热带区域形成热性草丛与灌草丛，高寒类的草地在青藏高原占主导地位。由此可见，草地的形成分布及其性质与区域气候条件中的温度存在密切关系，如果说气候条件中水热因素是控制草地形成与发展的主导因素，那么水热两项因素中热量因素对草地形成与性质的决定居于核心地位。我国现行的草地分类方法，在类型划分遵循的依据与指标中，均将温度条件作为草地一级分类单位划分的首要指标。

（3）降水与草地的形成：水分与热量一样是草地形成与发展的基本要素，水、光、热因素基本决定了一个区域的草地类型与经济属性特征。特别是在干旱的温带地区，无论是地带性草地类型的形成，还是非地带性草地类型的形成，水分的多寡是造成草地类型发生分异的首要因素。

在地球表面，降水量主要取决于大气环流、海陆分布与地形条件等。我国形成降水的气团主要来源于太平洋，因此降水从南向北、从东向西减少。在秦岭—淮河线以南，由东向西、由沿海到内陆，依次出现湿润、半湿润、半干旱的季风气候，整个径向地带基本都被亚热带落叶阔叶林所占据；再向内陆延伸，季风影响减弱，成为干旱的大陆性气候，植被带的更替顺序为针叶阔叶混交林、落叶阔叶林、森林草原、草甸草原、典型草原、荒漠草原、草原化荒漠。西北地区由于距离海洋远，又受一系列东北、西南走向山脉阻挡，湿润气候难以到达，除新疆天山北坡和阿尔泰山受到北冰洋湿润气流少许滋润外，整个地区都呈现干旱气候，形成地带性分布的荒漠植被。从我国植被总体分布格局来看，植被类型的地带性分布与降水的地带性分布基本吻合。

降水对草地形成的影响，不仅在于降水总量，降水的季节分配和水热的匹配也具有重要意义。例如，全年降水分布均匀的赤道带，发育常绿热带雨林；而在热带中有一定干旱期的地方，虽然水、热总量与赤道带相似，却发育成热带季雨林。我国东南沿海地区雨量集中于夏季，是常绿阔叶林地带；但同纬度的地中海沿岸地区冬季降雨、夏季干旱，是常绿硬叶灌木林地带。欧亚荒漠带由于东、西部年降水量分配的差异，东部降水以夏季最多，西部降水季节分配比较均匀，形成蒙古与中亚两种分配模式，从而使东、西部荒漠草地性质发生明显差异。

另外，降水量不能孤立地决定草地类型及其分布，关键在于地区的水热平衡状况，即降水与蒸发强度的比率，能用于植物生长的有效水分的多寡。亚热带荒漠区的降水超过温带森林区，但由于前者蒸发大大超过降水，所以发育为荒漠。

2. 地形、土壤、水文因素与草地的形成　关于非生物因素对草地发生学的意义，地学因素与气候因素有较大的不同。气候因素主要是从地带性上直接影响草地的形成与分布，即由光、热、水气候条件的差异，形成了我国由东至西、由南到北的草地地带性分布规律。地学因素除土壤因素外，是一种区域因素，如地形地貌、水文地质条件。它们控制地表物质的迁移方向，影响区域水热条件的重新组合与分配，进而对草地的形成、类型分布乃至利用价值产生影响。

（1）地形与草地的形成：地形条件对草地成因的生态学意义，与气候因素中的水热因子不同，通过某些地形要素如起伏、坡向、坡度、海拔高度，影响光、热、水和营养等生态因子空间再分配，形成多样的生境，包括太阳辐射的差异、气温与湿度的时空变化、降水的再分配、风状况乃至土壤理化性状等，进而间接影响草地形成分布和植物生长与生态类群的分异。巨大地形会影响大气环流，改变区域气候，导致水热状况发生变化。例如，青藏高原的抬升，本属于亚热带的气候演变为高寒区，水热条件均发生了巨大变化。喜马拉雅山脉的隆起，迫使高空西南季风向南北两侧分流，阻挡了印度洋湿润气流进入我国西部，使我国西部发育了大面积的荒漠草地。

山地地势的升高，引起水热条件的垂直梯度变化。山体面对的方向、结构形态，影响山地迎风面、接受大气环流的状况，以及平原气候对山地气候作用的强弱。这些都是巨大范围内的地形条件引起的水热变化，从而影响草地的形成。

海拔对草地的影响，主要表现在对水热条件的再分配。太阳辐射随海拔升高而增加，在海拔 1 000m 的山地，可得到全部辐射的 70%；而在海平面上只得到 50%。温度通常随海拔升高而下降，海拔每升高 100m，温度下降 0.5～0.6℃。水分和相对湿度也呈垂直地带性变化，在一定范围内，随海拔升高而增加；但海拔继续升高降水则会减少，土壤类型也形成显著的差异。海拔高度具有的这种生态学意义，必然导致不同海拔地段生态环境的变化，从而对草地形成、草地利用布局以及利用制度等均产生深刻的影响。地形作用的另一方面是中地形的变化，包括地形的部位、坡向、坡度等造成水热条件的再分配，对草地形成与利用同样具有重要意义。如山坡的朝向，在北半球南坡可接受更多的太阳辐射，温度高，水分蒸发快，形成较北坡干热的生境；而北坡恰恰相反，形成相对温湿的环境。例如，在地处干旱荒漠区的天山山地，在山地中段海拔 1 800～2 600m 地段的阳坡，分布着以草本植物为主的草甸草原和草甸植被；在阴坡，则生长着以雪岭杉（*Picea schrenkiana*）为建群种的森林群落。由于山地坡向的原因，在干旱地区草地类型的复合分布成为草地空间分布格局的普遍现象。

（2）土壤与草地的形成：土壤既是植物生长的立地条件，又是植物生长必需的水、肥、气的供应源，是生态系统中物质与能量交换的重要场所。土壤的发育与草地植被的形成关系密切，在一定的土壤上发育着与之相适应的植被类型，而土壤类型实际上又是植物与土壤相互作用的产物，它们共同受气候条件的控制。

土壤对草地的形成主要体现在土壤的物理性状和化学性质对植物生存的影响，如土壤质地与结构、土壤有机质与矿质元素含量等。土壤质地与结构是土壤重要的物理性状，根据土壤质地，土壤可分为沙土、壤土和黏土；根据土壤结构，有微团粒结构、团粒结构和比团粒结构更大的结构之分。它们对植物作用的本质在于影响土壤水、热、气的供给能力，以及其所产生的土壤物理、化学特性对植物的影响。土壤质地与结构不同，土壤的固体、气体、液体三相比例不同，会影响土壤水分的吸收、保持与蒸发，使土壤水分状况有所差别。水分状况的不同，又会影响土壤养分的分解、吸附和淋溶，土壤肥力也就不同。另外，土壤基质在一些地区也是影响土壤水、热条件的重要因素。因此，可以认为气候因素决定着地带性植被与土壤的形成分布，而在相同的气候地带内，土壤质地与基质对水热再分配起着主导作用，成为决定植被分异的重要因素，尤其在气候条件严酷的干旱荒漠、草原和寒冷的高山地区，土壤基质的作用更为突出。

土壤的化学性质，主要取决于形成土壤母岩的化学成分和不同地理带上土壤形成过程的特点，其中土壤的酸度是土壤许多化学性质特别是基岩状况的综合反映，对土壤肥力有深刻的影响。

土壤的化学性质对草地的形成与植物生长的影响，主要表现在土壤的酸度、土壤有机质与矿质元素含量，直接或间接地影响植物的生长与分布。植物对于长期生活的土壤也会产生一定的适应性。例如，根据土壤酸度的反应，可以将植物划分为酸性土植物、中性土植物和碱性土植物；根据植物对土壤中矿物质盐类的反应，可把植物划分为钙质土植物和嫌钙植物；根据植物对土壤含盐量的反应，可划分为碱土植物和盐土植物，盐土植物从生理上的抗盐特性又分为聚盐性植物、泌盐性植物和不透盐植物。土壤有机质是土壤肥力的一个重要标志，对土壤结构的形成、保水、供水、通气、保温也有重要作用。例如，富含腐殖质的草原带黑钙土与分布于荒漠地带的土壤，土壤中微生物的种类、数量均存在较大差异，从而影响植物生长与种类的分布。

（3）水文与草地的形成：水文条件，包括地表水和地下水，对草地形成的作用主要是对非地带性草地的形成影响，并起制约作用。

地表水对草地的形成，主要是通过泛滥、侧渗、淹浸等作用，改变周边土壤水分环境，进而影响局部区域草地的发生与发展。如发育和分布于一些河流近河谷地段的低地草甸，海、湖、沼周边的滩涂草甸或低地草甸，其形成分布均受地表水的影响，地表水是草地形成的主要因素。

地表水的质与量影响草地类型的形成，决定草地的基本性质和生产能力。如在水量上，径流的补给因地区不同变幅较大。在水质上，由于我国自然条件复杂，地表水质时空变异较大，从东南沿海地区向西北大陆，水矿化度逐渐提高，硬度增加，可由东部的30mg/L升高到每升数万毫克，SO_4^{2-}、Cl^-、Na^+、K^+由东向西逐渐增加，由东部的多属重碳酸盐钙质水，向西逐渐变为氯化物钠质水。

地下水是部分低地草甸形成的主要条件。地下水包括包气带水、潜水和层间水，对草地的形成都起作用，尤其是后两种水。潜水面与潜水埋深、水质矿化度直接影响土壤水分的补给量和理化性质，也直接影响草地的形成与发展。

在考虑水文条件对草地形成的作用时，应与草地所处的气候区域、地形、地质构造和土壤等因素结合起来分析。草地的形成与性质，都有所在地带环境条件的烙印。

（二）生物因素与草地的形成

草地形成的生物因素包括植物、动物与微生物，它们是草地生态系统中具有生命力的重要组成部分。由于生物的生命活动，通过物质与能量的利用与转化和生物学循环，推动着草地的形成和演化，所以，从一定意义上讲，没有生物因素的作用，就没有草地的形成过程。

1. 植物与草地的形成 植物在草地形成中的作用具有多重性。一是利用太阳辐射能合成有机物，完成草地与无机环境之间物质与能量的利用与交换。二是创造草地发生发展的生态环境，通过植物的生长，改善生存环境，创造草地群落形成与发展的最适环境。如阻挡大部分的太阳辐射，缩小极端温度的变化；通过光合作用和呼吸作用，保证空气中氧气和二氧化碳之间最适平衡；通过削弱风的强度，调节空气湿度；通过植物体分解，增加土壤有机质等，从而改善生态环境，优化生存条件，也间接地为其他生物的生存创造条件。

在草地中，植物总以群落的形式存在。任何一个群落都不会静止不变，而是随着时间的推移，处于不断变化和发展中。群落的形成均是由低级到高级，由简单到复杂，一个群落代替另一个群落的自然演变过程。植物群落的形成，可以从裸露的地面开始，也可以从已有的另一个群落中开始。但不管是从何种起点开始，在一个群落的形成过程中，均有植物的传播、定居和植物竞争等方面的条件和作用。在这一过程中，随着定居种类和个体数量的逐渐增加，植物个体之间及种与种之间产生了对光、水、营养物质以及空间等的竞争，遵循生物界适者生存的自然法则，一部分竞争力强的植物成为群落的优势种或建群种，而另外一部分植物则退为伴生种，甚至消亡。最终，植物之间形成了相互制约的关系，从而形成了稳定的群落。

草地植物群落总是由多种植物组成，在自然选择、种间竞争的过程中形成一定的群落结构与种间关系，决定着群落演替的发展方向，维系着草地群落的稳定。在天然草地上，草地群落结构与种内、种间关系的形成，是一个漫长历史演化过程的产物。在一定时期内，它们具有各自稳定的群落特征和环境，如果没有持久的或强烈的外营力作用与影响，草地不会发生明显的演替。

2. 动物与草地的形成　动物是草地生态系统的重要组成部分，伴随着草地的发生发展而存在。草地生态系统中的动物包括地上与地下两部分，在这里重点讨论地上草食动物对草地形成与发展的影响。草食动物在草地生态系统中处于消费者地位，采食的选择性与强度对草地植物的生长发育与竞争起着重要的作用。许多试验证明，草食动物适度的采食有利于草地的正常发育。如果没有草食动物对植物残体的践踏，以其排泄物滋养土壤，并将植物种子蹄植于土壤中等，群落中一些植物就不可能持续生存。由此可以看出，适度的动物采食能调节植物的种间关系，有利于促进草地植被的稳定性。当然，过度的采食肯定会破坏草地群落的稳定性，使土壤结构被破坏，植物养分积累不足，生活力衰退，最终导致草地植物群落发生演替。这种由动物引起的草地变化，有时也造成整个草地生态条件的改变，从而影响草地上动物种群的变化，改变着草地生态系统的组成结构。草地中的一些昆虫对草地形成发育是有利的，如蜜蜂的传粉有利于植物结实繁殖。有些昆虫可以将动物排泄于地面的粪便掺入土壤中，而避免其暴露地表、损耗养分。Gillard（1967）发现，在南非，蜣螂大量存在于家养牛和野生有蹄类动物的排泄物中，可以很快地掩埋粪便，并帮助分解。但是，有些昆虫对草地的破坏也是十分突出的，如蝗虫对草地有时会造成毁灭性的危害。啮齿动物也是草地上分布广、种类多的重要有害动物，挖掘洞穴会直接破坏植被的生长条件，鼠类的采食也造成极大饲草消耗。

总体来说，动物对草地的形成有重要影响，但无论是动物消费还是动物破坏所引起的草地性质变化，主要反映在次生草地的形成过程中。

3. 微生物与草地的形成　微生物是草地生态系统中数量最大的生命存在形式，对草地的形成作用最主要的特征在于它能够分解植物残体，合成土壤腐殖质，这也是它与植物、动物作用的差别。微生物在草地生态系统中土壤物质和能量、生物学的循环中起着极其重要的作用。概括起来为：分解有机体，释放各种养分；合成土壤腐殖质，发挥土壤胶体性能；固定大气中的氮素，增加土壤氮含量；促进土壤物质的溶解和迁移，提高矿物质养分的有效性。如果没有微生物的作用，草地生态系统的物质循环将中断，一切生命活动将停止。

（三）人类活动因素与草地的形成

人类的活动在草地形成与发展过程中的作用，与以上诸因素有本质区别。这是因为人类活动对草地产生影响带有目的性，是一种有意识和定向参与草地生态系统的形成与演化过程的活动。其作用具有两重性：合理利用，有助于保持草地的稳定，可以引导草地向良性方向演变，系统运行始终处于优化状态；利用不当，就会给草地带来较大的负面影响，如人为的过度放牧而引起的草地退化，正是由于人类不合理利用草地所造成的。

由于草地生产具有植物生产与动物生产的两重性，植物与动物的这种联系就成为草地发生与发展的基本矛盾。人类不仅通过生物因素而加工草地，同时还通过气候和土地的调节间接影响植物与动物的生产。由于植物生产以及由植物生产转化为动物生产的大部分，又为人类社会增加了大量的财富，这就刺激了人类生产活动因素不断对草地施加影响，草地的发生与发展中生产劳动因素的本质就在于此。

草地植物生产与动物生产的关系，从草地最初变为社会生产资料的时候开始，就已经成为草地的基本关系（相互促进与制约）。这种关系存在于草地发展的各个阶段，决定着草地在不同时期、不同社会背景下发展阶段的特点。总之，草地发展的全部历史，也就是植物生产与动物生产这种矛盾发展的历史，生产劳动因素对其起调控的作用。草地这一生产资料不仅是劳动的对象，在一定意义上也是劳动的产物。因此，可以说没有生产劳动，就没有今天的草地，更不会有未来的草地。人类通过生产劳动，利用大气因素、土地因素、生物因素三者的内在联系及客观规律，使草地不断向人类希望的方向发展，这是草地区别于农田的一点。

第二节　草地农业生态系统与草业生产系统理论

进入20世纪80年代，在立草为业、建设现代草业的大背景下，我国一些学者对草地、草业生产展开了开创性的研究，提出了一系列有关草地生产与草产业建设的理论与观点，极大地推动了我国现代草业的建设与发展。代表性的研究成果，如任继周（1981，2015）提出的草地农业生态系统理论，在这一理论体系中，定义了草地农业生态系统的概念、论证了草地农业生态系统的发生与发展和草地农业生态系统的结构、功能与效益评价；许鹏（1994，2000）在对草地生产性质进行深入研究的基础上，提出了草业生产系统理论，对草业生产性质、范畴和目标，以及系统结构组成、功能和生产流程等进行了系统的论述。本节将重点介绍他们的主要论点。

一、草地农业生态系统理论

草地农业生态系统的概念在20世纪70年代由英国的C. Spedding首先提出。他将生态系统的理论引入草地农业系统，出版了世界上首部《草地农业生态系统》专著。随后，任继周在英国草地学家W. Davis的土壤-草地-家畜"三位一体"的学术基础上，吸收了C. Spedding的草地农业生态系统理论，于1981年在国内草原专业首次开设了草地农业生态系统课程，明确提出了"草地农业是植物生产与动物生产相结合，草地与农田、林地相结合的一种农业生态系统""是自然生态系统农业化过程"。与此同时，钱学森于1984年提出了"知识密集型草产业"，并逐步明确草业就是草地农业的简称。2015 年，任继周对草地农业生态系统的概念又做了进一步说明，"草地农业生态系统是以草地资源为基础，将草地资源人为农业化而发生的农业的一个分支，简称草地农业系统（prataculture，agro-grassland system）。该系统由三类因子群（生物、非生物和社会因子）、三个界面（地境-植被界面、草地-家畜界面、草畜-市场界面）和四个生产层（前植物生产层、植物生产层、动物生产层、后生物生产层）构成，兼有维持生态安全和发展生产的双重功能，四个生产层通过社会投入可获得相应的社会效益。"

草地农业生态系统的核心理论包括因子群论、界面论、生产层论、系统耦合与系统相悖论等。

（一）因子群论

草地农业生态系统形成因素可概括为三类因子群，即生物因子群、非生物因子群与社会因子群。系统的形成就是这些因子群耦合作用的结果，各因子群的作用与功能体现了草地农业发生的自然和社会基础。

生物因子群是草地农业生态系统形成与发展的驱动力，其中包含植物因子、动物因子和微生物因子。通过因子间的耦合，推动着草地系统的形成与发展。非生物因子群构成草地农业地境。地境是草地农业生态系统的载体，是草地的基本属性，在很大程度上可体现草地农业生态系统的质量。非生物因子群包含大气因子、土地因子和位点因子。大气因子形成草地地带性格局；土地因子的主要内涵是地形和土壤，它们对水热进行再分配并可反作用于生物因子；位点因子是草地农业生态系统所处的地理位置，往往决定系统与社会的耦合程度。社会因子群是草地资源表现其资源特性的必要条件，草地资源只有社会因素的参与，才可作为一种资源存在。草地资源的性质和作用随着人类科技水平、生产水平和生活水平的发展而发展（图 2-1）。

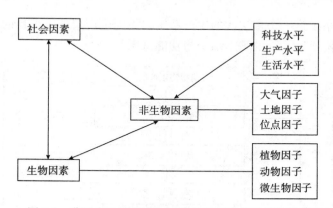

图 2-1　草地农业生态系统形成的因子群相互关系示意
（任继周等，2016）

（二）界面论

草地农业生态系统存在相对稳定的界面系统，是草地农业系统的结构与组成部分，也是草地农业系统本体活动的边界。生态系统的各种活动均在此界面范围内进行，外部的能量、元素和信息的输入与输出也通过界面进行。越过这一界面，草地农业系统的固有特性就不能保持或不复存在（任继周，2000）。

生态系统由若干子系统构成，每个子系统都存在自身的界面。草地农业生态系统的界面由三个基本界面构成：地境-植被界面，形成草地子系统；草地-家畜界面，形成草畜子系统；草畜-市场界面（图2-2）。界面具有分隔与连通的双重性，是生态系统间以及生态系统与非生态系统间的分界，也是生态系统与外界连通的中介。界面各开发功能可使系统内与系统间实现系统的耦合，同时也可以通过界面潜势的发挥，克服各界面间普遍存在的系统相悖。如界面 B 常以品种的选择和组合来调节种间相悖，即以适当牧草品种组合来适应畜群需求，以饲料轮供调节时间相悖，尽可能延长草地稳定供给畜群的放牧时间，调节载畜量以克服两者之间的空间相悖；界面 C 则应按照市场需求，适时适量地稳定生产各类产品，系统耦合的完善与否可使草地生产力相差十多倍至上百倍。另外，研究界面论的意义还在于可全面揭示各类草地农业生态系统发生发展的过程与机理，为受损草地农业生态系统的恢复与重建提供理论依据和科学对策。

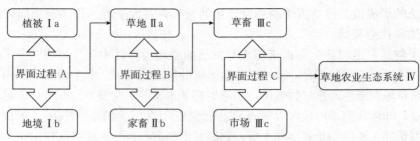

图 2-2　草地农业生态系统界面结构

(任继周，1985)

（三）生产层论

草地农业生态系统是一个多层次的生产系统，不同生产层的生产目的、获得产品与效益均有所不同，它们构成了系统的基本结构与功能（图2-3）。

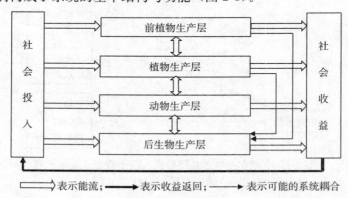

图 2-3　草业生产层示意

(任继周，1985)

1. 前植物生产层　前植物生产层也称景观层，是草地在获得植物和畜产品之前，以其景观和环境效应产生价值，提供社会效益。如自然保护区、水源涵养、防风固沙、净化空气、草坪绿化、狩猎地与风景旅游等，是以生态环境的维护和利用为目的，生产价值主要源于草地的植物与景观。前植物生产层是草地农业生态系统中投入最少的一个生产层，基本属于适应性利用。随着社会的进步与发展，草地这种非传统的物质生产的作用将会得到进一步的重视和发展，并可产生巨大的经济效益。

2. 植物生产层　植物生产层是指植物利用太阳能将无机盐类和水通过光合作用形成有机物的过程，包括草地牧草生产、农作物生产等各类植物性产品的生产。它们均可通过动物的转化形成产品，也可以通过加工直接形成草产品。植物生产层是动物生产层的基础，提高植物生产的能力，持续不断地提供优质饲草饲料，是进行草地生产过程最基础的生产环节。

3. 动物生产层　动物生产层是动物对植物生产层的利用与转化形成产品的生产。家畜通过采食牧草，将牧草转化为可以直接利用的畜产品。在这一生产过程中，因对生产的投入与管理水平的不同，产品与效益的获得会有很大的差别。管理得好可以获得丰富的畜产品；管理得不好，畜产品的输出就会很少甚至为零。

4. 后生物生产层　后生物生产层是对植物生产层和动物生产层所生产产品的深加工，并与流通和销售连接的全过程生产。在这一生产过程中，各环节均可创造价值和增加财富，形成经济效益放大的倒金字塔增值模式。后生物生产层是一个效益增值过程，其潜力巨大，重视这一生产过程，可使草业的生产效益得到充分放大。

从四个生产层的内涵、生产过程与价值的创造可以看出，草地农业生态系统四个生产层的每个层次都可以通过科学的利用、生产、管理、加工和流通手段，获得相应的经济效益；再通过四个生产层之间的耦合，形成更高一级系统，产生的效益可成倍增加。

（四）系统耦合与系统相悖论

1. 系统耦合　核心思想是草地农业生态系统具有的四个生产层之间可以有条件地进行系统耦合，通过系统的耦合促进系统进化，多方面释放系统的催化潜势、位差潜势、多稳定潜势和管理潜势。

在生产实践中，草地农业生态系统的耦合，可以是不同亚系统的耦合，可以是同一系统不同层次间的耦合；可以是空间或格局的耦合，也可以是时间或季节的耦合。如生产层内部及生产层之间的耦合，界面过程与系统耦合、生物时间地带性与系统耦合。经过耦合，系统的功能和结构发生改变，优势互补，相互激发，使系统内部潜能得到充分释放，生产效益进一步放大。系统耦合效应主要取决于对系统的科学构建与管理，假如系统结构不合理或管理不善，其组分要素的组合不具有效益放大的催化潜势，系统存在的相悖因素得不到有效控制，就会形成组分或因素间的系统相悖，获得适得其反的经营效果。

2. 系统相悖　系统相悖与系统耦合是一个事物的两个方面。在草地农业生态系统中，只有当系统内各个子系统耦合过程中自由能的发生与输出接近平衡时，系统的耦合方可永续存在。否则，必将导致系统相悖，成为可持续发展的障碍。系统相悖主要表现在动物生产系统与植物生产系统的时间相悖、空间相悖和种间相悖。其中，时间相悖居于主导地位，其原因是植物生产系统与动物生产系统二者的节律相差悬殊，是最根本的相悖。生产系统相悖是目前我国草地农业生态系统存在的普遍现象，如天然草地的超载放牧、人工草地灌溉用水的过度利用、大面积贫瘠土地上的垦荒种草与养殖，造成资源受损、环境趋于恶化和生产水平低下的被动局面。因此，要解决系统相悖的问题，就需要建立完善的草地农业生态系统结构，尽可能减少系统耦合时不同系统之间的不协调扰动。因势利导，利用和把握好系统耦合的大趋势，再辅以技术、经济、政策等手段，就能使我国草业得以健康、高效、环保的可持续发展。

二、草业生产系统理论

草业生产系统理论是 20 世纪 90 年代由许鹏提出的。1994 年，他在《草地调查规划学》一书中，系统提出了草地生产系统理论的核心思想与生产系统结构与流程。之后，他对草地生产系统的概念与内涵又做了进一步的补充与完善，在 2000 年主编出版的《草地资源调查规划学》一书中，再次提出了草业生产系统的概念与思想。

该理论认为，传统的草地生产基本停留在草与畜的转化上，草地的功能、生产系统的结构、产业链的延伸衔接、生产效益的放大，均没有得到充分的开发、组织与经营，草地生产水平低下，对人类与社会的贡献微薄，产业的作用与效益长期以来附属于畜牧业的发展来体现，草地自身生产不被社会重视。现代草地经营理念从根本上改变了草地生产的模式。草地生产不只是侧重于利用自然资源的植物生产，不能仅限于自然生态系统物流与能流过程，应以产业的形式运营，通过产业系统的构建，从整体上放大草地经营的效益。构建草业生产系统是现代草地经营里程碑式的创举，并将草业生产系统纳入大农业生产系统的一个分支，有其特殊的生产系统，包括自身的结构、功能与流程（图 2-4）。

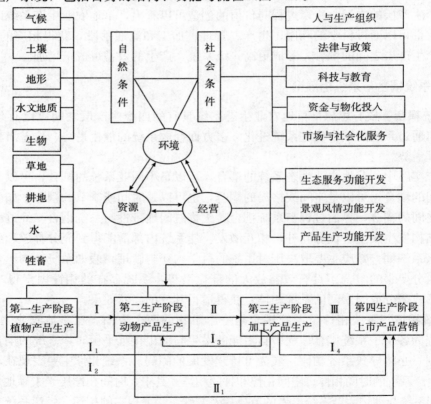

图 2-4 草业生产系统结构、功能与流程

植物产品生产包括放牧地、人工草料地、草地经济植物产品、草坪、球场、水土保持等特种草地生产，加工产品生产包括草料、副产品饲料、畜产品、草地经济植物等产品加工生产；Ⅰ、Ⅱ、Ⅲ为草地牧业产品生产流程，I_1、I_3 为人工饲料生产产品、副产品饲料加工产品养畜生产流程，I_2 为人工草料、草地经济植物产品、特种草地直接上市生产流程，I_4 为人工草料、草地经济植物产品加工、上市生产流程，II_1 为动物产品直接上市

（许鹏，2000）

草业生产系统融环境、资源、经营三大组分为一体，充分发挥生态服务、景观风情、产品生产三大功能，通过一、二、三产业相连接和产品生产四个生产阶段的生产流程，促进物质、能量转化增值，保持生产系统的可持续发展。

（一）系统结构

环境、资源、经营三大组分是产业系统结构的核心，体现了草业生产以资源为基础，在一定的自然与社会环境条件下，通过人为经营，转化为产品和效益的主线。涵盖第一产业（植物、动物初级生产的部门）、第二产业（初级产品再加工的部门）和第三产业（为生产、消费者提供服务的部门）。资源主要包括草地、耕地、水和牲畜。草地是植物生产的土地资源，它既可以生产牧用饲草，又可以生产非牧用的产品；牲畜既是从牧草转化为畜产品的动物生产资源，也是畜产品的载体；耕地是扩大饲草料生产和获得副产品饲料的资源；水则是生产、生活必需的资源。草业生产环境突出了自然与社会条件的同等重要性。自然条件本身也具有资源的意义，但它在草业生产中是草地、耕地、水和牲畜资源作为生产资料与发挥作用的必备条件。社会条件属第三产业中服务的一部分，自然条件的作用及草、土、水、畜资源的转化都需要社会条件的支撑、服务，受社会条件的制约。在社会条件中，强调了人（生产者）及其生产组织状况，法律与政策的规范与保证，科技与教育的根本动力，资金与物化的必要投入，市场是生产的依据、导向，社会化服务是生产的必要保证。第三产业的服务部分中不少本身就是产业，需要人去经营，但作为草业生产结构组成分析，其应属于草业生产运转的必备外部条件。这些条件的建立，既是草业资源调查与规划的重要内容，也是打破传统的侧重于利用自然资源进行植物生产局限性的重要体现。另外，经营则着重草业生产系统应有功能的开发。

（二）系统功能

草地功能要从过去草地养畜单一功能向多功能发展：①生态服务功能开发，首先是天然草地作为绿色地被对保护环境的巨大功能，要依法监理，重视草地生态功能发挥，防止草地退化、乱挖、乱垦破坏。人工水土保持草地、绿化草坪草地，也属于环保草地，以生态效益为目标，急需发展。根据它们的属性应属于第三产业——草地环保产业，但同时它们或与草牧业生产相连，或需研究其品种选育和种植养护技术，与第一产业的植物生产有联系。②景观风情功能开发，是发挥草地自然风光和社会风俗、文化特色，开发旅游业的经营，是前景广阔的新产业。旅游业就其产业性质来说属于第三产业，它们又可以带动第三产业中相关行业的发展。③产品生产功能开发，是把草业生产资源转化为上市产品的过程，涵盖一、二、三产业，通过植物产品生产、动物产品生产、加工产品生产和上市产品营销四个流程完成的综合产业，是草业生产经营的主体。

（三）系统生产流程

草地生产流程的具体内涵包括：①植物产品生产，主要是天然草地牧草生产、人工饲草料生产、作物秸秆饲草生产，直接或者经过加工用于养畜，也可以作为专用饲草料上市；另一重要内容是草地经济植物生产，直接从天然草地获取或者引种栽培，产品也可以直接上市或加工上市。②动物产品生产，可以是用作动力、骑乘、观赏等牲畜生产，更多的是肉、奶、毛、皮等畜产品生产，它们可以直接上市或者加工后上市。③加工产品生产，是植物、动物产品通过加工，提高利用率和经济效益的生产流程，是第二产业。④上市产品营销，是产品生产的最终流程，要以优质、低成本、名牌产品在市场竞争中取胜，才能取得效益，是第三产业。总之，从物质与能量流通的整体来认识草业生产系统，草业必须进入二、三产业，加强与加工、流通、服务部门的协作。

从上述分析中可以看到，草业生产系统是一个结构多元化、功能多样性的复杂系统，同时它也必然在自然、社会环境条件与资源条件和经营状态影响下，不断地运动变化，保持相对平衡的稳定状态。这种演变既可能是进展性的，提高草业生产，也可能是退步的，降低和破坏草业生产。

第三节　草地承载力与可持续发展理论

一、草地承载力理论

(一) 草地承载力的内涵与意义

草地利用历史悠久，然而在近一个世纪以来，出现了大面积的退化趋势，过度放牧是草地退化的主要原因之一。时至今日，全球草地退化仍尚未从根本上得到有效遏制。据沈海花、朱言坤等 (2016) 就"中国草地资源的现状分析"研究结果表明，我国许多地方的草地超载现象仍较为严重，近 10 年来，天然草地的超载率虽得到一定程度的缓解，但平均超载率仍超过 20%，草地退化仍在持续，其根本原因是草地承载力还没有限制在草地生态安全阈值之内。

承载力英文为 (bearing capacity)，最早由人类生态学家 Park 等 (1921) 将其引入生态学领域，首次提出生态承载力的概念，即"某一特定环境条件下 (主要指生存空间、营养物质、阳光等生态因子的组合)，某种个体存在数量的最高极限"。随后，在不同的发展阶段、不同的资源条件下，产生了不同的承载力概念和相应的理论。最早在生态学中出现的概念是环境容量，即用以衡量某一特定地域或生态系统维持某一物种最大个体数目的潜力 (Odum, 1971)。将环境容量的概念用于研究某一地区生产的粮食能够养活多少人口，便产生了土地承载力的概念。随即提出了土地人口承载量，表示为一定地区的土地所能持续供养的人口数量。随着土地承载力研究的深入，相继衍生出了森林承载力、水资源承载力、环境承载力、生态承载力等概念。承载力的概念与理论最早被引入草地畜牧业中，是在北美、南美等一些草原区，由于草地开垦利用、过度放牧等原因，草地退化迅速且严重，为有效管理草原和取得最大的经济效益，相应提出草地承载力、最大载畜量等相关概念。

从另一方面来说，草地是一种可更新的资源，但从生态、经济、社会意义上讲，草地资源总量在一定区域一定时期内是有限的，其产出量和产出速度是有限的，草地更新能力是有限的，恢复生态平衡的能力是有限的。当外界干扰程度超过这个限度，就会破坏草地生态系统的自我调节能力，使生态系统瓦解。因此，在一定的时空条件下，草地满足人类对畜产品及草产品的需求，环境服务及草地可持续发展的能力是有限的，而这个极限就是草地承载力。草地承载力是草地可持续经营管理和可持续发展的一个重要内容，也是评价区域草地可持续性及社会可持续发展能力的一个重要指标，是制定和实施区域草地发展规划的前提。因此，研究草地承载力对于草地的可持续发展具有重要的指导意义。

纵观多年来针对草地承载力的研究进展，从中可以看出，大多学者集中在以生态和经济为基础的草地载畜量的研究上，并从不同视角提出生态载畜量和经济载畜量等概念（Bell等，1985；董世魁等，2002；李洪泉等，2009）。然而，草地承载力是什么，是否等同于草地载畜量及如何评价草地承载力？从草地承载力提出之日起，人们就对其概念产生了不同的理解与认知，截至目前，对草地承载力的概念与计算方法均没有形成一致的认识。

笔者认为，某一地段或某一区域草地承载力的体现，所关注的不仅是反映草地牧草的生产力与家畜饲养量的关系，而是在不破坏草地生态系统稳定性的前提下，系统所能提供的最适度的经济和生态服务功能，这些服务功能包括提供人类需求所必需的畜产品、降解和吸收各种有害物质、水源涵养、水土保持、防风固沙、生物多样性维护等。基于以上认识，草地承载力的概念应是：某一时期某一区域草地，保持草地生态系统结构与功能不受破坏，且可持续提供生产和生态功能的草地承载量，是草地生态系统所能承受的人类社会、经济活动的能力阈值。它反映了人类与草地相互作用的界面特征，是研究草地与经济、社会是否协调发展的一个重要判据。

（二）草地承载力的特征

草地承载力（grassland bearing capacity）是草地生态系统固有功能的体现，不仅与草地系统所处的自然条件、草地性质有关，还与人类社会经济活动的输入输出有关。若将草地承载力（GBC）视为一个函数，那么它至少包含三个自变量，即时间（T）、空间（S）、人类经济行为的规模与方向（B），见式（2-1）。

$$GBC = F（T，S，B） \tag{2-1}$$

从以上表述可以看出，在一定的某一时段某一区域草地上，将草地系统视为定值，则草地承载力随人类经济行为规模与方向的变化而变化。可见，草地承载力的特征为具有时间性、区域性以及人类经济行为的关联性，不同时段、不同区域或地段、不同经济行为作用力具有不同的承载力。

植物生产是草地生产中最基本的生产过程，是草地承载力形成的基础，草地的植物生产直接或间接地体现草地生产效益。然而在草地的生产过程中，植物生产并非是一个均衡与稳态的生产过程，存在年内季节性变化和年际生产的波动性，造成草地承载力的测算存在一定的不确定性，形成了草地植物生产有别于农业植物生产的特征。

1. 年内产出的季节性特征　作为动物生产的基础，草地植物的产出在年内具有明显的季节性，特别是在干旱、半干旱的北方草原牧区，季节性生产的特征尤为突出。不同季节植物的生产量及内含化学物质有很大差别。春季植物的产量有限，但其体现营养价值的化学物质含量较为丰富，动物采食后转化效率高；夏季草地植物的产量与质量均达到最大，是草地植物能量利用与转化效率最高的阶段；秋季随着草地植物生长的停止和枯黄，草地植物的生产效率开始下降；冬季达到生产的最低点。另外，在季节的动态变化中，存在年内季节间生产量的不确定性，春季草地植物的长势不一定完全可以说明其他季节的生产性能。因此，在测算草地家畜承载量时，必须注意草地植物季节性生产的这一特性。

2. 年际生产的波动性特征　草地植物生产的另一特征是年际生产的波动性，产生波动性的主因是自然因素中水分条件的供给，在干旱地区表现尤为明显，"有水就有草、雨多草就多"。以往研究表明，一般的草地丰水年和干旱年草地植物产量可相差 2～3 倍，假如是荒漠草地，干旱年草地年产量只相当于丰水年的 25％～30％，平水年为丰水年的 50％～80％（新疆草地资源及其利用，1993）。草地植物生产的年际不稳定，如与动物生产结合，给草地的家畜承载量核定带来相当大的难度。对放牧利用而言，草地的植物生产又是一个连续性的生产过程，生产过程中随时都会出现波动。要获得某一区域草地具有参考价值的承载量数据，只有通过长期的连续性定位研究工作，方可作为制定草畜平衡的依据。

3. 生产功能的多态性特征 从草业生产系统的结构与功能中可以看出，草地生产功能具有多态性，涉及四个生产层的内容，是一个多功能的生产过程。不同生产层有不同的生产目标和不同的产品体现，而且产品的表现形式有直接产品和间接产品，那么在衡量每一生产层的承载力时，所涉及的参数就有较大的差别，使得草地承载力的测算工作非常复杂。到目前为止，对草地多功能的承载力测算的研究还十分有限，需在今后的草业生产实践中，进一步加强该方面的研究与实践，使草地生产始终保持在一个科学、持续与生态安全的利用状态。

二、可持续发展理论

（一）可持续发展的基本内涵与意义

可持续发展已成为当今人类社会发展的主题，其思想主要源于自然资源破坏和耗竭问题及与此相关的环境问题。可持续发展的思想由来已久，人们对它的认识与所给出的定义也很多，其中被广为接受的定义是 1987 年世界环境与发展委员会在《我们共同的未来》的报告中所提出的概念："既能满足当代人的需要，又不对后代人满足其需要的能力构成危害的发展"。可持续发展的核心思想是：人类社会目前的发展不应对保持和改善未来生存的前景造成危害，要建立与发展一种平衡能力，这种平衡能力包括代际平衡、时间和地区间的平衡、索取与给予的平衡，强调地球资源的有限性，对自然的索取不得逾越其自然恢复的阈值。

可持续发展的思想是人类社会发展的产物，它体现着对人类自身进步与自然环境关系的反思。人们逐步认识到以往的发展道路是不可持续的，或至少是持续不够的，因而是不可取的。唯一可供选择的是走可持续发展之路，强调在经济和社会发展的同时注重保护自然环境。在具体内容方面，可持续发展涉及可持续经济、可持续生态和可持续社会三方面的协调统一，要求人类在发展中注重经济效益、关注生态和谐和追求社会公平，最终实现人类的全面发展。这表明，可持续发展虽然源于环境保护问题，但作为一个指导人类走向 21 世纪的发展理论，它已经超越了单纯的环境保护。它将环境问题与发展问题有机地结合起来，已经成为一个有关社会经济发展的全面性战略，成为指导世界经济持续发展的主流观点，是保证各类产业可持续发展的重要理论指导。

草业生产系统有别于农业生态系统和自然生态系统。草业生产的物质基础绝大部分来自于草地的自然生产，也就是基本靠天然草地的生产，通过家畜的转化形成产品。传统的草地生产，基本停留在草与畜的转化上，草地的功能、生产系统的结构、产业链的延伸衔接，均没有得到充分的开发和有机的组织与经营，草地生产基本处于自然生产过程，在经济利益的驱动下，使得草地生态环境保育和草业经济发展之间的矛盾越演越烈。目前，草业的发展虽然由传统的经营向现代草产业建设转型，但仍然存在系统结构不完整、系统功能不完善的弊端。要想建设以人为本的自然-经济-社会的耦合系统，确定生产活动与投入的生态后果，以促进系统从干扰中恢复的生态过程，那么草业的持续发展就需要在发展中寻求资源利用与保护的最佳策略。既要充分合理利用资源，持续稳定地发展生产，在有限的草地上产出更多更好的产品，同时又要做到资源的经济利用，维护草与畜系统的平衡，遏制草地生态环境的继续恶化，降低社会物质的消耗和自然生产供给之间的资源赤字，使其不致威胁到自身的生存与发展。保证草业持续、稳定、健康发展，形成人与自然和谐发展的现代化建设新格局，是未来一段时间内草业建设发展始终奋斗的目标。

（二）可持续发展的基本内容

从以上的论述中不难看出，可持续发展的基本内容主要包括可持续经济、可持续生态和可持续社会三方面的内容。

（1）在经济可持续发展方面：可持续发展鼓励经济增长而不是以环境保护为名取消经济增长，因为经济发展是国家实力和社会财富的基础。没有经济的发展，谈何生态保育，以往制定的草地生态保护与受损草地恢复的一些策略，屡行不见成效，最根本的原因在于对草地的功能过分强调生态价值，并将草地创造生态价值与经济价值对立。另外，草地生产不同于农地的种植业生产，无论是天然草地还是人工草地，草地植物均无需春种秋收的生产环节。草地只有科学合理地获取其产品，方可保持草地的永续利用。可持续发展不仅重视经济增长的数量，更追求经济发展的质量。可持续发展要求改变传统的以"高投入、高消耗、高污染"为特征的生产模式和消费模式，实施清洁生产和文明消费，以提高经济活动中的效益、节约资源和减少废弃物。从某种角度可以说，集约型的经济增长方式就是可持续发展在经济方面的体现。

我国经济已由高速增长阶段转向高质量发展阶段，正处在转变发展方式、优化经济结构、转换增长动力的攻关期，建设现代化经济体系是跨越关口的迫切要求和战略目标。必须坚持质量第一、效益优先，以供给侧结构性改革为主线，推动经济发展质量变革、效率变革、动力变革，提高全要素生产率，着力加快建设实体经济、科技创新、现代金融、人力资源协同发展的产业体系，着力构建市场机制有效、微观主体有活力、宏观调控有度的经济体制，不断增强我国经济创新力和竞争力。

（2）在生态可持续发展方面：必须要解决好人与自然的关系，可持续发展要求经济建设和社会发展要与自然承载能力相协调。发展的同时必须保护和改善地球生态环境，保证以可持续的方式使用自然资源和环境成本，使人类的发展控制在土地承载力范围之内。因此，可持续发展强调资源有限和发展是有限制的，没有限制就没有发展的持续。生态可持续发展同样强调环境保护，但不同于以往将环境保护与社会发展对立的做法，可持续发展要求通过转变发展模式，从人类发展的源头、从根本上解决环境问题。

中共十九大报告关于"加快生态文明体制改革，建设美丽中国"中明确指出，"人与自然是生命共同体，人类必须尊重自然、顺应自然、保护自然。人类只有遵循自然规律才能有效防止在开发利用自然上走弯路，人类对大自然的伤害最终会伤及人类自身，这是无法抗拒的规律。我们要建设的现代化是人与自然和谐共生的现代化，既要创造更多物质财富和精神财富以满足人民日益增长的美好生活需要，也要提供更多优质生态产品以满足人民日益增长的优美生态环境需要。必须坚持节约优先、保护优先、自然恢复为主的方针，形成节约资源和保护环境的空间格局、产业结构、生产方式、生活方式,还自然以宁静、和谐、美丽。"

（3）在社会可持续发展方面：可持续发展强调社会公平是环境保护得以实现的机制和目标。可持续发展指出，世界各国的发展阶段可以不同，发展的具体目标也各不相同，但发展的本质应包括改善人类生活质量，提高人类健康水平，按照产业兴旺、生态宜居、乡风文明、治理有效、生活富裕的总要求，建立健全城乡融合发展体制机制和政策体系，加快推进农业农村现代化，创造一个保障人们平等、自由、教育、人权和免受暴力的社会环境。也就是说，在人类可持续发展系统中，经济可持续是基础，生态可持续是条件，社会可持续才是目的。

（三）可持续发展的原则

可持续发展理论的核心思想是主张代际发展公平，经济发展需建立在保护生态系统、人类与自然和谐共处的基础上。因此，可持续发展的原则归纳为以下三点。

1. 持续性原则 从草地经营的角度出发，持续性是指在草地生产过程中，经济的发展不能超越资源与生态环境的承载能力，两者必须相适应，可持续发展是受限制的发展。草地资源与环境是人类从事草业生产的基础和条件，资源的持续利用和生态系统的可持续性是保持草地可持续发展的首要条件。发展草业经济就要求人们根据可持续性发展的条件调整生产与生活方式，在资源与环境允许的范围内确定消耗标准，要合理布局、合理利用资源，力求降低资源的耗竭速率，使资源始终保持其再生能力和不超过系统的调节能力，生态不受到破坏，环境自净能力能得以维持。

要达到以上目的，必须转变传统的草地经营模式和经济增长方式，要做到具有可持续意义的增长。传统的草业经济发展中，主要为以超负荷的消耗资源、粗放经营为特征的经济增长模式，这种生产方式，不仅引起草地普遍退化，环境受损，而且经济也难以持续增长。要做到真正的具有可持续意义的经济增长，资源可持续利用和生态安全，必须将经济增长方式从"粗放型"转变为"集约型"，同时将草地资源的利用与环境一同纳入国民经济核算体系实行成本核算，以市场价格反映经济活动造成的环境代价。只有这样，普遍存在的草地退化方可得到竭制，集约化经营与可持续草业建设方可实现。

2. 公平性原则 所谓公平是指机会选择的平等性。可持续发展强调两个方面的公平：一是当代人的公平即代内的横向公平。经济的发展、生活条件的改善和生活福祉的提高，对每位从事草业的生产者均有机会满足他们要求拥有美好生活的愿望，要把消除贫困作为可持续发展进程中的优先问题加以考虑。二是可持续发展不仅要实现当代人之间的公平，而且要考虑代际的公平。因为草业发展赖以的资源无论是草地资源还是其他自然资源均是有限的，现在的发展不能因为眼前需求，以杀鸡取卵的方式损害后代人的生存与发展权。可持续发展要求当代人在考虑自己的需求与消费的同时，也要对未来各代人的需求与消费负责任。

3. 共同性原则 不同区域草地资源存在各自的特点，生产水平、产生的社会报酬地区间也极不平衡，可持续发展关系到全社会的发展。要实现可持续发展的总目标，必须争取全社会共同的配合行动。发展是一个非常广泛的概念，它不仅表现在经济的增长、国民生产总值的提高与人民生活的改善，还体现于文化、科学、技术的发展和全民素质的提高与社会秩序的和谐。所以，在研究草业的可持续发展过程中，既要注意草业本身的发展规律，也要兼顾其他部门的共同发展，否则发展难以取得很好成效。

在坚持共同性发展的原则中，还要客观认识人与自然的关系和人与自然之间的协调，要使人、自然、技术组成的系统始终处于动态平衡过程，不可以认为人类是自然的主人与所有者。这是人类在发展过程中应共同遵守的道义和责任。人类通过主观愿望去征服、统治与支配自然中的一切事物，对资源采取耗竭型的占有与利用，持续不断地对生产系统产生消极的扰动，人与草地系统处于相悖状态，资源与经济危机始终伴随着草地的生产过程，导致经营者生活始终处于低水平状态。在现代草业的发展中，必须协调好处于草业生态系统中各组分及其与系统之外其他因素的关系，方可达到共同发展目标。

三、草地承载力、可持续发展理论与草地规划

（一）草地承载力理论与草地规划

草地规划必须以草地承载力为约束条件，在承载力的范围内对区域草地资源的配置、生产布局、产业结构提出最优方案。草地规划的目标是协调草地与社会、经济发展与生态环境的关系，使社会与经济的发展建立在不破坏生态、资源持续供给的基础上，尽可能地提高草地承载力。在承载力的范围内制定草地可持续利用、生态安全的发展规划，使草地经营的经济行为与相应的资源状态相匹配，确保草地在发展过程中得到保护与不断改善。

（二）可持续发展理论与草地规划

草地利用规划是一项有利于资源配置、生产布局、优化管理，促进草地生产良性循环的综合性设计，也是保障草业在未来发展中资源可持续利用以及社会、经济与生态环境健康发展的建设性工作。因此，在编制草地规划的过程中，无论是在区域资源的调查阶段，还是区域资源的分析与评价阶段，或是对未来趋势的预测、规划方案的制订和方案的实施阶段，均必须在可持续发展理论的指导下，按照法律、法规的要求从制度上进行规范，确保可持续发展的思想与实际生产得到有效的融合。

第一，依照草地的经济活动对草地生态系统的影响不超过系统的自我调控能力的原则，对规划内容中涉及的所有经济活动和社会行为所可能造成的后果，均需要做出科学的分析、预测和判断。

第二，草地的经营，应将环境成本纳入各项经济分析和决策中，建立有利于资源开发利用与生态环境保护的机制和资金保障制度，试行将环境因素纳入国民经济核算体系，通过统计指标和市场价格能较准确地反映经济活动所造成的资源与环境变化。

第三，基于可持续发展理论内涵中的公众参与思想，制定规划必须要有规划区域或部门的公众参与。规划中涉及的重大建设项目的决策，要通过召开听证会的方式广泛听取各方面意见，使规划执行的参与者能够充分了解规划的内容，充分表达他们的意见和建议，加强参与、强化生产者的主人公意识。

第四，基于代内与代际公平的需要，规划工作必须考虑资源的永续利用，处理好眼前利益与长远利益的关系、局部和整体的关系，在满足当代人现实需求的同时，保证后代人的潜在需求。

第五，可持续发展是一种全新理念的发展模式，要实现草地的可持续发展，就必须协调社会、经济与环境之间的关系。草地规划应以此为切入点，创新系统的结构与运行机制，充

分考虑草地资源的承载力，在满足经济发展的同时，保证草地生态环境良性循环，真正做到人与自然和谐、环境与发展协调。

从以上对可持续发展与草地规划的分析可知，可持续发展理论是做好草地或草业生产规划的重要理论基础，而科学的规划则是实现可持续发展的根本保证。

第四节　综合生态系统管理理论

20世纪60年代，随着全球环境污染与资源破坏的日益加剧，土地退化、环境恶化逐渐成为危及人类生存与发展的重大生态问题。防治土地退化，改善环境，维护生态安全，实现可持续发展，成为21世纪世界各国面临的共同任务。早在20世纪30年代生态学概念提出时，利用具有生态系统整体属性的视角来应对环境问题的"生态系统管理"概念也应运而生。进入20世纪90年代，综合生态系统管理（integrated ecosystem management，IEM）的理论和实践得到进一步发展，从对传统的林业资源管理应用延伸至海洋、湿地、水资源、土地、草地管理等领域。世界上一些国家利用综合治理生态环境与解决发展问题的成功范例证明，实施综合生态系统管理是实现可持续自然资源管理的重要途径，是全新的尝试，是对生态系统安全与有效管理的一种模式。

一、综合生态系统管理的内涵与意义

自综合生态系统管理概念提出之日起，随着人们对这一理念的逐步认识和在不同领域的实践，对其内涵也就形成了不同的看法。多数学者认为，综合生态系统管理是指管理生态资源和生态环境的一种综合管理战略和方法。在这一方法中，十分强调"综合"的思想，它要求综合对待生态系统的各组成部分，综合考虑社会、经济、自然（包括环境、资源和生物等）的需要和价值，采用多学科的知识和方法，综合运用行政的、市场的和社会的调整机制，来解决资源利用、生态维护和生态系统退化的问题，以达到创造和实现经济的、社会的和环境的多元惠益，最终实现人与自然和谐共处。

美国生态学会生态系统管理特别委员会于1995年提出的概念也被广为认可，即"综合生态系统管理是具有明确和可持续目标驱动的管理活动，由政策、协议和实践活动保证实施，并在对维持生态系统组成、结构和功能的必要的生态相互作用和生态过程最佳认识的基础上从事研究和监测，以不断改进管理的适应性（赵士洞等，1997）。"实现综合生态系统管理的基本要求如下。

（1）生态系统的管理要将长期的可持续性作为管理活动的基本依据和先决条件，其具体的目标在可持续性的前提下具有可监测性。

（2）在生态系统管理模型的建立中，要综合应用生态学的基本原理，如将形态学、生理学及个体、种群、群落等不同层次生态行为的认识，上升到生态系统和景观水平，以指导管理实践。

（3）生态系统管理必须是一种动态的管理，动态发展是生态系统的本质特征。

（4）生态系统过程是在广泛的空间和时间尺度上进行的，系统管理不存在固定的空间尺度和时间框架，并且任何生态系统行为都会受到周围生态系统的影响。

（5）人类不仅是生态系统可持续性问题的影响因素，也是在寻求可持续管理目标过程中生态系统整体的组成部分。人类通过对系统的建设与管理及监测，不断深化对生态系统的认识，并据此及时调整管理策略，以保证生态系统功能的实现。

由此可见，综合生态系统管理是一个用以制定政策和管理策略，以解决资源利用和环境保护相悖的问题，控制人类活动对区域环境影响持续的、动态的过程，最终目标是确保区域自然资源达到最佳的持续利用，持久地维持原有的生物多样性及其生境。

目前，综合生态系统管理已成为全球范围内一种科学合理的环境保护趋势。它给生态治理与生产可持续发展带来一种思路与变革，而这种变革也是在经济全球化的背景下，各国在实现一定经济增长目标后，追求以人为本、全面和谐的社会发展的必然结果。近年来，综合生态系统的理念正在逐步为我国的公众所认知与接受，公众越来越认识到，以往相互分离的部门立法缺乏整体的协调发展规划，部门分割的治理措施在解决生态问题中并不能取得最佳效果，而综合考虑自然资源各个要素及其与社会和经济相互联系的作用，方能达到资源的最佳和最有效配置的综合效应，并保证生态系统的平衡发展。同时，实施综合生态系统管理是可持续自然资源管理的重要途径，也是全新的尝试，正确把握与应用，以现代生态学等学科的基本理论、基本思想指导与分析生态系统内部各要素及其相互作用的关系，综合协调影响系统运行的各种外部因素及其相互作用，进而寻求一种综合效益最佳的协调作用与发展模式，推进系统的健康发展。

二、综合生态系统管理的基本特征与原则

（一）综合生态系统管理的基本特征

综合生态系统管理最本质的特征之一是突出体现资源和环境管理中的系统观和整体观，最终目的在于通过长期保护生态系统和生态过程，以持续方式利用和获取资源，所关注的是符合区域总体利益的生态系统、生态过程及其资源的综合利用。其二是突出系统的概念，以及组成系统要素和要素之间的联系。其三是特别强调人类是生态系统的有机组成部分。正如Corner 和 While（2000）所指出的生态系统管理区别于传统资源环境管理之处是后者专注于对资源的调控和获取，在这一过程中人类起调控作用；相反，生态系统管理关心的是保护生态系统的内在价值或者自然状态，保护生态系统的完整性处于优先地位。

对于综合生态系统来说，自然系统是基础。在综合生态系统管理中，必须以自然系统管理为基础和前提，在此基础上进行社会和经济系统管理。在自然系统管理中，其所考虑的因素和目标中必然涉及社会、经济因子；而社会和经济系统管理也离不开自然系统管理而独立进行。

（二）综合生态系统管理的基本原则

综合生态系统管理的实施需建立一套综合的管理目标、指标体系和效果评估方法。为了实现有效管理必须遵循一系列原则。

1. 时空尺度上的可变性原则　自然系统具有时空尺度上的可变性。自然过程维持着自然系统的有效性，如森林、草地、湿地、农田等生态系统的生态特征，受一系列时空尺度上的自然演化过程所控制。因此，在管理中要充分考虑生态系统的动态性，认识其演化的必然性，并进行适应性管理，重点是在时间和空间上协调人类的需要与自然资源的平衡。

2. 管理的综合性原则　综合生态系统管理必须秉持综合的观念，注重合作、参与、共同经营与协作，特别是定量管理不可行的领域和生态系统与管理问题复杂时，以及管理范围与尺度越宽，采用综合生态系统管理的必要性就越大。

3. 关联性和不确定性原则　综合生态系统管理的目标是让人类活动和自然系统之间保持一种相对的动态平衡，在多个尺度上充分认识社会和环境的联系。由于管理连接性的数量方法还不十分精确，在考虑社会环境问题时所做出的决定仍存在一定的风险，也即不确定性。

4. 区域性和区域可延伸原则　综合生态系统管理需在适当的区域内进行。综合生态系统管理在空间与时间上都应有一定的限制区域，并保证生产者、管理者和科学家等都能够根据需要确定管理范围。假如为了建立一个完整的生态系统，管理地域超出一个栖息地类型、一个保护区或一个行政区域也是有必要的。

5. 灵活性和适应性原则　综合生态系统管理应具有一定的灵活性和适应性。生态系统随时间的推移会发生自然变化，人类对生态系统的干扰与压力也随着社会与经济环境的变化而变化，为了迎合与实现预期的变化与干扰，同时能够对新的信息做出反应以及获得经验，综合生态系统管理的规划应该是灵活的与适应性强的。

6. 系统间的相融原则　综合生态系统管理行为应考虑到与其他生态系统间的相融。当管理者在一个生态系统内行使管理行为时，不仅要全面分析管理行为对被管理生态系统的可行性，同时要考虑到对其他生态系统的影响。如果管理行为会对其他生态系统产生较大的不良影响，那么就要对管理行为进行调整，直到能确保产生双赢效果为止。

7. 系统有限功能内进行管理原则　在考虑实现管理目标的可能性与难易程度时，要关注限制自然生产力与生态系统结构、功能和多样性的环境条件。暂时的、不可预测的或人工条件对生态系统功能的限制可能会产生不同程度的影响效果，对此应采取适当与谨慎的管理措施。

8. 人文原则　综合生态系统管理必须将人类文化、生活方式考虑进去，发展一个综合的、可持续的社会环境系统。

三、综合生态系统管理的目标、内容与方法

（一）综合生态系统管理的目标

综合生态系统管理的主要目标是解决满足人类对资源的需求与保护资源生产及环境可持续的问题，以改善生态，保护环境，减少贫困，促进地区经济社会可持续发展。基于代内与代际公平需要，综合生态系统管理既要处理好眼前利益与长远利益的关系，又要解决好局部和整体的关系，从而保证满足当代和后代人类的持久需要。具体目标为：①实现多部门的规划和管理与不同层面专业人士及利益相关者参与，确定不同层面在不同生态系统中的行为与作用。②促进资源的合理利用，建立完善的系统结构，尽可能减少系统耦合中不同系统间的不协调扰动，因势利导，最大限度地减少资源利用中系统组分间相悖。③提高生态系统生产力，并使生态系统现有组成成分及要素得到合理保护、开发与利用，不断形成新的系统生产力。④维护与改善生态系统生物与环境的相互关系，保持生物多样性、生物物种和生境的生产力及其环境服务功能，在保护生物多样性的同时改善环境，使生物与环境得到协同进化。

（二）综合生态系统管理的内容

综合生态系统管理以科学认识生态系统结构、功能及其动态特征为基本依据，综合规划和管理可能影响生态系统健康的各项人类活动，以维持生态系统结构的完整性及其产品和服务的持续供给。简而言之，综合生态系统管理就是以生态学为基础的对人类活动的综合管理，运用最新的科学知识和技术手段，综合考虑生态、社会、经济和文化要素，制定与经济发展水平相适应的管理措施，这是综合生态系统管理的基本内容。

综合生态系统管理在核心理念上与可持续发展是一致的，因此尊重生态系统自然演化规律、了解和利用生态系统的缓冲力和可塑性（即生态容量）、帮助人类合理开发利用资源就成为管理的核心内容。为了实施综合生态系统管理，必须以多学科研究成果为基础，综合考虑生态、经济和社会因素，综合管理生态系统中的所有人类活动，建立一套综合的管理目标、指标体系和效果评估方法，提倡整体化、科学化的管理。综合生态系统管理应尊重生态系统的整体性、关联性、时序性等特点，承认生态系统间的耦合效应，这也是综合考量生态系统、管理生态系统的理论基础。综合生态系统管理的关键在于平衡，即在科学认知的基础上有效平衡资源开发与生态系统保护之间的关系，以及各种开发活动之间的关系。

综合生态系统管理的另一项重要内容是，集聚多部门多学科力量制定资源利用与环境保育的规划和管理方案，协调各类相关机构为共同的目标而合作。在很大程度上，管理的成功与否取决于部门间的相互协调程度，这就要求各种资源管理者、环境规划与决策制定者及政府工作人员等依据生态系统原理与自然资源特点来进行规划和管理。在规划中，应广泛吸收国内外有关综合生态系统管理方面的经验与教训，以保证规划的科学性、实用性与顺利实施。

管理内容由管理目标所决定，而管理目标又随着社会的发展、资源利用与环境的改善以及人们需求的变化而变化，因此管理内容也就随之发生相应的变化。

（三）综合生态系统管理的方法

由以上论述而知，综合生态系统管理涉及多方面的工作，同时又与具体的社会、经济活动有关。正是由于进行具体活动的各部门互相产生影响，才引发了具体的管理内容和管理问题。由于传统的管理方法已不能奏效，因此对生态系统进行综合管理，就是通过对人口、资源、环境和经济生态复合系统的系统分析和系统设计，协调生物与环境的关系、生物与生物的关系、生物与资源的关系，使系统整体和谐。

由此可见，管理过程必须是系统化的、多学科的，综合管理的有效实施必须借助现代科学手段来进行。随着系统论、控制论的发展和信息技术的普及应用，系统分析与模拟逐步应用到生态系统的设计、分析和优化中来，尤其是面对大量的复杂因素和非线性的因子分析中，越来越依赖科技的发展，如生态系统管理中的空间技术、模拟技术、环境管理技术、生物管理技术、生态系统结构与服务的调控管理技术、多目标决策技术以及系统工程方法，这些技术的应用将成为在可持续发展目标下实施生态系统综合管理的主要手段与技术支撑。

综合生态系统管理，首先应明确其概念模型中有关管理系统的三要素。一是"需要做什么", 即调查特定区域的资源类型及相应的利用方式, 以及特定区域社会经济发展和生态环境建设与保护过程中需要做什么; 二是"做事的方式", 即在管理过程中具体的实施手段和方法; 三是应明确考虑规划与实施两阶段中制度与组织形式对确定"做了什么"与"做得怎么样"的影响, 根据其结果进行定性描述和定量分析, 找出管理过程中的成功与不足之处, 寻求更优的综合管理体系。

四、综合生态系统管理理论与草地规划

综合生态系统管理在草地调查与规划中的应用, 建立在生态系统管理的基础上, 从区域全局出发, 统筹安排、综合管理, 合理利用和保护区域内以草地资源为主导的各种资源, 从而实现草地资源利用与管理过程中综合效益最大化和社会经济可持续发展的最终目标。

综合生态系统管理理论主要用于草地利用规划方案的制订, 在编制规划过程中, 无论是资源与环境诊断评价、功能区划分、管理指标体系建立、环境影响的技术模拟、多目标方案的选择, 还是未来发展趋势的预测以及是否能达到预期目标, 始终离不开综合生态系统管理理论的指导。

现代草地资源利用规划已不再局限于传统的草地规划, 规划内涵远远超出资源利用本身的问题, 涉及社会、经济、人口、资源与环境、人类心理和行为等诸多方面, 具有一定的复杂性和动态性, 因而要求进行多目标、多层次的动态规划, 要求有高度综合和定量的研究方法与其适应, 需要一种资源利用与环境保护的综合管理思想体系来指导。现代草地资源利用规划已不再是某个人、某一学科就能完全承担的, 既需要多学科的广泛参与和知识的相互交叉, 也需要各学科先进技术的结合, 是一项涉及多学科、多领域、多层次复杂的系统工程, 而综合生态系统管理最大的优势就是能够解决复杂程度高的资源、环境、社会、经济与政治相关联的综合性问题。因此, 综合生态系统管理作为一门应用理论学科, 无疑为草地资源利用规划提供了基础理论和技术及方法的支撑。

第三章

天然草地调查

天然草地是我国重要的自然资源之一，也是草地资源的主体和重要组成部分，对于发展草牧业、维护生物多样性等具有重要作用。准确调查和评估草地资源是合理开发、利用草地的前提和基础，对草地生态保护具有重要意义。

第一节　天然草地调查的工作程序

了解和掌握天然草地资源状况，就必须按照自然资源调查的相关要求认真开展调查工作。我国天然草地类型多样，一般分布在干旱、半干旱和高海拔地区，地形复杂、交通条件差是其主要特点。因此，制定好草地调查的工作程序，按照草地调查技术规程开展相关调查是前提和保障。天然草地资源调查工作包括准备工作、外业调查、内业工作。

一、准备工作

（一）工作计划制订

调查工作计划必须在充分讨论的基础上制订，其内容一般包括调查目的、内容、方法、工作量估算、预期成果以及物质准备和经费预算等。

1. 工作计划的制订原则

（1）紧盯调查目标和任务：天然草地调查根据调查目的和要求，一般是国家或省（自治区）、地（州、市）、县（市、旗、区）级政府为了了解和掌握草地资源状况要求开展的天然草地调查，也有企业、牧场或者其他部门为了管理和利用草地资源而开展的专项调查。必须围绕任务需求方的目标和要求，从技术、人力和资金等方面制订切实可行的工作计划。

（2）满足调查结果精度的要求：不同天然草地调查工作有着相应的目标和任务，对其调查结果的精度要求也各异。在制订工作计划时，要依据调查结果的精度要求，准备适宜比例尺的工作底图、不同类别的各类资料和相应的调查技术规程。

（3）调查计划制订需要多方人员参与：天然草地调查工作内容涉及气象、动植物、微生物、遥感、制图和统计等诸多专业知识。因此，制订工作计划时要吸收相关专业背景的人员参加，共同商议拟订工作计划，才能保证调查工作的顺利开展。在地（州、市）、县（市、旗、区）级区域制订草地资源调查工作计划时，一定要将当地技术人员纳入调查组，利用他们丰富的地方工作经验，在调查工作中参与并做好技术支撑、后勤保障等工作。

2. 工作计划的内容

（1）成立调查工作组织领导机构：成立调查工作组织领导机构的主要职责是领导和推动资源调查工作，组织协调有关技术力量，提出工作总计划和调查技术规程，审查和处理各项调查成果，检查计划执行情况，解决工作中出现的重大问题。依据调查内容和任务，按照分工协作的原则，建立相应的专业组或专题组。各专业组之间既要明确分工，又要通力协作。

（2）制定或修订调查所用的草地分类系统：草地调查工作如果涉及重新制定或修订草地分类系统，就必须在制订工作计划中重点考虑。目前，我国有中国草地分类系统和草地综合顺序分类系统两大分类系统。除此之外，还有一些行业主管部门制定的草地分类系统。采用哪种草地分类系统，应该根据调查目的、内容以及调查成果的适用性等来确定。

（3）制定调查技术规程：依据调查工作的目标和任务，制定统一的调查技术规程。技术规程内容应包括气候调查、动植物和微生物资源调查、人类活动调查和社会经济要素调查等相关技术方法。已颁布的国家、地方或行业草地资源调查技术规程，必须遵照执行。对没有颁布的技术规程，由相关专业调查组起草制定，并在广泛征求行业专家的基础上，形成本次调查的技术规程。只有使用完善的技术规程，才能做到调查方法、数据和结果的统一性与科学性。

（4）调查成果的要求：天然草地资源调查成果一般包括调查文字报告、草地资源图、调查数据集、牧草营养成分表和动植物标本等。草地资源图一般包括草地类型图、草地资源利用现状图和草地资源评价图等。依据调查区域大小，草地资源图比例尺为：省（自治区）级1∶50万或1∶100万，地（州、市）级1∶25万，县（市、旗、区）级可分为农业县（1∶5万）、半农半牧业县（1∶10万）和纯牧业县（1∶10万或1∶25万）。对于小范围区域或专题调查，根据调查目的，草地资源图比例尺为（1∶2万）～（1∶5 000）不等。

（二）资料收集与分析

1. 文字或数据资料的收集　天然草地调查结果往往要与前期历史数据相比，这样才能分析资源利用和变化的趋势。因此，收集前期的草地资源调查报告、数据、图件是一项非常重要的工作内容。涉及历史草地资源调查的文字或数据资料，既可以从当地草地、畜牧、农业、林业、统计等行政管理部门收集，也可以从当地图书馆、科研院所等部门收集。资料收集也要注意到由国家组织的科研考察成果的重要性，特别是在国家自然保护区、生态屏障区等区域开展的草地资源调查。

2. 图件资料的收集与分析

（1）地形图的收集：地形图是草地调查的必备图件。天然草地调查范围和路线的确定、面积的量算以及草地类型的初步判定离不开地形图。要根据天然草地调查区域大小的要求，收集相应比例尺的地形图。我国国家基本比例尺地形图有7种，分别是1∶100万、1∶50万、1∶25万、1∶10万、1∶5万、1∶2.5万和1∶1万。收集的地形图一般要求比最终成图比例尺大1倍，如最终成图比例尺为1∶10万，则搜集的地形图底图比例尺应为1∶5万。

（2）遥感信息源的收集：目前，遥感信息源主要包括卫星遥感影像和航空遥感影像两种。

卫星遥感影像需要根据调查目的和精度要求，从光谱分辨率、空间分辨率、时间分辨率、辐射分辨率以及经济成本5个方面综合考虑选取哪种遥感影像。此外，调查任务、成图比例尺、解译方法也是选取遥感影像资料需要考虑的因素。如对于大比例尺、高精度制图要求的调查任务，遥感信息源的收集应以航空遥感资料为主；对于中、小比例尺的调查任务，应以卫星遥感资料为基本信息源，同时收集部分航空影像，作为建立解译标志、判读、检查验证的辅助信息源。目前，常用于草地资源调查的卫星遥感影像见表3-1。

表 3-1　常用于草地资源调查的卫星遥感影像信息

影像名称	空间分辨率	光谱波段数	时间重复率	经济成本	适用范围
TM（专题制图仪）	30 m	7 个波段	16 d	免费	1：25 万
ETM（增强型专题制图仪）	15m	8 个波段	16 d	免费	1：10 万
中巴资源卫星	30 m	5 个波段	26 d	较低	1：25 万
MODIS（中分辨率成像光谱仪）	250～1 000 m	36 个波段	4 次/d	免费	1：100 万
SPOT-7	1.5 m	5 个波段	2 次/d	较高	（1：10 万）～（1：5 万）
高分一号	2～8 m	5 个波段	4 d	较高	1：5 万
高分二号	0.81～3.24 m	多光谱	4 d	较高	（1：2 万）～（1：1 万）

航空遥感影像一般由飞机拍摄而成，成像高度一般从几千米到 10 000 m。航空遥感影像的分辨率高于卫星遥感影像，因此解译分类的精度更高，类别更多、更细。按感光胶片的感光特性分为全色、彩色、全色红外、彩色红外和多波段航空影像。彩色红外影像由于包含红外波段信息，可以明显将草地与非草地，如林地、耕地、荒漠和城市用地分辨出来。近年来，无人机应用于自然资源调查中，具有分辨率高、易携带和操作、成本低等特点。根据不同类型的调查任务，无人机可搭载相应的机载遥感设备，如高分辨率电荷耦合器件（CCD）数码相机、轻型光学相机、多光谱成像仪、红外扫描仪、激光扫描仪、磁测仪、合成孔径雷达等。对于较大尺度的天然草地调查，无人机具有实时、分辨率高等优点。

（3）专题图件的收集与分析：专题图件是指专门突出某种专题内容的地图。与研究草地资源有关的专题图件包括气候图、地貌图、土壤图、水文地质图、植被图、森林分布图、动物分布图、综合自然经济图、土地利用现状图等。通过对这些图件的收集、整理与分析，可以获得调查地区草地发生、形成、分布等相关信息，对于正确划分草地类型、准确勾绘图斑界限等起着重要作用。此外，如果调查区已有历史调查的草地专题图件，也应一并收集与整理，这些图件对于分析草地利用状况的时空变化有重要作用。

（三）人员培训

天然草地调查人员的能力建设对于调查工作的顺利开展以及工作质量至关重要。因此，对参加草地调查的工作人员开展相关业务培训是必要的。培训可以围绕已制定的草地调查技术规程开展。培训内容可以按照外业和内业作业分类进行，外业培训主要包括样地选择、调查方法、植物识别等方面，内业培训主要包括影像判读、调查数据整理与统计、草地资源图绘制等方面。培训形式可以采用室内授课与野外实践相结合的方式。

（四）物资准备

物资准备对调查工作得以顺利进行和完成具有保障作用，应给予充分的重视。物资准备包括调查所用的图件、仪器用品、交通工具、医药和生活用品等的准备。在开展调查工作时，技术人员应该根据调查所需物资的类别，准备采购清单并做好财务预算。

二、外业调查

外业调查一般包括概查、详查和访问 3 个部分。

（一）实地概查

概查就是在开展实地详细调查前对所调查区的草地植被、地形、地貌以及社会经济状况等进行初步了解。概查时要携带与工作底图比例尺一致或者是小一半的地形图和遥感影像。

首先，对调查路线进行规划。调查路线设计要充分利用已准备好的地形图和遥感影像。调查路线选择的原则：一是依据调查区现有的道路条件，尽可能选择具备车辆通行条件的调查路线；二是调查路线尽可能覆盖调查区各类草地，以全面反映草地资源情况；三是对重点草地保护区、畜牧业生产基地、畜种场等与调查密切相关的单位或区域，在设计调查路线时应予以考虑；四是在规划调查路线时，要考虑到该路线为后期详细调查时的取样路线、样地和样方服务。

其次，利用遥感影像资料、地形图和前期资料对主要草地类型进行预判，根据调查区气候类型、地形特点初步判定主要的草地大类。以此为基础，了解主要草地类型优势植物、地形地貌及其主要畜种等。同时，要拍摄照片和记录地物光谱资料，如植被、岩石、土壤等，为建立遥感影像解译标志库服务。

最后，实地观察和访问了解草地利用、农林牧业生产、草地基本建设等方面的现状和存在的关键问题，并与调查区草地畜牧行政管理、技术人员做好沟通。再次确定调查路线和调查内容的可行性和科学性，为后期实地详查奠定基础。

实地概查结束后，要根据概查结果对前期制订的工作计划欠缺或不合理的内容再次修订，以更加符合实际调查之需。

（二）实地详查

实地详查在实地概查的基础上开展。详查内容主要包括：一是草地自然条件调查，主要对降雨、气温、地形、土壤和水文等非生物要素进行调查。调查方式可以采取向调查区的气象、国土和水利等单位收集数据，也可以利用小型气象站等设备现场采集有关数据。二是对遥感影像进行预判，勾绘出草地与非草地、主要草地类型、季节放牧场、割草场、人工饲草料地等的分布区域边界。三是草地植被实地调查，主要是对草地植物群落结构和生产力进行调查。植被实地调查应根据概查时所选定的样地和样方开展，植被调查内容主要包括植物的高度、盖度、频度、密度和生物量等。四是植物和土壤标本采集以及植物和土壤营养成分分析。实地详查时要采集调查区植物和土壤两份，一份用来制作标本，另一份用来分析植物和土壤营养成分。

（三）访问调查

访问调查是从草地利用和管理的利益相关方了解草地利用状况的过程。利益相关方是指与草地利用、管理以及畜牧业生产等相关的政府管理人员、技术人员、企业家、牧民等人员。访问调查内容主要包括草地利用和管理现状、草牧业生产现状和存在问题、草地保护与建设工程的效果等。访问调查可采用社会学调查中的参与式访谈方法，如结构访谈、半结构访谈、小组讨论和关键人物访谈等形式，获取有关草地利用与管理现状、存在的问题等内容。访问调查中应对调查区草地管理政策文件、草牧业发展统计数据和图件等资料一并收集。访问调查结果对草地调查内业工作和调查报告的撰写具有重要的支撑作用。

三、内业工作

内业工作包括资料整理、草地分类系统建立、图件编制、草地面积和生产力量算与统计、调查报告撰写以及动植物标本分类鉴定、植物和土壤营养成分的化验分析等。

(一) 资料整理

资料整理是内业工作的第一项内容，主要是对外业调查获得的资料逐项登记、整理、核查，为草地资源图编制和调查报告撰写奠定基础。

1. 外业调查资料的审查 一是审查外业调查样地和样方调查表中测定的项目是否完整，如样方经纬度，植物高度、盖度、频度、密度和生物量，土壤数据以及记录人员和时间等信息。特别要对外业调查表记录的样方经纬度与外业调查的工作地形图进行对照，可以大致核查样方调查表所记录数据的准确性。二是检查所采集的植物标本是否已经做过鉴定。对于未鉴定的植物标本应挑选出来，请植物分类专业人员进行鉴定。三是核查是否有足够数量的植物样品、土壤样品用于化验分析。

在核查中若发现调查表项目记录不全、样方经纬度有误以及植物和土壤样品数量不足等问题，应尽快补记和补测。

2. 外业调查记录表的整理 将审查通过的记录表，按照所代表的草地类型分类编号进行整理，并装订成册，以备制定草地分类系统和计算产草量时使用。

(二) 图件编制

草地资源图包括草地类型图、草地评价图和草地利用现状图等。这些图件中，草地类型图是基础和关键。草地类型依据调查草地所处气候带、地形地貌以及实地详查后得出的群落名称而确定。结合遥感影像，将野外调绘的草地类型图通过地理信息软件转绘到地形图上，并依据气候条件、地形和海拔对转绘图进行修订，在草地、土壤、植被等技术人员审查后最终形成草地类型图。

(三) 草地面积和生产力量算与统计

根据已编制好的草地类型图、草地等级图、草地利用现状图，利用地理信息软件量算各类草地面积，包括不同草地类型、季节放牧地、割草地等。同时，根据外业调查的产草量数据，按照产草量月动态系数、丰歉年系数、再生率、干鲜比等计算各类天然草地产草量。根据访问调查的家畜种类及其数量、人工草地产草量、饲料用量等数据，测算各类草地的家畜承载力。

(四) 调查报告撰写

草地资源调查报告是草地调查的重要成果之一。调查报告不仅要对调查区的草地资源的数量、质量、分布等进行详细论述，还要结合调查区自然条件和社会经济发展情况，对草地资源的利用和管理现状进行评价。草地资源调查报告内容主要包括自然条件和社会经济状况，草地植物种类、草地类型和面积、草地资源评价、草地利用和畜牧业生产现状以及草地保护与发展的建议等。

（五）调查资料归档

天然草地调查成果包括草地资源调查文字报告、草地资源图（草地类型图、草地利用现状图和草地评价图）、调查数据表以及鉴定整理后的植物和土壤标本等。调查成果归档不是简单地将图件、数据表等整理存放，而是根据调查成果之间的联系，编目、编号后分门别类整理存放。归档时要注意野外调查使用的图件、样地和样方登记表以及化验分析数据等纸质数据和电子数据的收集与整理。

草地资源调查工作程序参考图 3-1。

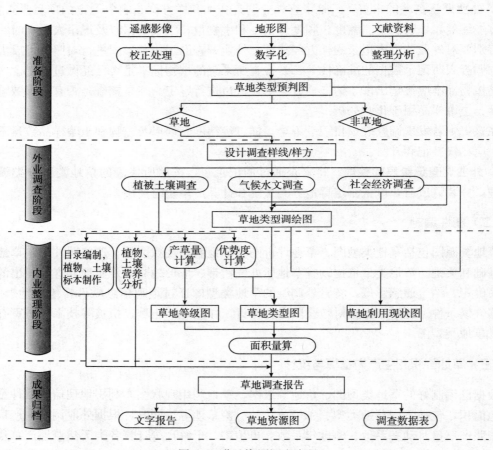

图 3-1　草地资源调查流程
（苏大学，2013）

四、草地资源调查成果

根据制订的草地调查工作计划和技术规程，经过外业和内业工作，最终要形成一批草地资源调查成果。这些成果主要包括：一是能够反映调查区的自然与社会经济概况，以草业为核心的包括有关其他各业的资源条件、特点、开发利用现状、存在问题和合理开发利用建设的综合调查报告或专题调查报告；二是能够反映和说明调查区草地资源的类型、数量、质量和利用现状的一批专题图件与数据；三是一批动植物标本、土壤样品、图片和草地资源调查数据的数据库或信息系统。

第二节 天然草地构成要素调查

草地是草类植物、动物和其着生的土地构成的综合自然体。了解草地构成要素，对于理解草地形成原因、发展规律以及合理利用草地资源具有重要意义。因此，草地构成要素调查是草地调查的重要内容。天然草地构成要素按其性质可分为非生物要素和生物要素。

一、天然草地非生物要素调查

天然草地非生物要素调查包括气候、地形、土壤、水文等内容。

（一）气候要素调查

气候要素调查是以水热条件为核心，同时开展风能、光能和灾害性气候的调查。水热条件调查主要指对降水量和气温的调查。在草原牧区，降水量不单单指降雨量，还应该包括降雪量，因为降雪量对土壤水分储存、植物生长和返青、家畜采食，甚至造成草原雪灾等方面具有重要影响。风能和光能属于清洁能源，调查风能和光能储量对于牧区发电、打井灌溉以及改善牧民文化生活等也十分重要。气候调查中灾害性气候调查是重点之一。在草原牧区，旱灾和雪灾是严重影响草牧业发展的重要自然灾害，调查旱灾和雪灾的发生频率、范围以及致灾程度对于各级政府和农牧民制订防灾减灾计划具有重要意义。

气候要素调查一般采用3种方法。一是到当地气象部门收集有关降水、气温等数据，还可以登录国家气象科学数据中心（http：//data.cma.cn/）下载有关气象数据。对于较大地理尺度的天然草地调查均可采用这种方法。二是利用便携式气象工作站，监测记录较小地理尺度调查区的气象数据。针对牧区草原面积大、地形复杂而存在局域性小气候问题，利用小型气象工作站监测的数据，可以更好地反映调查区详细的气候条件。三是利用地统计学软件，对气象站数据进行外推插值。这种方法主要是针对天然草地调查区缺少国家基准气象站、基本气象站和一般气象站，或草地调查人员无小型便携式气象站的问题，借助特定的空间分析技术，对气象要素实现空间插值，从而得到调查区的气候数据。

（二）地形要素调查

地形要素调查包括地形种类、海拔、坡向和坡度、坡面与坡位等调查。地形种类根据海拔、地面起伏程度和地域开放程度分为平原、高原、丘陵、盆地、山地5种类型。山地特征是海拔500m以上，相对高度较大，山体高大，排列有序，脉络分明；平原特征是海拔200m以下，相对高度较小，宽广低平；高原特征是海拔1 000m以上，相对高度较小，高原边缘陡峭，高原面起伏和缓；盆地特征是四周被群山环绕，四周海拔较高，内部相对高度较小；丘陵特征是海拔500m以下，相对高度较大，坡度和缓，连绵起伏。调查区海拔可以根据地形图等高线确定或手持GPS测定。气压高度表由于受到天气阴晴的影响，容易造成海拔误差，目前草地调查中已基本不用。近年来，随着智能手机的普及应用，许多手机APP带有海拔测量以及经纬度定位功能，其精度可以满足一般草地调查中海拔和经纬度测定的要求。在北半球的温带地区，太阳直射点位置偏南，因此南坡接受的光照比平地多，北坡则较平地少。坡度影响太阳入射角，导致太阳辐射量有所变化。无论纬度高低，太阳辐射量南坡大于北坡，坡度越大太阳辐射量差异越显著。山坡按坡位分为山脊、上坡、中坡、下坡、山麓与山谷。不同坡位实际上也包含相对高度的差别，坡位调查可以采用坡度计测量。坡面有凸形、凹形和直形 3 种基本形态。

地形要素的调查也可通过搜集地形图、地貌图、遥感影像及有关文献资料再结合野外观察进行。

（三）土壤要素调查

土壤是草地植物着生的载体，不同类型的土壤发育着不同的草地类型。了解草地土壤的性质、特征及其演变过程，对于划分草地类型、研究草地退化以及发展人工饲草料地等具有重要意义。特别在开展草地退化专项调查时，不仅要调查草地植被变化，还要对草地土壤的理化性状进行调查分析，才能全面反映草地退化的实质。

草地土壤调查要与植被调查同时进行，土壤调查内容主要包括地貌单元、成土母质、着生植被类型以及土地利用现状等。此外，有时也要根据草地资源调查的目的和任务，开展土壤理化性状调查，如土壤容重、含水量、紧实度以及土壤营养状况等。对于具有拟开发为人工饲草料条件的草地，必须对土壤的理化性状进行调查。

土壤要素调查一般采用土壤剖面法和环刀法。挖掘的土壤剖面可以用来研究土壤形态和发育特征。土壤的理化性状一般使用环刀采集不同深度的土壤样品，带回实验室进行相关分析化验。此外，对于土壤瞬时含水量和紧实度，也可采用土壤水分和温度测定仪以及土壤紧实度仪测量。

（四）水文要素调查

天然草地非生物要素调查中的水文要素调查主要是对水资源开展调查。这里的水资源，主要是指可供农、林、草、牧、渔等各业生产开发利用的部分地表水和地下水资源。

水资源调查的目的在于了解调查区内可以利用的地表、地下水源的数量、质量，补给与时空分布，开发利用的现状，包括农、林、牧水源的供需关系与主要矛盾，开发利用途径、条件与潜力，为草业生产规划设计提供依据。

地表水主要是指分布于地表的河流与山溪、湖泊、水库与水塘、泉水等水源。大的河流与山溪的调查，可通过当地水文站索取水文年鉴查阅，一般需要计算多年平均及不同频率的径流量，并分析年内分配与多年变化规律。在缺乏水文资料的地区，可以用浮标法现场测定。对于湖泊、水库的储水量，可向水利管理部门了解。泉水的涌水量，可以用量水堰实测。

地下水是储藏在地面以下的岩石或土层中的水，是牧区重要的水源之一。调查工作应查清静储量、动储量、可开采量和埋藏深度。水资源的计算，应按不同地貌单元如平原、山区等分别计算。

在水资源的调查过程中，还需着重对水资源供需平衡和农牧业用水影响因素进行分析。①水资源供需平衡分析，包括现状分析和预测分析。现状分析，主要对水资源的自然供给总量、人均用水量、耕地平均用水量，水资源的地区分布、降水量季节分配及年际变化，水旱灾害以及开发利用状况、供需矛盾与平衡问题进行分析。预测分析，则包括不同水平年需水量、保证可利用水量的预测。然后，进行供需平衡计算，对供需矛盾较大的情况，应对其原因及解决途径加以分析论证，提出合理的解决办法。②农牧业用水影响因素分析，可从对流域或农牧业用水资源的影响，城镇、工矿企业布局及其用水发展速度的影响，水利建设投资和工程造价的影响，科学技术发展水平的影响等方面展开研究分析。

二、天然草地生物要素调查

天然草地生物要素调查包括草地植物、动物和微生物资源调查。

（一）生物要素调查的工作流程

天然草地调查工作中的生物种类主要指植物、动物和微生物。生物要素调查依据调查目的和任务，主要流程包括生物标本采集、生物种类鉴定和生物名录编制。

1. 生物标本采集 生物标本是记录和固化生物形态特征的一种手段，是科学研究生物资源、辨认种类和追溯查证的基础资料。生物标本采集一般遵循以下原则。

（1）全面性：生物标本按照草地调查区热量带、雨量带和垂直地带的分布，依据调查目的和任务，在人力、财力和物力都容许的情况下，尽可能全面采集各类植物（包括人工种植饲用植物和天然野生植物）、动物（包括家畜和野生动物）和微生物（包括植物微生物和土壤微生物），以利于当前或后期的生物资源调查与研究。

（2）科学性：因为各种生物形态特征、生态习性各异，标本采集应符合各自鉴定的科学性要求。草本植物基本是整株采集，最好能够采集到植株的根、茎、叶、花、果实（蕨类植物采集有孢子的植株），所以最好选择在花期或者果期采集。木本植物一般剪截一段长30～40cm 的有特征性的树枝，最好夹花带果。动物标本制作主要是保护好表皮、毛发等，能客观真实地展现动物的形态。草原啮齿动物和昆虫调查是草地鼠害、虫害调查的重点内容之一。采集的啮齿动物标本必须毛皮、头部、四肢完整，另外要附加完整的头骨作为后期鉴定依据。草原害虫标本必须采集雌雄成虫以及卵、蛹和幼虫，按照不同昆虫种类及其发育形态，制作成针插标本、浸渍标本、生活史标本和玻片标本等。植物病原微生物和土壤微生物标本要采集典型病株和典型草地类型区，按照微生物标本制作要求，涂片培养后做成显微切片，以利于后期观察鉴定。

2. 生物种类鉴定 动植物和微生物鉴定是一项非常专业的技术工作，需要由有专业背景、经验丰富的专家承担。在草地调查野外作业时，也可利用专业的动植物图鉴、动植物志等工具书进行辅助鉴定。微生物鉴定需要借助现有的微生物分类系统工具书，从微生物形态特征、培养特征、代谢特征等方面进行鉴定。当前，利用分子生物学方法开展微生物分类鉴定是一种比较有效的方法。

3. 生物名录编制 生物名录是生物资源调查的重要成果之一。生物名录编制要从分类系统的选择、科属的排列顺序等方面予以重点考虑。生物名录编制的核心是物种，也需要对物种的分布进行记录。

（二）植物资源调查

植物是草地的主体，植物资源调查是草地调查的重中之重。植物资源调查既关系到草地类型划分、草地生产力评价以及物种多样性保护等工作，也关系到挖掘潜在的人工饲草种质资源，为建立人工饲草料基地服务。

1. 饲用植物资源调查　在草地植物中，凡具有饲用价值的植物统称为饲用植物，包括野生和人工栽培的草本、半灌木和灌木植物，是草食动物饲料的重要来源。此类植物主要生长于广大的天然草地中，数量大、分布广，是草地植物调查的重点。调查内容包括以下方面。

（1）种类组成与数量的调查：种类组成与数量，一方面可以反映一个地区、一个单位拥有饲用植物资源的丰富情况，另一方面也可以说明不同饲用植物种类在构成当地牧草资源中的地位与作用。在实际调查工作中，种类组成与数量的调查，通常通过将采集的植物标本鉴定到科、属或生态经济类群进行。针对草地上生长的饲用植物，不论其饲用价值大小、数量多少和地位如何，都应采集植物标本。采集的标本用来定名或进行形态特征描述和绘制植物图，因此要求采集标本的株体要完整，花、果实齐全，采集份数每种不少于 5 份，并应严格按植物资源调查的记录要求进行登记与编号。

（2）生态和生物学特性的调查：调查每种饲用植物所属寿命类型、生态类型、生活型、生态分布幅度对环境的适应与抗逆能力、群落学地位、物候期、生长发育特点以及种群的消长与竞争、稳定性等。

（3）利用特征、饲用品质的调查：调查每种植物的适宜利用方式、季节，牲畜种类，耐牧性，冷季利用时枯草的保留情况，产量动态变化以及营养成分，家畜适口性表现、利用率及有无特殊的优点或恶劣特性，如抓膘、催乳、恶臭、毒害作用等。

此项调查工作一般与草地类型的调查工作相结合。由于植物种类繁多，分布数量大，按上述内容要求在较短的时间内，对每种植物都进行实地详细的观察与测定难以达到，因而有些内容需要通过定位观察的工作方可得到结果。因此，在短时期的调查工作中，宜着重于主要饲用植物，采用现场观察与访问相结合的方法进行。

访问是调查工作中采用的一种重要方法。牧草的许多性状与特征，通过对当地有经验的牧民、草原科技人员的访问，相比短时期内现场观察所得的结论，更确切可靠。访问最好采用座谈的形式，同时邀请多人参加，以便获得更多的资料和不同意见，经过去伪存真，得出可靠结论。

2. 其他经济用途植物资源调查　在草地植物中，还有部分植物除了具有饲用价值外（个别植物不具有饲用价值），还具有其他特殊经济开发利用价值，如食用、药用、工业用、环境美化与保护用等。这类植物具有很高的经济开发利用价值，随着产品的深加工，其价值可成倍甚至几十倍地增长，附加值极高。目前对它们的研究与开发利用较少，是一类蕴藏着巨大经济潜力的待开发资源。

（1）资源类型划分：此类植物种类繁多，经济用途也各异。要有效地研究与开发利用这一资源，除了首先从植物学角度去认识它们外，同时还需从经济用途角度去甄别它们，并进行系统分类。

《中国草地资源》（1996）将我国草地经济植物资源按其用途分为五大类群：食用植物、药用植物、工业用植物、环境用植物、种质植物资源类群，并对食用植物、药用植物、工业用植物、环境用植物类群再按用途、成分、开发价值和利用方式等进一步分为 16 类 47 组。

（2）调查内容：由于此类植物资源用途的特殊性，其调查内容也较饲用植物更为广泛，概括起来主要包括以下 4 个方面。

①各类植物资源植物学特性及数量的调查：包括种类、生态生物学特性、地理分布、总蕴藏量与可供开发利用的储量。

②各类植物利用特点的调查：包括用途、利用部位、利用方式、适宜利用季节、利用价值等。

③资源开发利用现状的调查：要求查明现阶段各类植物的利用现状、前景、效益与存在的问题，具体调查内容包括：已开发利用的植物种类，形成产品的种类与质量、销路与目前市场需求、经营效益与生产规模，资源综合开发利用的水平、发展前景，保证资源持续利用的措施等。

④资源开发利用条件的调查：如生产措施、技术设备条件、经营管理体制与水平等。

（3）调查方法：以现场调查和访问调查相结合进行。现场调查，主要是针对查清资源要开展的一系列调查工作；访问调查，以开发利用现状的调查内容为重点。调查工作可结合整个草地资源的调查工作同时进行，也可列为专项内容单独调查。

（三）动物资源调查

天然草地动物资源主要包括人类饲养的各类草食家畜和野生动物资源。

1. 家畜资源调查 家畜资源调查内容主要包括畜种结构、畜群结构、存栏量、出栏率等内容。调查统计家畜存栏量、出栏量的方法：一是到当地农牧业行政主管部门或统计局了解畜牧业生产统计资料。二是到当地畜牧兽医部门统计防疫药品的发放量，从药品发放量推算调查调查区域的家畜存栏量。三是在已实施养殖业保险的地区，利用农牧民投保养殖业保险的数据，推算家畜存栏量。四是在针对牧户调查家畜饲养量时，采取入户访谈或采用无人机拍照法进行。无人机拍照可以较为详细地统计到整个畜群的家畜种类及数量。

2. 野生动物资源调查 草食野生动物对草地利用的影响，是计算草畜平衡、估测草地环境容量时必须面对的一个问题。除大中型草食野生动物资源调查外，草地有害啮齿动物和昆虫调查也是草地野生动物资源调查工作的重点内容之一。草地啮齿动物和昆虫是草地生态系统的重要组成部分。但是，由于全球气候变化和人为过度放牧，提高了草地有害啮齿动物和昆虫栖息环境的适合度，导致其种群密度超出了环境的承载力，影响到草地生态系统的平衡和草牧业的健康发展。因此，调查草地有害啮齿动物和昆虫的种类、种群密度、分布以及危害程度是一项必要的天然草地调查工作。

（1）调查内容：野生动物从动物分类系统、食性、体型大小以及与农牧民生产、生活的关系可以分为：大中型草食野生动物、草地啮齿动物、草地昆虫和草地食肉野生动物，调查内容一般包括种类、种群结构与数量、分布地区与栖息地条件等。对于草地啮齿动物，调查内容主要包括啮齿动物种类、种群密度、危害面积及程度等。在已经开发了野生动物驯化和养殖的区域，要调查开发的产业情况，包括已开发利用的种类、数量、生产规模、产品销路以及产生的经济效益等。另外，为了掌握野生动物保护的有关情况，有必要对采取的保护措施、各项有关野生动物保护的政策、法规的执行与落实情况进行调查。

（2）调查方法：大中型草食野生动物、草地啮齿动物、草地昆虫和草地食肉野生动物的调查方法分述如下。

①大中型草食野生动物资源调查：对于种类、数量的调查，可以参考野生动物调查的专业书籍。在牧区，通常采用路线调查法和牧民访谈法并举进行。路线调查法根据不同野生动

物的活动习性，分别在黄昏、中午、傍晚沿样线按照一定速度（2~3km/h）前进，统计和记录所遇到的动物、尸体、毛发及粪便，记录其距离样线的距离及数量，连续调查3d，整理分析后得到种类名录。牧民访谈法也是十分重要的野生动物资源调查的方法之一。调查人员根据调查前预判的野生动物种类，拿出从工具书或实地拍摄的野生动物照片，询问当地农牧民，通过他们的辨认识别野生动物种类，以及估算野生动物的种群数量。近年来，随着无人机技术的快速发展，对于大中型草食野生动物可以采用无人机航拍的方法调查其种类、数量和分布位置，甚至成幼结构。

②草地啮齿动物调查：草地啮齿动物依据其活动形式主要分为地面啮齿动物和地下啮齿动物两类。调查工具主要为捕鼠夹、捕鼠笼（针对地面啮齿动物）和捕鼠弓箭（针对地下啮齿动物）。此外，利用啮齿动物天敌——猛禽的食团分析其头骨、腿骨等，也可以获取调查区啮齿动物的种类。啮齿动物种群密度调查一般采用相对种群密度和绝对种群密度调查法。相对种群密度调查法主要统计单位面积内地面啮齿动物在草地挖掘的有效洞口数和地下啮齿动物推出的土丘数量；绝对种群密度调查法是用捕鼠器具捕杀地面或地下啮齿动物，然后统计单位面积捕杀的数量。

③草地昆虫调查：一般分为成虫、卵和幼虫开展调查。又根据昆虫分布型的差异，如聚集分布、随机分布等，而采取不同的调查方法。对于随机分布的昆虫，可采用五点式、对角线式、棋盘式取样方法；对于核心分布和嵌纹分布的昆虫，可采用棋盘式或平行线取样方法。当草地有害昆虫调查是为了建立预测预报模型时，不仅要对成虫种类及其种群密度进行调查，还要对其卵和幼虫数量进行调查。

④草地食肉野生动物调查：草地食肉野生动物调查方法可以参考大中型草食野生动物调查方法，以路线调查法、牧民访谈法为主。另外，也可以利用野外布设红外触发相机，记录草地食肉野生动物的种类和大致数量。对于猛禽类，很难调查统计其数量；但是对于猛禽种类，可以通过路线调查法和拍照法获取。

（四）微生物资源调查

草地微生物在草地生态系统能量流动和物质循环中扮演着极其重要的角色。草地生态系统中的土壤或根际微生物，如根瘤菌、固氮菌、解磷菌等，有利于提高植物生物量、增加植物抗逆性以及改善土壤理化性状等。因此，调查草地微生物种类、分布等情况，可以为后期开发微生物肥奠定基础。

草地微生物资源调查主要是指草地微生物区系调查，调查对象可以分为土壤和植物两部分。土壤微生物调查主要以土壤或根际生存的根瘤菌、固氮菌、解磷菌等功能菌为主，植物微生物调查主要以病原微生物为主。调查过程主要包括样品采集、培养、鉴定等环节。

第三节　天然草地类型划分和判别

一、天然草地类型划分

草地类型指在一定的时间、空间范围内，具有相同自然和经济特征的草地单元。它是对草地中不同生境的饲用植物群体，以及这些群体的不同组合的高度抽象和概括。草地类型划分是认识草地自然与经济特性的基本方法。其主要任务是采集草地植被及其生境信息，为拟定草地类型分类系统、描述草地类型特征、编制草地专题图件等提供基本信息。划分草地类型，不仅可以揭示不同草地类型的自然和经济属性，也为更加合理利用草地提供科学依据。

从 20 世纪 50 年代起，我国一些草原学家先后提出了一系列对草地类型划分的方法。如任继周、胡自治提出的气候-土地-植被综合顺序分类法（1956 年、1979 年、1985 年、1995 年），贾慎修提出的植被-生境分类法（1980 年、1982 年），许鹏提出的发生经营学主体特征综合分类法（1965 年、1979 年、1985 年、1994 年），由农业部畜牧兽医局、全国畜牧总站提出的中国草地分类系统（1979 年、1988 年）。这些分类方法，在我国草地资源的调查中均得到过应用。有关草地分类的方法，在朱进忠主编的《草地资源学》一书中有详细介绍，读者可参阅该书有关内容。

二、天然草地类型判别

天然草地调查中，草地类型判别是核心工作内容。按照我国目前常用的天然草地分类系统，主要有类、组、型三级分类单位，其中类和型的野外调查判别尤为重要。

（一）草地类的判别

草地类的划分和判别主要依据草地类的气候特征和植被特征的一致性。在外业调查中，草地类的判别可参照以下分析方法进行。

1. 发生学分析法 气候以水热条件为核心，是决定草地分布的主要因素。地形和地貌决定了水热的再次分配，也会影响草地类型。地球植被受气候因素影响，呈纬度地带性、经度地带性和垂直地带性分布规律。外业调查时，应根据调查区域的地带性气候资料，结合遥感影像和地形图，初步判定调查区草地类别。例如，在干旱的荒漠气候控制下形成的草地，地带性分布草地必然是荒漠类型。在半干旱气候条件下分布的草地，基本是草原草地分布的地段。在高海拔气候条件下，一般分布的是高寒草地类。在地带性气候影响下，非地带性植被由于地形地貌、地下水等影响，不是固定出现在某一地带性气候带，而是出现在两个以上的地带性气候带。如草甸，在我国从东部湿润区到西北干旱区，从南方热带到青藏高原高寒气候带都有分布。因此，从气候资料入手，再结合地形、地貌、地下水等因素，就可以初步判别调查区的草地类。

2. 景观学分析法 景观是指某一区域地表各种自然现象在空间上相互作用而形成的内部特征相对一致而外部特征差异明显的各种自然综合体。草地是以生长草本或灌木植物为主的自然景观之一。景观学分析法是通过分析草地分布的空间格局来判断草地类的一种方法，主要依据草地类型在空间分布的规律性与景观变化来判别草地类。如在山地草地调查中，由于水热条件变化，植被呈现垂直带谱格局和景观特征，从低海拔山脚到高海拔山顶，分布有乔木、灌木和草本植被。通过不同植被的景观特征，就可以判定草地类。

（二）草地型的判别

草地型的判别采用群落分析法，即通过实地草地群落调查，分析其优势层的优势种，进而确定草地型的判别和划分。现场调查通常由路线调查与选择代表性样地测定两部分工作内容组成。通过路线调查对所调查区域的草地类型、分布规律有一个大概的认识，初步建立起调查区域草地类型的一级分类系统。选择代表性样地测定是进一步对草地类型特征进行详细的观察与测定，通过样地的定性与定量分析，以确定草地类型中型一级分类单位的划分。此项方法与遥感技术的应用结合，可有效提高工作效率与调查的准确性。

在实际工作中，上述 3 种判断方法一般综合起来应用。发生学分析法和景观学分析法可以判定草地大类，而草地群落分析法也可以通过优势种植物判定草地类。但是，对于判定草地型，调查植物群落组成并分析其优势种是最基本和可靠的方法。

第四节　天然草地调查取样与样地测定

在草地野外调查中，在大多数情况下，不可能对调查区域草地植被整体进行逐点清查，而只能抽取一部分进行研究，即取样调查。样地和样方法是植被研究最早和最常用的方法，它由 H. von Post 于 1851 年创立，一直沿用至今。取样与测定的目的是通过样地的研究，以点带面科学地推测草地植被自然的、经济的特性，有助于正确地进行草地类型划分、资源评价以及专题图件的编制。草地调查取样与样地测定是草地野外调查工作最基本的工作内容，是草地调查研究工作的基础，是调查工作内容的核心。

一、草地的调查取样

（一）调查路线选择

鉴于天然草地面积大、道路条件差以及草地类型多样，在草地调查中一定要考虑好取样路线的设置，才能做到调查结果能全面反映草地的类型、面积、质量以及利用现状。

取样路线选择的原则：一是需穿过有代表性的草地区域。调查路线应依据热量带、雨量带、主要地貌和地形单元以及主要的畜牧业生产区而设置。二是调查路线应穿过主要的地貌单元和草地类型，垂直于地形变化。三是对于大尺度山地草地资源调查，应从山底到山顶，完成山地垂直带草地类型的调查。四是根据调查区域面积设置取样路线及其数量。对于较大区域（县级以上）的草地调查，可以采用路线间隔法，即按一定间距，按照现有的道路条件，布置若干条基本平行的调查路线。调查路线的间隔应该等距，并在骨干调查路线上设置辅助调查路线。如果骨干调查路线不能等距，则应该根据调查区现有的道路条件，多设置辅助调查路线。对于地形较为复杂或草地分布较零散，而且草地类型分布缺乏规律的区域，可以采用区域控制法，即按照草地分布的每个区域开展相应调查工作。对于较小区域（乡、村）的草地调查，可采用网格法，即将调查区在调查地图上划分成一定间距的若干网格，按每个方格进行调查。

（二）调查取样方法

取样就是从调查对象的总体中（通常以草地型或亚型为单位）抽取样本的过程。在草地资源调查与研究中，常用的取样方法有两种：一种是典型取样法，另一种是概率取样法。

1. 典型取样法　典型取样法也称代表性取样或主观取样，是草地调查中最常用的一种取样方法。采用该方法的前提是，首先在判明被调查草地类型的性质与分布的基础上，在不同类型内，选择认为能够反映草地特征的典型地段设置样地，然后进行类型的分析、测定与登记。技术关键在于典型地段的选择和典型样地的设置。其要求是：①首先类型要判断准确。②所选样地要具有该类型分布的典型环境和植被特征，且群落发育完整。③要避开类型分布的过渡区，最好选择类型分布的中心地段。④凡受人为干扰或其他因素影响较大的地段，不宜作为样地选择的对象。

典型取样带有一定的主观性。它要求调查人员应具有专业知识和良好的草地调查技能。典型样地如果选择合适，可获得可靠的结果。尤其是在大范围的路线调查中，主观取样具有省时、省力的特点，因而常被采用。其缺点是，对于初学者或者经验不足者不易掌握，常因取样不当影响调查结果。另外，这种取样方法所取得资料无法用于统计学分析，因而所获数据无法估计抽样误差。

2. 概率取样法 该方法在森林资源调查、农作物田间试验、产量估测中应用广泛，并已形成一套颇为科学和完整的抽样与统计算法。草地资源调查，由于受条件的限制，加上该方法要求取相当数量的样本，因而在以往的实际调查中应用不如典型取样法普遍。随着数量分析方法和计算机以及其他新技术的发展，该方法的应用将会使草地野外取样调查更为完善与科学。

概率取样法有多种，常用的有以下 3 种方法。

（1）随机取样法：这种抽样方法，样地是从总体中随机抽取的，群落的各个部分都有同等概率被抽取作为样地的机会。在大范围的野外调查中，首先在工作底图上或航摄像片、卫星照片上确定一条取样基线，然后做若干平行样线，利用随机数字表在每条样线上进行取样。小范围的调查，可将调查地段分成若干大小均匀的方格，每格都编号或确定位置，然后以方格网中的两对随机数字决定样地的位置。网格的划分可直接在现场进行，也可选在底图上，然后在现场落实。该方法的优点是调查所得数据可以用于统计处理，进行可靠性检验；缺点是需要取较多的样地，工作量大，也有个别类型易被遗漏或取样太少等。

（2）系统取样法：在总体内按照一定的规则（如方向和距离）抽取样地。具体工作方法是：首先随机确定一个样地，然后沿一定的方向，每隔一定距离取一个样地。该方法简单易行，样地布点均匀，工作者现场定点方便。其缺点是，当草地类型分布复杂且呈不规则的随机分布时，就有可能出现类型的遗漏或不能如实反映类型特征。对由某些草地类型组成有规律分布的草地采用系统取样法进行调查，布样也应慎重，认真设计，如所取样地和类型复合分布格局不一致，则将导致调查结果与现实不符。

采用系统取样法，目前还没有完全满意的方法进行校准误差的显著性测定。有时也可用随机抽样的方式，来近似地估计系统抽样的方差、校准误差和置信区间。

（3）分层取样法：首先是对调查区内的草地进行分层，层可以是草地类，也可以是亚类，根据草地的分布特征，甚至也可以是地形单元。然后在每个层内按其面积或其他参数进行取样。取样单元可以用随机取样法抽取，也可用系统取样法抽取。

分层取样的效果一般优于随机取样法，分层越细，也就是抽样强度越大，每层所抽样地的群落性质越同质，均方更小，因而抽样就更为准确。分层抽样强度，由调查区草地面积、草地类型复杂程度以及调查人力、物力等多因素确定。

（三）调查样地和样方设置

1. 调查样地设置

（1）样地设置：样地既要覆盖生态与生产上有重要价值、面积较大、分布广泛的区域，反映主要草地类型随水热条件变化的趋势与规律，也要兼顾具有特殊经济价值的草地类型。

因此，样地设置在空间分布上尽可能均匀。样地应设置在整片草地的中心地带，避免带有其他地物。选定的调查区域应有较好的代表性、一致性，面积不应小于整片草地面积的 20%。不同程度退化、沙化和石漠化的草地，可分别设置样地。利用方式及利用强度有明显差异的同类型草地，可分别设置样地。调查中出现有疑难问题的草地，需要补充布设样地。

（2）样地数量：根据预判的不同草地类型，每个类型至少设置 1 个样地。预判相同的草地类型图斑的影像特征如有明显差异，应分别布设样地。预判草地类型相同、影像特征相似的图斑，按照这些图斑的平均面积布设样地，数量根据表 3-2 确定。

表 3-2　预判草地类型相同、影像特征相似图斑布设样地数量要求

（苏大学，2013）

预判草地类型相同、影像特征相似的图斑平均面积（hm²）	布设样地数量要求
＞10 000	每 10 000hm² 设置 1 个样地
2 000～10 000	每 2 个图斑至少设置 1 个样地
400～2 000	每 4 个图斑至少设置 1 个样地
100～400	每 8 个图斑至少设置 1 个样地
15～100	每 15 个图斑至少设置 1 个样地
3.75～15	每 20 个图斑至少设置 1 个样地

2. 调查样方设置　样方是能够代表样地信息特征的基本采样单元，用于获取样地的基本信息。由于草地异质性较强，且地形复杂，只有合理、科学的样方数据才能反映调查区草地资源的普遍状况。

（1）样方设置原则：样方设置的位置和数量必须符合生态学和统计学要求，即样方要有一定的重复，而且重复之间不能因为取样而互相产生影响。因此，在一定范围内多重复取样是样方设置的基本原则之一。但是，样方设置是为取样做准备，草地调查的取样工作量大，因此样方设置要兼顾工作效率和人力、物力资源。

此外，样方设置要考虑代表性和随机性。代表性是指样方设置要尽可能选择样地的中心地带，向周围延伸，这样才能保证所采样数据能代表样地信息。同时，为了减少人为取样的误差，在样地按照随机取样的原则进行样方设置。

（2）样方种类：按照样方内植物的高度和株丛幅度分为两类：一类是以植物高度＜80cm 草本或＜50cm 灌木、半灌木为主的中小草本及小半灌木样方；另一类是以植物高度≥80cm 草本或≥50cm 灌木为主的灌木及高大草本植物样方。

依据草地调查目的不同分为固定调查样方和随机调查样方。固定调查样方设置在固定样地中，主要应用在生态工程项目效益监测或定位研究草地生态系统，所设样地一经设置就不能变动，每月、每年的取样工作都在同一样地内实施。随机调查样方是为了反映较大样地的资源情况，减少样方的自相关性，根据统计学要求设置样方。

按照样方的形状划分为方形和圆形两类。方形样方框一般测定植物构成、盖度、产量等，而圆形样方圈一般用来调查植物频度。

（3）样方数量：采用概率取样法时，样方数量随调查设计的取样方法，根据统计要求而定。采用典型取样法时，原则是用较少的样方获得最佳的调查结果，具体的数量确定主要与调查类型的群落特征变异程度，包括群落结构特征、产草量等有关。一般来讲，被调查类型

的群落特征变异不大,尽管类型分布面积比较大,也可少取一些样方。如果类型内部变异较大,样方的数量就应多一些。特别是分布于北方干旱、半干旱地区的一些草地,有时同一类型群落的特征、生产能力在不同地段也相差悬殊,在取样时,不同的变异地段都应有样方,否则难以客观地反映调查区草地的实际情况。一般情况下,一个草地型,用作定性分析的记载样方最少不应少于3个,产草量测定样方以4~6个为宜,群落特征变异较大的类型可适当增加。

总而言之,无论是草本还是小半灌木为主的样地,每个样地测产样方应不少于3个;灌木及高大草本植物为主的样地,每个样地测定1个灌木及高大草本植物大样方和3个中小草本及小半灌木样方。预判草地类型的样地,温性荒漠类和高寒荒漠类草地每6个样地至少测定1组频度样方,其他草地类每3个样地测定1组频度样方,每组频度样方数量不少于30个。

(4)样方面积:样方面积取决于草地群落的种类组成、结构特征和分布的均匀性以及设置样方的目的与工作内容。一般情况下,以草本植物为主的草地的样方面积要小于以灌木植物为主的草地。群落草层低矮、分布均匀的草地,如草甸类样方要小些;反之,如荒漠类草地要大些。用于群落特征分析与记载的样方(群落定性样方),草原类草地一般面积为10m×10m或扩大到10m×20m。在植被稀疏的荒漠和灌丛草地,样方面积可扩大到10m×100m或10m×150m。用于牧草产量测定的样方面积一般均小于定性样方的面积。通常在以草本植物为主的草地,如草甸、草甸草原、草原、荒漠草原,样方的面积一般以1m×1m比较合适。在植被盖度较大、分布比较均匀的草甸,从减少工作量考虑也可用1m×0.5m或0.5m×0.5m的样方。在植被稀疏、分布均匀,以生长半灌木为主的草原化荒漠草地上测产,可用2m×2m的样方。在植被稀疏并以生长灌木为主的荒漠化草原,可采用5m×20m或10m×10m的样方。南方的灌草丛和疏林草丛草地,以及北方一些带有灌丛的草地也宜用大样方。

总而言之,中小草本及小半灌木,宜用1m²的样方,如样方植物中含丛幅较大的小半灌木则用4m²的样方。灌木及高大草本植物,宜用100m²的样方,如灌木及高大草本分布较为均匀或株丛相对较小的则可用50m²和25m²的样方。草本频度调查样方采用0.1m²的圆形样方圈。

二、样地记载与样方测定

在野外样地选定后,首要工作就是对样地进行一般情况和生境特征的描述与记载。然后是对样方植物群落开展调查,并记载群落结构、产草量等。

(一)样地一般情况和生境特征的描述与记载

(1)样地所在的地理位置,如在地形图上的精确地理坐标、行政区划范围与地点、与某重要地物的距离与所在方位等。

(2)调查时间、调查人等。

(3)所用地形图及航摄像片、卫星照片的图幅号。

(4)地形、地貌的一般特征,包括地貌类型、坡向、坡度、海拔等。

(5)土壤及地表的一般特征,包括土壤类型、基质条件与地表状况,如地表有石块、草丘、鼠洞、侵蚀冲沟、深厚的枯草或腐草层等,并说明其数量与特征。

（二）植物群落特征的调查与记载

1. 植物群落的种类登记　植物物种组成是草地群落最基本的特征之一，不同的草地类型具有不同的物种。因此，群落调查首先应从植物物种种类的登记入手。植物种的名称包括中文学名和拉丁学名。野外不能确定植物种时可先记编号，但必须与所采集的植物标本号一致。

2. 草地群落结构与外貌描述　群落的结构与外貌是草地群落的基本特征，是测定记载的主要内容，包括生活型的组成，层片与成层结构、季相、物候期等。

3. 草地群落数量特征的测定　群落数量特征的测定，是确定草地型的重要依据。测定内容通常包括盖度、多度、密度、频度、高度及生物量或产草量。

（三）群落样方测定方法

草地植物按照草原学和植物分类学定义，一般分为草本植物和灌木植物两大类。由于这两类植物的形态学特征各异，采用的调查方法也有所不同。

1. 草本植物群落的调查方法

（1）盖度测定：盖度是指样方内植物群落总体或个体地上部的投影覆盖地表面积与样方面积之比的百分数。它反映植被的茂密程度和植物进行光合作用的面积。盖度也是反映草地水土流失的一项重要指标。根据调查对象和目的不同，盖度又可以分为植被总盖度和植物分种盖度。植被总盖度指植物群落总体的地上部的垂直投影面积与样方面积之比的百分数。植物分种盖度是指植物个体的地上部的投影覆盖地表面积与样方面积之比的百分数。在各种植物很少重叠的草群内，分种盖度之和应等于或略大于总盖度；在各种植物互相重叠很多的草群内，分种盖度之和大于总盖度。

测定方法、取样数量和时间：植被总盖度可以用样方法、样线法、步测法或无人机拍照法进行测定。样方法测定盖度时，样方数量至少大于 5 个。样线法测定盖度时，样线数应大于 6 条。步测法测定盖度时，500 步步长的路线至少大于 3 条。无人机拍照法测定盖度时，应该满足影像盖度处理软件的要求，尽可能覆盖整个样地。测定时间根据调查目的的不同，在牧草生长的各时期均可测定。

（2）高度测定：草本群落高度分为群落高度和分种植物高度。群落高度应根据草地群落垂直结构的成层现象，如灌木层、草本层和地被层，分别测定每个层的不同植物种的高度，然后得出群落分层平均高度。分种植物高度包括营养枝（即枝、叶）和生殖枝（花、果枝）高度。根据调查目的的不同，又可分为自然高度和绝对高度。自然高度是指营养枝或生殖枝叶层或花、果距地面的高度。绝对高度是用手拉伸营养枝或生殖枝的叶片或花、果，然后测量植物伸展后叶片或花、果距地面的高度。

取样数量和测定时间：草本群落高度应该根据调查群落的层片结构，每个层至少测定 3 个以上的样方。分种植物高度测定，每种植物至少测定 10 株以上。注意分种植物高度测定可以在样方内测定，也可以在样方外测定。测定时间根据调查目的，在植物的不同生育时期均可测定。

（3）密度测定：植物密度指单位面积内各个植物种的植株或株丛的数量。草地植物群落密度调查一般指分种植物密度调查。分种植物密度调查可采用样方框内记名记数法测定。一般禾本科丛生牧草应统计丛数，根茎性的只记株数，一年生植物只计个体数。对于以根茎性、密丛型植物为主的草地，可以采用直径 10cm 的根钻在草地打钻取出植物，然后带回实验室分种登记植物株数，然后除以根钻的面积求出单位面积的植物密度。

取样数量和测定时间：对于利用样方框的记名记数法，分种植物密度测定样方数应至少大于 5 个。根钻法取样数量每 100 m² 应大于 30 个。测定时间一般在植物生长盛期，各种植物均可以在样地内发现，这样可以较全面地反映不同植物的密度。

（4）频度测定：植物频度是指群落中某种植物种出现的样方数占整个样方数的百分比，可以反映某种植物在群落中分布的均匀程度。草本群落频度测定一般用样圆法进行，即在调查样地内等距抛样圆，记录每次所抛样圆内植物出现的次数，最后用每次样圆内出现植物的次数之和除以所抛样圆的总次数，即得出分种植物的频度。需要注意的是，在样地内抛样圆不能集中在一片区域，应该兼顾整个样地的情况，样圆所抛之处尽可能覆盖样地。

取样数量和测定时间：频度调查时样圆所抛次数要求 30～50 次。测定时间最好在植物的生长盛期进行。

（5）生物量或产草量测定：生物量和产草量是两个不同的概念。生物量包括地上和地下生物量，它指单位面积的草地在一定时间内植物地上或地下部的质量。而产草量是指单位面积的草地在一定的时期内可为家畜提供可食牧草的数量，也可称为牧草的经济产量。产草量和生物量最主要的区别是对有毒有害植物和地下植物部分是否统计在内。

草地群落中生物量和产草量一般分为群落总生物量或产草量，以及分种生物量或产草量。一般用样方刈割法进行测定，即将样方内的植物地上部全部刈割不分种，在 105℃下烘干至恒重，登记干物质量。也可参考澳大利亚的草地干重排序法（dry matter rank，DWR）进行。干重排序法是估测草地植物地上生物量的一种调查方法，具有快速、取样范围大、样地代表性强等特点。对于地下生物量测定一般用样方法或根钻法进行，即取出样方或根钻内植物地下根系，清洗、烘干后登记其干物质量。分种生物量或产草量测定也用样方法进行。测定方法同群落总生物量或产草量测定方法，只是需注意将每个植物种分开。样方的布置应尽可能照顾到所调查类型分布区内的不同地形部位和草丛的发育状况。例如，在一个山地的坡面上，样方的布置至少要兼顾山顶、山腰、山脚 3 个地形部位；但应注意它们所代表的地段在整个类型分布区内所占比例，不可平均对待。

取样数量和测定时间：利用样方法测定群落或物种的生物量或产草量，样方数量一般至少大于 10 个。干重排序法根据调查区域面积，每公顷估测样方数量不少于 100 个。关于测定时间，一次性测产的测定时间以草地群落中主要牧草进入盛花期时为宜，北方草地一般为 7—8 月，南方热带、亚热带地区通常为 8—9 月。在我国西北地区的荒漠区，干旱荒漠草地夏季常有短时期的休眠，测产时最好能避开这一时期。北方牧区，草地多划分为不同季节利用（季节牧场），如果有条件，应测定不同季节牧场在实际利用时期的产草量，包括利用前和再生草测定，更能反映草地的实际生产性能。

在测定产草量时，要考虑牧草留茬高度。在设置好的样方内，割草时需根据该样地放牧家畜牧食的特性决定留茬高度。对于绵羊、山羊、马和牦牛的放牧地，留茬 2cm；牛的放牧地留茬 4～5cm；割草地留茬 5～7cm。对于高草草地，留茬高度取决于利用的茎秆高度，一般不低于 8cm。对于再生草的留茬高度，放牧地同上，割草地取上限。

2. 灌木植物群落的调查方法

（1）盖度测定：灌木盖度是指灌木树冠的投影盖度。由于灌木较草本植物高大，其测定方法与草本盖度测定方法有所不同。灌木盖度测定时，调查人员一般从调查灌丛中心用测绳向四周辐射拉出 50m 或 100m 的取样线，用钢卷尺量测每种灌木处于取样线下的长度，将每种灌木量测的长度累积求和后除以样线的总长度，即可得出分种灌木的投影盖度。

取样数量和测定时间：用测绳测定灌木盖度，一般从中心点辐射四周的取样线不少于 6 条。测定一般在灌木生长盛期进行。

（2）高度测定：灌木高度分为灌木群落高度和分种灌木高度。灌木群落高度是根据灌木的成层现象，如高大灌木、矮小灌木等，按每个层不同种的灌木分别测定其高度，然后各个层平均得出群落高度。分种灌木高度测定是用钢卷尺从地面测量灌木的最高处，多次重复后计算得出该种灌木的平均高度。对于高于调查人员身高的大型灌木，可用塔尺测量。

取样数量和测定时间：灌木群落高度每个层至少测定 3 个不同的分层。分种灌木要求每种灌木测定数量不少于 10 株。测定在灌木生长盛期进行。

（3）密度测定：灌木密度是指单位面积内灌木的株或丛的数量。首先用测绳以正方形围住一定面积的灌木，根据灌丛稀疏可分为 $10m^2$ 或 $100m^2$，高寒灌丛宜采用 $10m^2$，荒漠灌丛宜采用 $100m^2$。然后计数单位面积内的灌木株数或丛数。对于分布比较稀疏的灌木，以丛数统计为宜。对于分布较密的灌木，以株数统计为宜。

取样数量和测定时间：灌木群落密度每个样地至少测定 3 个以上重复，样地设置尽可能代表样地总体状况。测定在灌木生长盛期进行。

（4）频度测定：灌木频度测定可以通过网格法或样线法进行。网格法是用 100m 的测绳将样地划分为 100 个网格，然后统计纵横两条测绳交叉点灌木种类出现的次数，将同种灌木出现的次数除以网格总数（100 个），得出该种灌木出现的频率。样线法是利用测绳，从样地中心位置向样地一侧拉出，长度可以分为 50m 或 100m，然后统计测绳上每米出现的灌木种类。统计完毕后，将测绳顺时针转 60°，再次统计测绳上每米出现的灌木种类。一个样地共统计 6 条样线下每种灌木出现的总次数，然后除以 6 条样线每米的总样点数，即可得出该种灌木的频度。

取样数量和测定时间：灌木群落频度每个样地网格法至少测定 3 个以上重复，样地设置尽可能代表样地总体状况。样线法至少测定 6 条样线。测定在灌木生长盛期进行。

（5）生物量或产草量测定：灌木丛的生物量或产草量与草本植物类似，要根据调查目的选用不同的测定方法。对于草地资源调查中涉及固碳、总生物量测定等生态学研究的内容，必须测定单位面积的灌木丛生物量时，则通过刈割法齐地面剪去灌木的整个地上部，测定单位面积内的群落或分种灌木鲜重，然后用烘干法测定其干物质量。对于调查草地灌木丛产草量时，则以测定灌木中能被家畜采食的部分为原则，采用标准株法测定其产草量。其步骤是：①在大样方中记载灌木丛的数目，并按大、中、小三类分别统计。②在每类灌木丛中选择 3～5 丛作为标准丛，在这些标准丛上剪取直径 2～3mm 以下的嫩枝；对于羊的放牧地，高度 1.2m 以上的嫩枝因采食不到可以弃去不剪；对于骆驼的放牧地，高度 3m 以上的不剪。剪下的嫩枝叶装袋称重后备用。③根据丛数和每丛的产量推算单位面积的可食嫩枝产量。

样方内灌木丛间的草本植物仍按草本植物调查方法设小样方测定。样方灌木丛和草本植物的密度、盖度、高度、总产量等按照各自调查的结果最后综合统计。

人工饲草料地调查

人工饲草料地是采用综合农业技术措施栽培建植的人工草地群落，是现代化畜牧业生产体系中的一个关键组成部分。其目的是获得优质高产的牧草，以补充天然草地的不足，部分满足家畜的饲料需要。足够的人工饲草料地，对减少家畜因冬、春季饲草料不足而掉膘或死亡损失，增加畜产品产量和提高土地利用率等均有重要意义。

人工饲草料地的面积，是衡量一个国家或地区畜牧业生产力水平和发达程度的重要标志。草牧业发达的国家一般人工饲草料地面积占整个农业用地的50%～90%，新西兰、爱尔兰和波罗的海沿岸各国所占比例更大，可达70%～95%。

第一节　人工饲草料地生产条件调查

一、土地条件调查

（一）地貌、地形条件调查

1. 调查内容　地貌、地形是影响人工饲草料地建植、分布和利用的重要因素与条件，也是直接影响人工饲草料地建设成效的关键。在规划建设人工饲草料地时，首先要对某一地区的地貌、地形进行调查。地貌调查的任务是确定地貌形态特征，结合物质组成和结构等一系列条件，确定地貌成因和形成过程，为寻找地下水和工程建设提供依据。地形调查的任务则是在地貌调查的基础上，确定某一地貌单元的地形种类、海拔、坡向和坡度、坡面与坡位等，为具体规划布局人工饲草料地提供依据。

地貌是指地球表面的各种面貌，由不同的地质条件造就，是各种内外力作用后的结果。地貌因其形成的营力不同，均有其特定的地表特征、演变规律。地貌一般分为流水地貌、岩溶地貌、风蚀地貌、雅丹地貌、冰川地貌、海岸地貌等。每种地貌内又可以分出若干亚种，如流水地貌还可以分为侵蚀地貌、堆积地貌、沉积地貌等。

地形则是地表起伏和地物的总称，是一个区域内的地表形态。根据一个地区的海拔、地面起伏程度、开阔闭塞和地域开放程度等因素，地形一般分为平原、丘陵、山地三大类型。从人工草地规划建设的角度出发，就是通过对某一区域的地貌、地形类型的调查，认识不同的地貌、地形类型在调查区的土地类型形成、利用与开发中的影响。

（1）平原：平原是指地面平坦稍有起伏的开阔地，绝对高度在200m以下，相对高度在10m以内。根据相对高度，平原又可划分为高平原和低平原。高平原特征是海拔1 000m以上，相对高度5～10m，高平原面起伏和缓。平原中常见的地貌类型有河谷阶地、河漫滩、洪积冲积扇、冲积平原。

（2）丘陵：特征是海拔500m以下，相对高度较大，坡度和缓，连绵起伏。

（3）山地：特征是海拔500m以上，相对高度较大，山体高大，排列有序，脉络分明。

地貌、地形条件调查的主要内容包括地貌形态描述、形态测量和照片等。

2. 调查方法 根据人工草地建植规划的要求，搜集有关调查区内的地形图、遥感影像及有关资料，再结合野外观察，对调查区的地形、地貌概况进行分析。

（1）地形图、遥感影像的分析与判读：地形图与遥感影像可间接或直接反映土地类型的表面特征，通过对调查区内一定比例尺的地形图与遥感影像的分析，可区分山地、丘陵、河谷、盆地与平原，以及它们的面积、高度变幅、山体走向等。

（2）实地勘察：借助 GPS、测量仪器对调查区内的地形特征进行实地测定，并描述地形变化的特征。在山区应测出山地的高程及其变化，如坡度、坡长与坡向；在丘陵岗地应测出相对高程差、坡面的长度及坡度，丘间谷地的开阔程度、面积，以及水土流失程度等；河谷地形需弄清楚新、老阶地的分布特点，地下水位的深度以及受河水泛滥的影响；平原地区要注意微域地形的变化。

（二）土壤条件调查

土壤是草地植物着生的载体。良好的土壤条件是确保人工饲草料地高产、稳产的前提。因此，在确定了某一地区人工饲草料地地貌、地形条件后，就要对所选地段的土壤条件进行调查。

1. 调查内容

（1）土壤理化性状调查：土壤物理性状包括土壤的颜色、质地、孔隙、结构、水分和温度等土壤的机械物理性状和电磁性质等，土壤质地和土壤结构决定土壤的通透性能、保水保肥性能以及水肥管理措施。土壤化学性质包括土壤有机质含量、土壤速效养分（氮、磷、钾）含量、pH、盐碱状况与重要的微量元素含量等。

（2）土壤限制性因子调查：调查内容包括土层是否浅薄、漏水漏肥、黏度大、多石砾、干旱等，并根据具体情况采取相应的改良措施。

2. 调查评价方法

（1）资料分析法：通过对搜集调查区的有关资料，如土壤普查报告、图件等的分析，了解土壤的特性。

（2）实地调查：实地调查时，一般在调查范围内按照 Z 形布点或采用挖土壤剖面的方法进行。在挖掘的土壤剖面上，观察记录剖面特征，测定土壤的石灰反应、pH、新生体、侵入体等。同时，采用土壤水分速测仪、温度速测仪、土壤紧实度仪测定土壤瞬时含水量、温度、紧实度。再采用土壤环刀，采集不同深度的土壤样品，带回实验室进行相关指标的化验分析。

（3）土地限制型判定：以上土地条件调查完成后，可以根据表 4-1，对拟选定的人工饲草料地土地限制因素进行判定。土地限制型分为：无限制（0）、积水与排水条件限制（w）、土壤盐碱化限制（s）、有效土层厚度限制（l）、土壤质地限制（m）、基岩裸露限制（b）、地形坡度限制（p）、土壤侵蚀限制（e）、水分限制（r）、温度限制（t）。

表 4-1 土地综合评价指标和等级

（刘秀珍，1998）

土壤侵蚀 （e，%）	分级	e_0	e_1	e_2	e_3	e_4	—
	侵蚀沟占土地面积	0	<10	11~30	30~50	>50	—

（续）

	分级	p₀	p₁	p₂	p₃	p₄	p₅
地形坡度（p,°）	华南、四川盆地-长江中下游区	<3	3～7	8～15（25）	16（26）～25（35）	26（36）～35（45）	>35（45）
	云贵高原、华北-辽南、东北、内蒙古、黄土高原、西北、青藏高原	<3	3～7	8～15	16～25	26～35	>35

	分级	b₀	b₁	b₂	b₃	b₄	
基岩裸露（b,%）	裸岩占土地面积	偶有	<20	21～50	51～70	>70	

	分级	m₁		m₂		m₃	
土壤质地（m）	土壤质地类型	黏土、沙壤土		重黏土、沙土		沙质、砾质	

	分级	l₀	l₁	l₂	l₃	l₄	
有效土层厚度(l,cm)	华南、四川盆地-长江中下游区	>70（100）	70～50（60）	49（59）～20（30）	19（29）～10	<10	
	云贵高原	>60	60～30	29～10	<10	—	
	华北-辽南、东北	>80	80～50	49～30	29～10	<10	
	内蒙古、黄土高原、西北	>180	180～60	59～30	29～10	<10	
	青藏高原	>100	100～50	49～30	29～10	<10	

	分级	s₀	s₁	s₂	s₃		
土壤盐碱化（s）	华南、四川盆地-长江中下游区	无盐碱	盐碱化	盐土	—		
	华北-辽南、东北、黄土高原	无盐碱	轻盐碱化	中度盐碱化	盐土		
	内蒙古、西北、青藏高原	无盐碱或轻盐碱化	中度盐碱化或部分强盐碱化	强度盐碱化或盐土	重盐土，改良困难		

	分级	w₀	w₁	w₂	w₃		
积水与排水条件（w）	类型	无积水或偶有积水，排水条件好	偶有积水或季节性积水，排水条件较好	季节性积水或季节性长期淹没排水条件差	长期积水或长期淹没，排水条件很差		

	分级	r₁	r₂	r₃	r₄		
水分条件（r）	类型	旱作较稳定或有灌溉条件的干旱、半干旱土地，有水源保证的南方水田	灌溉水源保证条件差的干旱、半干旱土地和南方水田	无水源保证、旱作不稳定的干旱、半干旱土地和南方水田	无灌溉水源保证、不能旱作的土地		

	分级	t₀		t₁		t₂	
温度条件（t）	华南、四川盆地-长江中下游区	亚热带作物正常生长		亚热带作物生长受一定影响		亚热带作物生长受严重影响	

（续）

温度条件 （t）	云贵高原	中海拔或高海拔地区 耐寒作物生长稳定	高海拔地区耐寒作物 生长不够稳定	高海拔地区耐寒作物 生长不稳定
	黄土高原、内蒙古、东北、 西北	耐寒作物生长稳定	耐寒作物生长不稳定	耐寒作物生长很不 稳定
	青藏高原	—	$\geqslant 10℃$ 积温 $700 \sim$ $1\,400℃$,耐寒作物生长 稳定	$\geqslant 10℃$积温$<700℃$, 耐寒作物生长很不稳定

再根据表 4-2，对拟选定的土地进行土地适宜性评级，划分出不同等级的拟建人工饲草料地的土地等级，为人工饲草料地建植、草种选择和品种配置提供科学依据。

表 4-2 土地适宜性评级

（刘秀珍，农业自然资源，2006）

等级	坡度 （°）	有效土层 厚度（cm）	障碍土层 厚度（cm）	土壤质地	地面积水	水源	pH	盐碱化	有机质含量 （%）
1	<1	$\geqslant 100$	无	壤	无	有灌溉设施	6.5～7.0	无	$\geqslant 2.0$
2	1～3	75～100	<20	壤偏黏	临时	基本稳定	6.0～7.5	轻度	1.5～2.0
3	3～5	50～75	20～30	偏黏或偏沙	季节	不足、不稳定	7.5～8.5	中度	1.0～1.5
4	5～15	30～50	30～40	黏或沙	每年季节	不稳定	4.5～5.5	强度	<1.0
5	15～25	20～30	40～50	黏或沙	终年	不能旱作	<4.5, >9.5	盐碱	
6	$\geqslant 25$	<20	$\geqslant 50$	含砾> 50%					

二、气候条件调查

人工饲草料地建设必须注意气候条件，按照"生物气候相似"理论，选择适应当地生态气候条件的饲草料品种种植，才可能达到预期的目的。我国幅员辽阔，气候类型多样，生态环境不同，因此影响人工饲草料地建设的气候因子也各异。一般来说，在饲草料生产过程的诸多气候因素中水、热条件是影响饲草料生产的关键因素。

（一）水、热条件调查

水、热条件是指某地区的水分与热量（气温、积温）的多寡、时空分布。对于饲草料植物的有效生长而言，水、热条件对其有直接影响，且是必要条件之一。降水的时空分布，尤其是不同月份差异性变化，对饲草料植物生长环境影响较大。这种变化的影响在牧草不同生长时期同样也表现出较大的差异性，如牧草返青期，对水分的需求量比较大，如果这一需求量得不到满足，势必会严重影响其生长，导致因干旱而提前成熟，得不到应有的生长态势。同理，随着牧草的生长，其长势的增高必然会导致相应的热量需求增加，如果在该时期热量难以满足需求，必然也会阻碍其有序生长。有研究表明，在牧草生长的返青期，其积温应该从$\geqslant 5℃$算起，随着温度的升高，牧草的生长效果越来越明显；而在牧草生育期内，其积温在0℃以上，随着温度的升高，牧草也会表现出越来越明显的生长态势，并且温度的提升还能有效缩短牧草的生育期。因此，在建立人工饲草料地时，必须详细调查当地的气候条件，如年均降水量、年均气温、最高温、最低温、年积温等。通过对气候条件的调查，能更好地做出规划，如选择较适宜的饲草料品种、确定是否需要采取灌溉措施等。

（1）水分条件：

①降水：包括年、月平均降水量，最高、最低年、月降水量，月、日最大降水量，各月降水天数，最大连续降水量与天数，暴雨强度和持续时间。

②积雪：包括稳定雪层起止时期和天数，平均积雪厚度、最大积雪厚度及出现月份。

③湿度：包括月平均相对湿度，最大、最小绝对湿度。

④蒸发量：主要包括年、月平均蒸发量。

（2）热量条件：

①气温：年、月平均气温，年、月平均最高、最低气温和出现期，年内绝对最高、最低气温和出现期。

②积温：积温具有重要的农学意义，$\geqslant 0℃$、$5℃$、$10℃$年积温指标比年平均气温指标更为可靠。

③地温：土层深度为5cm、10cm、20cm的年、月平均地温及最高、最低地温和出现期。

④霜期：包括初霜期，终霜期，无霜期。

⑤土冻期：包括始冻期，解冻期，冻土层厚度。

（3）光能条件：主要调查年、月日照时数，年、月太阳辐射总量，晴天和阴天出现的概率。

（4）风能条件：主要调查主风和害风方向，月风向，月平均风速，最大风速和出现期。

（二）极端气候和灾害性天气调查

近年来，极端气候事件频率、强度和持续时间的增加是全球气候变化的重要特征之一，对陆地生态系统服务功能和人类社会生产生活造成严重影响，是人类面临的最严峻挑战之一。准确理解和评估极端气候事件对人工饲草料地生产的影响，为人工饲草料地建植和草品种选择应对极端气候做出判断。在气候条件调查中，要特别注意对极端气候和灾害性气候如干旱和洪涝、极端降水、极端高温、极端低温、寒流、大风、冰雹、霜冻等的了解，包括发生时期与频率、危害程度、防御的可能性以及历史状况等，调查内容如下。

1. 冷害　冷害是指在作物生长季节内，由于温度下降到低于作物当时所处的生长发育阶段的下限温度时，作物生理活动受到障碍，严重时作物某些组织受到危害而最终导致严重减产。冷害对不同作物、品种、生育时期的危害是不同的。一般来说，饲草料作物较粮食作物对冷害的抵御能力强。

根据冷害对作物危害的时间不同，分为：①延迟型冷害，是指作物营养生长期在较长时间内遭受低温危害，使作物生育期延迟，不能正常成熟而导致减产。②障碍型冷害，是指作物在生殖生长期内遭受短时间异常的低温，使作物生殖器官的生理机制受到破坏而减产。

③混合型冷害，是指作物在生育初期遭遇低温延迟生育和抽穗（抽枝），到孕穗期又遭遇低温危害，使部分颖花不育发生空壳秕粒，而造成作物减产。

2. 霜冻　霜冻是指在作物生长时期内，土壤表面、植物表面以及近地面空气的温度迅速降到足以引起作物遭受损伤或死亡的短时间低温冷害（通常在 0℃ 或 0℃ 以下）。霜冻分为秋霜冻和春霜冻两种。从农业生产角度讲，霜冻预报一般以最低气温为指标，分成 ≤ −2℃、≤ 0℃、≤ 2℃。

3. 干旱　干旱是指在农业技术水平不高的条件下，长期降水偏少，造成空气干燥、土壤缺水，使作物体内水分发生亏缺，影响正常生长发育而减产。根据成因，干旱分为：①土壤干旱，是指由于土壤水分亏缺，作物根系难以从土壤中吸收足够的水分补偿蒸腾的消耗，从而引起作物体内水分平衡失调的现象。②大气干旱，是指由于大气高温、低湿并具有一定的风力，作物的蒸腾作用加剧，根系吸收的水分不能满足蒸腾水分的消耗，引起作物体内水分平衡失调而造成作物光合强度降低或灌浆过程受阻的现象。③生理干旱，是指在土壤中的水分不亏缺时，土温过低或过高、土壤通气状况不良或氧气不足、土壤溶液的盐分浓度过高、土壤过湿、施肥过多等多种原因，使土壤环境因素不利或农业技术措施不当而引起的作物体内水分平衡失调的现象。干旱是我国草业生产中危害最为严重的灾害之一，尤其是在北方的干旱、半干旱地区，其发生范围广、发生频率高，是造成人工饲草料地减产歉收的主要原因之一。

4. 洪涝　洪涝是指降水时间过长或过于集中对作物造成的危害。洪涝一般分为：①洪水，由大雨、暴雨引起的山洪暴发、河水泛滥，淹没农田、毁坏农舍和农业设施的灾害。②涝害，雨量过大或过于集中，造成农田积水而使作物受害。③湿害，由于连阴雨时间过长或洪水、涝害过后排水不良，土壤水分长期处于饱和状态，作物根系因缺氧而受害严重。洪涝灾害在我国草业生产中主要发生在南方和东部，主要是牧草收获季节严重影响干草品质。

5. 干热风　干热风又称干旱风、火风，是指引起作物大量蒸腾的综合气象（高温、低湿、较大风速的旱风）现象。一般分为：①高温低湿型，其特点是气温高、干旱，地面吹偏南风或西南风，使禾本科牧草籽实炸芒、枯熟、秕粒，多发生在北方。②雨后枯熟型，其特点是雨后转晴高温，使禾本科牧草发生青枯或枯熟，多发生在华北和西北的甘肃、宁夏等地。③旱风型，其特点是空气湿度低、风速大，但气温不一定高于 30℃（这是与前两种类型干热风的主要区别）。干燥的大风加强了大气干旱，经常发生在黄土高原多风地区和黄淮平原的苏北、皖北等地。

6. 冰雹　冰雹是从发展强盛的高大积雨云中降落到地面的冰块或冰球。在不同的条件下产生的冰雹的直径、质量和降落速度不同，直径在 60mm 以上、质量在 100g 以上、降落速度达 30～60m/s 的冰雹能造成不同程度的危害。

（三）调查方法

上述气候资料的获取，可以到当地气象部门收集有关降水量、气温等数据，也可以登录国家气象科学数据中心（http：//data.cma.cn/）下载有关数据。当建植的人工饲草料地面积较大时，也可以设置便携式气象工作站，监测记录区域尺度的气象数据，以更好地掌握某一区域详细的气象数据。

三、水资源调查

调查某一地区内可利用的地表水包括河流、山溪、湖泊、水库、水塘、泉水等，地下水是指储藏在地面以下岩石或土层中的水。调查内容主要有水源的数量、质量，补给与时空分布，静储量、动储量以及可开采量和埋藏深度；开发利用的现状包括农、林、牧水源的供需关系与主要矛盾，开发利用途径、条件与潜力，为人工饲草料地建设设计提供依据。水资源调查可通过查阅当地水文年鉴，一般需要计算多年平均值及不同频率的径流量，并分析年内分配与多年变化规律。在缺乏水文资料的地区，可以用浮标法现场测定；对湖泊、水库的储水量，可向水利管理部门了解；对泉的涌水量，可以用量水堰实测。

四、种植饲草料品种调查

我国地域广袤，环境条件差异大，不同区域形成了各具特色的饲草料作物资源。对某一区域栽培的饲草料作物进行调查，对现有草地的管理、再建草地作物种类的选择均有重要的意义。

饲草料作物的调查主要是了解其是否适应当地气候条件和栽培条件，是否符合建植人工饲草料地的目的和要求，是否能够达到优质高产。

（一）种类（品种）调查

种类调查包括中文学名、拉丁学名、别名调查。我国虽然已基本完成了栽培牧草品种资源收集与整理工作，但是基础信息还较薄弱，有些品种的名称比较混乱，同名异物、同物异名的情况经常遇到，品种别名也较多。因此，在调查中对每个品种名称必须经过严格的科学考证。

（二）产地与引种时间调查

产地与引种时间调查主要调查品种的来源，所种植的种类（品种）是引种的当地野生种类还是外来品种，产地何处；何时引种以及在当地已种植的年限。

（三）品种适应性与生产性能调查

饲草料作物品种适应性与生产性能调查主要从以下几方面进行。

1. 品种的特征、特性调查　要查明每种（品种）饲草料作物的寿命类型、生态类型和生活型，株丛和枝条形成类型，利用年限，对水、土、光、热的要求与适应，抗逆能力（耐旱性、耐寒性、耐盐性）及在当地越冬情况，抗病、虫害能力等；生长发育情况，如出苗、分蘖分枝能力、返青时间、生长速度、割草或放牧次数、再生性能、物候节律、结实情况等。

2. 产量调查　调查饲草料作物的草产量和种子产量。草产量的测定应以标准干草（14%含水率）为准，放牧利用的应测定其再生草，割草利用的要测定每茬草的收获量。同时，测定每种牧草的茎叶比。

3. 饲用品质调查　主要调查饲草料作物的适口性、营养成分和消化率。

五、生产设施调查

(一) 水利、水电设施建设调查

在我国干旱、半干旱地区，人工饲草料地建设中水是最重要的制约因素。因此，进行水利设施建设是非常必要的，即使在湿润地区，也有必要设计补充灌溉系统，以弥补歉水季节牧草生长所需水分的不足。有资料表明，人工饲草料地的灌溉可使饲草料产量提高 3～10 倍，甚至更高。因此，建立完善的灌溉系统是建植高效益、集约化人工饲草料地的核心内容之一。主要调查内容如下。

1. 水利水电工程调查 目前，我国水利水电工程分为 3 类：①大型水利水电工程；②中型水利水电工程；③小型水利水电工程。对于建植人工饲草料地来说，发挥作用大的主要是中、小型水利水电工程。主要调查它们的蓄水量（m³）、排灌泵站装机总容量（kW）和灌区灌溉面积（hm²）。

2. 水利配套工程调查 人工饲草料地建设的水利配套工程主要包括井灌配套工程、河灌配套工程、引洪蓄水灌溉配套工程、集水储水配套工程等。主要调查水利配套工程选址与布局是否合理，兴修的蓄水池、小型水库、引洪渠道等的蓄水量、可控制的灌溉面积，不同地下水位筒井、大口井、机井的出水量、可控制的灌溉面积，渠系配套系统，主渠道是否有防渗设施，是否推广采用了各种节水技术措施，如渠道防渗、低压管道、软管输水、地埋管输水等。

3. 灌溉方式调查 目前，人工饲草料地的灌溉系统有地面灌、喷灌、滴灌等多种方式。喷灌又有固定式、移动式和自动式 3 种类型。其中，固定式喷灌系统由埋藏在地下、遍布整个饲草料地、依喷水半径确定出水口间距的许多喷头组成，适于面积不大的饲草料地；移动式喷灌系统由一组或多组可移动的地面软管附带许多间距一定的喷头组成，控制较大面积，适于各种类型的饲草料地，投资相对较少；自动式喷灌系统由固定式和移动式结合组成，电脑自动控制灌溉时间、喷灌次数、灌水量，是目前最先进的喷灌系统，但投资相对大。根据不同地区的条件，主要调查当地采取何种灌溉方式，不同灌溉方式控制的灌溉面积，每种饲草料作物灌溉定额，不同灌溉方式下灌水量、灌水次数、灌溉时期。

(二) 道路建设调查

在农牧区，道路是连接农牧民居住点、放牧区、人工饲草料地的通道，主要供饲草料地种植、收获、管理时机械的通行，同时也是运输物资和草产品的通道。具体的调查内容有境内各种道路建设现状，道路等级、宽度、路面状况，目前道路在生产中发挥的作用，需要新建道路数量和质量要求等。

(三) 草地围栏建设调查

草地围栏是人工饲草料地建设的主要内容之一，是保障人工饲草料地建设成功和可持续利用的重要措施。具体的调查内容有围栏设施的地点、围栏面积与长度、围栏的种类与造价、围栏的利用现状等。

六、机械化程度调查

机械化是衡量一个国家科学技术和生产力发展水平的重要标志。农业机械化是指运用先进适用的农业机械装备,改善农业生产经营条件,不断提高农业生产技术水平和经济效益、生态效益的过程。在草业生产中最大限度地使用各种机械代替手工生产,使全部或主要生产过程依靠机械,减轻饲草料生产过程中的劳动强度,提高农业劳动生产率,增强克服自然灾害的能力,是草业现代化的基本内容之一。

(一)机械装备的数量、结构与动力配置

根据人工饲草料生产的特点,草地生产机械化可分为播种和田间管理机械化、收获机械化、加工机械化等。

1. 播种和田间管理机械化　饲草料生产中使用的播种农机具主要有铧犁、无壁犁、齿形犁、旋耕机、圆盘耙、镇压器、中耕机、种子清选机、种子包衣机、拌种机、牧草专用播种机或适宜的谷物播种机等。田间管理使用的机具主要有喷粉机、喷雾机、追肥机、牧草中耕松土补播机等。

2. 收获机械化　饲草料生产中使用的收获和加工农机具主要有割草机、搂草机、捆草机、压捆机、秸秆揉丝机、铡草机、草粉机、草饼机、颗粒机、饲料粉碎机、大型自走式青贮饲料收获机、草籽采集机或联合收割机等。

3. 加工机械化　饲草料加工生产中使用的农机具主要有粉碎、输送、配料、搅拌、制粒、包装等机械。目前,国内外有许多企业生产专业饲草料加工机械,品种、型号较多。

机械设备调查内容主要包括数量、型号、功率与配套、保修;机械化水平;存在问题;根据生产发展需要,在加强机械化装备方面的要求。

(二)机械管理方式与利用效率

随着农业机械化程度的提高和国家对农业机械购置的政策性扶持与补贴,用于农业机械的数量、种类、功率逐年在提升,一些中小型机械逐渐被淘汰,大型化、高功率、专业化的机械越来越受到人们的青睐。随之在机械的管理方式上,也由以往的农牧户分散管理逐步向专业户和专业协会方向发展,形成一些大型机械集中管理和对外服务,有效提高了机械的利用效率、专业服务的能力和降低了动力与能源的浪费,是未来农业机械化发展方向与趋势。因此,在对草地机械化程度的调查中,要注意对机械管理方式与利用效率进行调查,以便因势利导地指导机械化发展。

第二节　人工饲草料地建设与利用调查

一、类型与建设规模调查

(一)饲草料地类型与结构调查

根据牧草的生物学特性、利用目的、建植方式、建设结构等,人工饲草料地划分为以下类型。

1. 饲草料地类型

(1) 根据热量带划分：

①温带人工饲草料地：指在温带地区建植的人工饲草料地。≥10℃年积温 1 600～3 400℃，牧草生长期 100～170d。主要分布在东北、内蒙古大部、河西走廊及北疆地区，是我国天然草地主要分布区，孕育着丰富的牧草种质资源，是发展人工饲草料地的重要基础。

②暖温带人工饲草料地：指在暖温带地区建植的人工饲草料地。≥10℃年积温 3 400～4 500℃，牧草生长期 170～218d。主要分布在关中、华北等黄河流域一带的平原及毗邻丘陵地区，农区具有发展草田轮作草地、山区具有发展草山草坡畜牧业优势。

③寒温带人工饲草料地：寒温带是温带和寒带的过渡气候带，冬季漫长寒冷，极端最低温度≤-35℃，≥10℃年积温<1 600℃，牧草生长期<100d。主要分布在黑龙江北部、内蒙古东北部以及新疆阿勒泰北部，适宜喜冷和耐寒的禾本科牧草生长。

④亚热带人工饲草料地：指在北热带和中热带地区建植的人工饲草料地。≥10℃年积温 4 500～5 500℃，牧草生长期 365d。主要分布在江苏、江西、安徽、浙江、湖南、湖北、云南、贵州等长江中下游一带的多山地区，具有发展草牧业优势。

⑤热带人工饲草料地：指在南热带地区建植的人工饲草料地。≥10℃年积温 5 500℃以上，牧草生长期 365d。主要分布在广东、广西、福建、台湾、海南等省份，适宜栽培热带牧草。

(2) 根据利用年限划分：

①季节人工饲草料地：由速生的一年生或短年生草类建成，仅利用一个生长季或生长季中的某一段时间，多用于零散闲地或在农田中套作和复种。

②短期人工饲草料地：由生长较快的二年生或多年生牧草建成，利用年限 2～3 年，常用于草田轮作或饲料轮作中。这类饲草料地除生产饲草外，尚有养地作用。

③中期人工饲草料地：由生长期长的多年生牧草建成，利用年限 4～7 年。主要作为割草基地，以生产优质、高产饲草为目标。

④长期人工饲草料地：由长寿命的多年生牧草建成，利用年限 8～10 年或更长。常用于建立干草生产基地。在地广人稀的牧区，应以建立长期人工饲草料地为主。

⑤永久人工饲草料地：由自身繁衍能力强的牧草建成。在风蚀、水蚀、沙化严重的地区，应以建立永久人工饲草料地为主。

(3) 根据建植方式划分：

①单播人工饲草料地：指在同一块土地上由一种草种（或品种）建植的草地。单播人工饲草料地又分为：豆科单播草地，如一年生的箭筈豌豆草地、二年生的草木樨草地、多年生的紫花苜蓿草地；禾本科单播草地，如一年生的多花黑麦草草地、多年生的黑麦草草地。

②混播人工饲草料地：指在同一块土地上播种两种或两种以上草种（或品种）建植的草地。2～3 种草种（或品种）混播为简单混播，4 种以上的混播为复杂混播。混播草地一般由豆科牧草和禾本科牧草混合组成。

(4) 根据复合生产结构划分：

①粮草型人工饲草料地：由牧草或饲料作物与粮食作物间作、套作，形成二元或三元种植结构型的草地，即草田轮作。其特点是粮食作物和牧草或饲料作物在时间上的结合，如年内的复种形式和年际的轮种形式。又可以细分为：①轮作草地：在作物轮作中建植利用年限

2～4 年的短期草地，主要是养地肥田。②绿肥草地：在农田中专门建植用于肥田的草地，多选用速生的豆科牧草。③填闲草地：在农区或半农半牧区，农牧民在房前屋后、田埂路旁、零散闲地建植的用以发展家庭养殖的草地。

②林草型人工饲草料地：在林带、林网空地中间种植牧草或饲料作物，形成林网化的人工饲草料地。其特点是林木和草地在空间上的结合，既可以是在林中进行择伐或间伐后，改善地面光照条件播种建立人工饲草料地，也可以是在耕作后的土地上，按一定间距带状或块状播种牧草和种植林木建立的复合人工植被。

③灌草型人工饲草料地：牧草或饲料作物和灌木隔带种植，形成草、灌结合的人工饲草料地。适合在风蚀沙化和干旱严重地区建植。

④果草型人工饲草料地：在果园的空地中间种植高产优质的牧草或饲料作物，是现代复合农业的一种重要形式。果草型人工饲草料地以栽培耐阴的豆科牧草为主，也可以有一定的禾本科牧草。

（5）根据利用目的和方式划分：

①割草型人工饲草料地：作为割草利用的人工饲草料地，利用年限一般 4～7 年，甚至更长。选择发育一致的中等寿命的上繁豆科和禾本科牧草，如豆科的紫花苜蓿、沙打旺、红三叶、红豆草等，禾本科的黑麦草、羊草、披碱草、鸭茅、无芒雀麦等。

②放牧型人工饲草料地：作为放牧利用的人工饲草料地，以种植下繁草为主，利用年限可达 7 年以上。选择长寿命的下繁禾本科和豆科牧草，如禾本科的早熟禾、苇状羊茅、冰草等，豆科的白三叶等。

③割草放牧兼用型人工饲草料地：割草和放牧混合利用，利用年限 4～7 年或以上。除采用中等寿命和二年生上繁草外，还包括长寿命放牧型下繁草。

④种子生产田：生产和收获种子的人工饲草料地。这类人工饲草料地的种植密度要低于割草型人工饲草料地和放牧型人工饲草料地。

⑤饲料地：为养殖场和大型奶牛场建立的集约化、专业化的饲草料生产地。主要生产青饲料、青贮原料和精饲料。主要种植各类饲料作物，如玉米、燕麦、甜菜、胡萝卜、大豆、高粱、马铃薯等。

2. 饲草料地结构调查　鉴于各类人工饲草料地分布的面积远小于天然草地，因而其调查方法也有别于天然草地调查，可以借鉴农田的调查方法进行。具体调查内容与方法如下。

（1）确定人工饲草料地属性：目前，我国人工饲草料地属性主要有：①牧区开发建植的人工饲草料地；②在基本农田中建植的以生产饲料玉米、青贮玉米为主的人工饲草料地；③牧民定居区建植的饲草料地；④企业或个人承包建植的饲草料地；⑤新开发土地建植的专用饲草料地等。首先要调查清楚各类人工饲草料地的属性，明晰人工饲草料地的土地权属。

（2）调查人工饲草料地位置、分布范围：在明确人工饲草料地属性的基础上，对现有人工饲草料地及有可能开发为人工饲草料地的位置、范围、四周界线、使用情况进行实地核定、调查和勘察丈量，现场标定人工饲草料地四周界线坐标，绘制人工饲草料地分布图，调查人工饲草料地用途，填写人工饲草料地调查表。

（3）调查人工饲草料地类型与利用方式：参照上述人工饲草料地划分类型，根据当地实际情况，调查确定各类人工饲草料地类型、利用方式。

（4）调查各类人工饲草料地生产水平：主要调查各种饲草料作物的种类、种植比例，饲草料作物单产和总产，土地生产率，劳动生产率，科技贡献率，水土平衡情况，基本建设现状，采用农业技术措施的效果，饲草料生产收入、支出盈亏等情况。

（5）登记造册：在查清以上内容的基础上，逐级统计汇总人工饲草料地的属性单位、种类、利用类型、分布等状况，并登记造册，录入计算机，建立人工饲草料地专题数据库。

（二）饲草料地面积调查

准确测算饲草料地面积是计算人工饲草料地生产能力、优化饲草料作物配比、合理规划土地资源的基础。相对于天然草地，人工饲草料地面积测算工作量较小、简单，但精度要求较高。

传统的调查方法是采用水平仪实地测量。随着科学技术的发展，全站仪、GPS、农田面积测量仪等仪器设备在土地资源调查方面已经普遍使用。同时，由于人工饲草料地面积相对较小，在遥感信息源的使用上要求的分辨率更高，如有可能，最好采用分辨率为 1m 或 2m 的卫星遥感数据或影像。

根据《全国第三次土地调查技术规程》的要求，结合人工饲草料地的实际情况，面积测算最好选择在 1∶2.5 万或 1∶1 万的地形图上进行，也可在 1∶5 000 或 1∶2 000 的实测底图上进行。这些地形图的高程系统采用 1985 国家高程基准，平面坐标系统采用 2000 国家大地坐标系（China Geodetic Coordinate System 2000，CGCS2000），投影为高斯-克吕格投影（Gaüss-Krüger projection）。

根据上述人工饲草料地某一类型的划分，逐一调查测算每块草地面积，并登记造册。具体计算方法参考本书草地面积量算的相关内容。

二、饲草料地生产水平调查

（一）饲草料作物产量调查

利用饲草料作物的高生产性能是建植人工饲草料地的主要目的，也是评价其经济价值的主要指标。饲草料作物产量是反映其高产性能的主要指标。因此，饲草料作物产量是饲草料作物经济价值和推广价值的主要依据。

饲草料作物产量包括生物学产量和经济产量。生物学产量是饲草料作物生长期间生产和积累的有机物的总量，即植物整株（不含根系）总干物质的收获量。在组成个体的全部干物质中，有机物质占 90%～95%，矿物质占 5%～10%，可见有机物质的生产和积累是形成产量的物质基础。经济产量是生物学产量的一部分，指种植目的所需要的产品收获量。经济产量的形成以生物学产量为物质基础，没有高的生物学产量，也就不可能有高的经济产量。但是，有了高的生物学产量，究竟能获得多少经济产量还需要考虑生物学产量转化为经济产量的效率。

人工饲草料地的草产量有 3 种表达形式：①平均产量，是在饲草料地利用的成熟时期测定的第 1 次产量；当饲草生长到可以再次利用的高度时，测定的产量为再生草产量。根据饲草种类的不同，再生草可以测定 1 次、2 次乃至多次，各次产量之和就是全年平均产量。②实际产量（利用前产量），即早于或晚于平均产量测定时的产量。第 1 次测定后每次刈割或放牧时重复测定产量，各次测定的产量之和就是全年实际产量。③动态产量，在不同时期测定的一组饲草产量。动态产量主要针对多年生人工饲草料地而言，是按照设计不同的生长发育时期或不同的间隔时期，如每隔 10d、15d、30d、90d 建立系列测产样方测定的一组饲草产量。其目的主要是了解多年生人工饲草料地饲草产量随时间的变化和比较分析不同时期的利用对人工饲草料地产量和品质的影响。

人工饲草料地饲草产量调查内容主要有：①一年生人工饲草料地。对于收获青干草的，调查当年秋季产量，如若有再生草的，则需要调查再生草的刈割次数及每次的产量；对于收获籽实的，调查籽实产量、秸秆收获量及秸秆利用状况；对于收获青贮的，调查青贮饲料产量及青贮饲料的加工状况。②多年生人工饲草料地。对于单播人工饲草料地，调查当年产量，如若有再生草的，则需要调查再生草的刈割次数及每次的产量；对于混播人工饲草料地，除了调查各次产量外，还需要调查混播各种饲草的产量及比例。③对于种子田，调查不同饲草种类种子产量。除此之外，现场还需要调查饲草生长高度，包括草层高度、自然高度、生殖枝高度；饲草生长速度，包括再生速度、再生频率、再生强度；室内还要进行茎叶比、鲜干比等的测定。

人工饲草料地饲草产量可用鲜草、干草、干物质或有机物质等指标表示。具体调查方法可以参考相关书籍。

（二）饲草料作物质量调查

人工饲草料地饲草料作物质量调查包含干草质量、干草粉质量、青贮饲料品质和半干青贮饲料品质调查 4 个方面。

1. 干草质量调查 干草品质取决于干草的营养成分和家畜的消化率。一般认为，干草品质应根据消化率和营养成分含量来评定，其中粗蛋白质、中性洗涤纤维、酸性洗涤纤维是评定青干草品质的重要指标。优质干草应含有家畜所需的各种营养物质和具备较高的消化率与适口性，即单位质量干草应含有较多的饲料单位、可消化蛋白质、丰富的矿物质以及适量的维生素。干草的化学成分分析包括水分、干物质、粗蛋白质、粗脂肪、粗纤维、无氮浸出物、粗灰分及维生素、矿物质含量的测定，各种成分消化率的测定以及可能发生的有毒有害物质测定。

生产实践中，常以干草的植物学组成、收获时的生育时期、叶量和杂草比例、颜色和气味、水分含量等外观特征评定干草的饲用价值。主要依据以下 5 个方面对干草质量进行调查。

（1）颜色气味：优质干草颜色呈绿色，绿色越深，其营养物质的损失就越小，所含可溶性营养物质、胡萝卜素及其他维生素越多，品质越好。适时刈割的干草都具有浓郁的芳香味，这种气味能刺激家畜的食欲，增加适口性。如果牧草常有霉味或焦灼的气味，说明其品质不佳（表 4-3）。

表 4-3 干草颜色感官判断标准
（董宽虎等，饲草生产学，2003）

等级	颜色	养分保存	饲用价值	分析与说明
优良	鲜绿	完好	优	刈割适时，调制得当，保存完好
良好	淡绿	损失小	良	调制储存基本合理，无雨淋、霉变
次等	黄褐	损失严重	差	刈割晚，受雨淋，高温发酵
劣等	暗褐	霉变	不宜饲用	调制、储存均不合理

（2）叶量：干草中叶片含量越多，品质越好。干草叶片中所含的矿物质、蛋白质比茎秆

中多 1～1.5 倍，胡萝卜素多 10～15 倍，纤维素少 1/2～2/3，消化率高 40％。调查时取一束干草看叶量，也可带回实验室测定茎叶比。一般禾本科干草叶片不易脱落，而豆科干草叶片极易脱落，降低了其品质。

(3) 牧草形态与植物学组成：初花期刈割的干草中花蕾、未结实花序枝条较多，叶量丰富，茎秆质地柔软，品质佳；若刈割过迟，牧草中叶量少，带有成熟或未成熟种子的枝条多，茎秆坚硬，适口性、消化率都下降，品质变劣。干草中杂草数量越少，品质越好；否则品质较差。

(4) 含水量：干草的含水量应为 15％～18％或以下，如含水量达 20％以上时则极易引起干草腐败变质。

(5) 病虫害感染情况：被病虫害侵害过的牧草调制的干草营养价值低，且不利于家畜健康。调查时抓一束干草，观察叶片、穗上是否有病斑出现，是否带有黑色粉末等。如果发现干草带有病症，不能饲喂家畜。

综上所述，适时刈割的干草一般颜色青绿，气味芳香，叶量丰富，茎秆质地柔软，营养成分含量高，消化率高。具体调查完成后，可以参照以下标准对干草评价打分。

我国对禾本科干草质量分级主要依据粗蛋白质和水分含量（表 4-4）以及外部感官性状划分。对外部感官性状的要求是：①特级，抽穗前刈割，色泽呈鲜绿色或绿色，有浓郁的干草香味，无杂物和霉变，杂草含量不超过 1％。②一级，抽穗前刈割，色泽呈绿色，有干草香味，无杂物和霉变，杂草含量不超过 2％。③二级，抽穗初期或抽穗期刈割，色泽呈绿色或浅绿色，有干草香味，无杂物和霉变，杂草含量不超过 5％。④三级，结实期刈割，茎粗，淡绿色或浅黄色，无杂物和霉变，杂草含量不超过 8％。同时，规定干草中不得含有对家畜有毒有害草；若加入抗氧化剂、防霉剂时需要进行说明。

表 4-4 禾本科牧草干草质量分级标准

［《禾本科牧草干草质量分级》（NY/T 728--2003）］

质量指标	等级			
	特级	一级	二级	三级
粗蛋白质（％）	≥11.0	≥9.0	≥7.0	≥5.0
水分（％）	≤14.0	≤14.0	≤14.0	≤14.0

我国对豆科干草质量分级主要依据感官、物理性状以及化学成分划分（表 4-5）。对外部感官质量评价方法规定：①气味，常态下贴近鼻尖闻气味。②色泽，自然光下事物最清楚的距离内目测。③收获期，现蕾期是牧草出现花蕾，但没有开花；开花期是 10％牧草开始开花；结实初期是 10％牧草开始结实；结实期是 50％以上牧草进入结实阶段。同时，规定若加入添加剂时，需要说明添加剂名称、数量等。

表 4-5 豆科牧草干草质量感官、物理和化学指标及分级

［《豆科牧草干草质量分级》（NY/T 1574—2007）］

指标		等级			
		特级	一级	二级	三级
感官、物理指标	色泽	草绿	灰绿	黄绿	黄

（续）

指标		等级			
		特级	一级	二级	三级
感官、物理指标	气味	芳香味	草味	淡草味	无味
	收获期	现蕾期	开花期	结实初期	结实期
	叶量（%）	50~60	49~30	29~20	19~6
	杂草含量（%）	<3.0	<5.0	<8.0	<12.0
	含水量（%）	15~16	17~18	19~20	21~22
	异物含量（%）	0	<0.2	<0.4	<0.6
化学指标	粗蛋白质含量（%）	>19.0	>17.0	>14.0	>11.0
	中性洗涤纤维含量（%）	<40.0	<46.0	<53.0	<60.0
	酸性洗涤纤维含量（%）	<31.0	<35.0	<40.0	<42.0
	粗灰分含量（%）	<12.5	<12.5	<12.5	<12.5
	β-胡萝卜素含量（mg/kg）	≥100.0	≥80.0	≥50.0	≥50.0

2. 干草粉质量调查　干草粉生产在我国尚处于起步阶段，但随着现代畜牧业的发展，我国草粉生产发展速度很快。严格意义上说，干草粉生产属于工厂化生产。

干草粉质量调查主要从感官性状、营养成分和生产现状进行。

（1）感官性状：①形状，粉状、颗粒状等。②色泽，暗绿色、绿色或淡绿色。③气味，具有草香味，无变质、结块、发霉及异味。④杂物，不允许含有有毒有害物质，不得混入其他物质（如沙石、铁屑、塑料废品、毛团等杂物）。同时，规定若加入氧化剂、防霉剂时，需要说明添加剂名称与剂量。

（2）营养成分：主要调查含水量、粗蛋白质含量、粗纤维含量、粗脂肪含量、粗灰分含量、胡萝卜素含量并划分等级。其中，含水量一般为8%~10%，在我国北方雨季和南方不得超过13%。

（3）生产现状：主要调查加工设备、加工能力、产品销售价格等。

我国对苜蓿干草粉质量感官性状评价具体按照表4-6划分等级。

表 4-6　苜蓿干草粉质量标准

［《苜蓿干草粉质量分级》（NY/T 140—2002）］

质量指标	等级			
	特级	一级	二级	三级
粗蛋白质含量（%）	≥19.0	≥18.0	≥16.0	≥14.0
粗纤维含量（%）	<22.0	<23.0	<28.0	<32.0
粗灰分含量（%）	<10.0	<10.0	<10.0	<11.0
胡萝卜素含量（mg/kg）	≥130.0	≥130.0	≥100.0	≥60.0

我国对白三叶干草粉质量感官性状评价具体按照表 4-7 划分等级。

表 4-7　白三叶干草粉质量标准

[《饲料用白三叶草粉》（NY/T 141—1989）]

质量指标	等级		
	一级	二级	三级
粗蛋白质含量（%）	≥22.0	≥17.0	≥14.0
粗纤维含量（%）	<17.0	<20.0	<23.0
粗灰分含量（%）	<11.0	<11.0	<11.0

3. 青贮饲料品质调查　青贮是将牧草或饲料作物刈割后在无氧条件下储藏，经乳酸菌发酵产生乳酸后抑制细菌生长，使牧草或饲料作物得以长期青绿保存的方法。青贮饲料的品质直接与储藏过程中的养分损失和青贮产品的饲料价值有关，并大大影响家畜的采食量、适口性、生理功能和生产性能。一般认为，青贮饲料的饲料价值取决于青贮原料品质和发酵品质。其中，青贮原料品质好，而发酵品质低劣，其饲用价值也不高；青贮发酵品质好，而青贮原料品质差，同样其饲料价值也低。发酵品质主要根据感官鉴定、青贮饲料的微生物组成、pH 及发酵产物中乳酸、乙酸、丁酸等在有机酸中的比例、氨态氮占总氮的比例来确定。

青贮饲料品质的调查一般分为现场感官鉴定和实验室鉴定两个阶段。

（1）现场感官鉴定：在农牧场或其他现场，根据 pH、水分、气味、色泽和质地调查判断青贮饲料品质（表 4-8、表 4-9）。其中：①色泽。品质优良的青贮饲料呈青绿色或黄绿色；中等品质的青贮饲料呈黄褐色或暗褐色；品质低劣的青贮饲料呈暗色、褐色、墨绿色或黑色。②香味。品质优良的青贮饲料具浓厚的酸味、果实味或芳香味，气味柔和，不刺鼻，给人以舒适感，乳酸含量高；中等品质的青贮饲料稍有酒精味或醋味，芳香味较弱；品质低劣的青贮饲料带有刺鼻臭味，如堆肥味、腐败味等。③气味。品质优良的青贮饲料 pH 为 3.7 左右，酸味相当强；中等品质的青贮饲料 pH 为 4.0 左右，酸味较强；品质低劣的青贮饲料 pH 大于 4.5，酸味中有涩味、苦味。④质地。品质优良的青贮饲料压得非常紧密，拿在手中却较松散，质地柔软，略带湿润，叶、细茎秆、花序保持原状；品质低劣的青贮饲料黏成一团似烂泥状，或质地松散干燥粗硬，甚至发黏、腐烂。

表 4-8　青贮饲料感官评价

（董宽虎等，饲草生产学，2003）

等级	色	香	味	质地
优良	接近原料颜色，青绿或黄绿，有光泽	芳香、酒酸味，给人以舒适感	酸味浓	湿润松散，保持茎、叶、花原状，容易分离
中等	黄褐、暗褐	芳香味弱，并稍有酒精或醋酸味	酸味中	柔软，水分稍多，基本保持茎、叶、花原状
低劣	黑色、墨绿	刺鼻臭味，霉味	酸味淡，味苦	腐烂，烂泥状，黏滑或干燥或黏结成块无结构

表 4-9 牧草青贮的现场评分标准

（刘建新，干草秸秆青贮饲料加工技术，2010）

质量指标	pH	水分	气味	色泽	质地
总分	25	20	25	20	10
优等	3.6 (25) 3.7 (23) 3.8 (21) 3.9 (20) 4.0 (18)	70.0% (20) 71.0% (19) 72.0% (18) 73.0% (17) 74.0% (16) 75.0% (14)	酸香味 舒适感 (18~25)	亮绿色 (14~20)	松散软弱 不粘手 (8~10)
良好	4.1 (17) 4.2 (14) 4.3 (10)	76.0% (13) 77.0% (12) 78.0% (11) 79.0% (10) 80.0% (8)	酸臭味 (9~17)	黄绿色 (8~13)	松散软弱 不粘手 (4~7)
一般	4.4 (8) 4.5 (7) 4.6 (6) 4.7 (5) 4.8 (3) 4.9 (1)	81.0% (7) 82.0% (6) 83.0% (5) 84.0% (3) 85.0% (1)	刺鼻酸味 不舒适感 (1~8)	淡黄绿色 (1~7)	略带黏性 (1~3)
劣等	5.0以上 (0)	86.0%以上 (0)	腐败味 霉烂味 (0)	暗褐色 (0)	腐烂发黏 结块 (0)

以上为现场观察的结果，再用 pH 试纸测定青贮饲料的 pH，最后根据表 4-9 得出青贮饲料现场调查的评分结果。

（2）实验室鉴定：为了更好地鉴定青贮饲料的品质，还需要将其带回实验室进行化学成分分析，科学地判断发酵情况。实验室测定的主要内容有 pH，有机酸（乳酸、乙酸、丁酸）的总量、构成以及乳酸、乙酸、丁酸在有机酸中所占比例，氨态氮含量以及占总氮的比例。其中：①pH。乳酸发酵良好，pH 低；丁酸发酵则使 pH 升高。pH 越低，青贮饲料品质越好（表 4-10）。采用 pH 测定仪测定。②有机酸含量。有机酸总量及其构成可以反映青贮发酵过程和青贮饲料的品质，乳酸比例越大，青贮饲料品质越好（表 4-11）。乳酸采用常规法测定，挥发性脂肪酸采用气相色谱仪测定。③氨态氮。氨态氮含量占总氮的比例数值越小，品质越好（表 4-12）。一般采用蒸馏法测定。

表 4-10 青贮饲料 pH 的判别标准

（刘建新，干草秸秆青贮饲料加工技术，2010）

pH	得分
<3.80	25
3.81~4.00	20
4.01~4.20	15
4.21~4.40	10

（续）

pH	得分
4.41~4.80	5
>4.81	0

表 4-11　青贮饲料有机酸含量的判别标准
（刘建新，干草秸秆青贮饲料加工技术，2010）

占总酸比例（%）	得分			占总酸比例（%）	得分		
	乳酸	乙酸	丁酸		乳酸	乙酸	丁酸
<0.1	0	25	50	30.1~35.0	7	19	8
0.1~1.0	0	25	47	35.1~40.0	9	16	6
1.1~2.0	0	25	42	40.1~45.0	12	14	3
2.1~5.0	0	25	37	45.1~50.0	14	11	1
5.1~10.0	0	25	32	50.1~55.0	17	9	-2
10.1~15.0	0	25	27	55.1~60.0	19	6	-4
15.1~20.0	0	25	22	60.1~65.0	22	0	-9
20.1~25.0	2	23	17	65.1~70.0	24	0	-10
25.1~30.0	4	21	12	>70.0	25	0	-10

表 4-12　青贮饲料氨态氮含量的判别标准
（刘建新，干草秸秆青贮饲料加工技术，2010）

氨态氮/总氮（%）	得分	氨态氮/总氮（%）	得分
<5.0	25	16.1~18.0	9
5.1~6.0	24	18.1~20.0	6
6.1~7.0	23	20.1~22.0	4
7.1~8.0	22	22.1~26.0	2
8.1~9.0	21	26.1~30.0	1
9.1~10.0	20	30.1~35.0	0
10.1~12.0	18	35.1~40.0	-3
12.1~14.0	15	>40.1	-6
14.1~16.0	12		

　　根据以上现场评定和实验室测定的结果，将青贮饲料品质划分为 4 个等级（刘建新，2010）：优等，76~100 分；良好，51~75 分；一般，26~50 分；劣质，<25 分。

　　4. 半干青贮饲料品质调查　半干青贮，又称低水分青贮，是在常规青贮技术原理和方法基础上发展起来的新技术，近年来发展较快。半干青贮主要用于常规青贮法不易青贮的原料（如豆科牧草等）的青贮以及在雨季抢收的牧草的青贮。半干青贮法是将青绿饲料收割后，放置 1~2d，使其含水量降至 50% 左右时，再厌氧储存。这种风干原料对腐生菌、酪酸菌及乳酸菌均可造成逆境，使其生长繁殖受阻。因此，在青贮过程中，微生物发酵程度减弱，蛋白质分解较少，有机酸形成量少。

除了不测定 pH 外，半干青贮饲料品质的调查与青贮饲料调查方法基本相同。

有关青贮饲料与半干青贮饲料品质评价的具体方法可以参考牧草饲料加工与贮藏学有关内容。

三、饲草料地的利用调查

（一）饲草料地利用方式调查

饲草料地的利用方式主要分为刈割、放牧、刈割放牧兼用 3 种类型。

1. 刈割　调查内容主要有：割草地的类型、牧草种类组成、适宜割草时间与次数、当前实际收割时间与次数。同时，还应对收割、调制、运输、储存的情况和机械化程度，干草质量和家畜利用情况以及在缓解草畜矛盾中所起作用，割草地的发展趋势，更新复壮的技术措施，存在的问题等进行调查。

2. 放牧　调查内容主要有：适宜放牧的家畜种类及数量、开始（终止）放牧时间、放牧周期和分区放牧时间的放牧方式。

3. 刈割放牧兼用　主要调查利用形式，是以放牧为主适当割草的放牧-割草兼用草地，还是以割草为主适当放牧的割草-放牧兼用草地。

（二）草地商品草生产调查

随着供给侧结构性改革和草牧业的快速发展，我国商品草生产也在持续增长，产量由 2001 年的 149.22 万 t 增长至 2016 年的 817.11 万 t。内蒙古、黑龙江、吉林、四川和甘肃等省份为主要商品草种植区，商品草种植面积分别占全国的 25.8%、25.4%、16.5%、13.7%、6.8%。同时，在奶业企业规模化养殖和提升奶产品质量安全的直接影响下，我国对优质饲草的需求明显增加，商品草进口量增加。2000 年进口量仅为 0.66 万 t；自 2008 年起牧草进口量急剧增长，进口干草由 2011 年的 28.95 万 t 增至 2016 年的 171.78 万 t。进口牧草品种主要是苜蓿干草、燕麦草、苜蓿草粉及颗粒、其他牧草等，其中以苜蓿干草为主。在草产品进口量激增的情况下，我国草产品出口则总体呈现下滑的态势，且长期处于低位运行状态。1992 年出口量为 9.01 万 t，1997 年达到历史最高值 18.55 万 t，至 2016 年降至 0.04 万 t。

调查内容主要有：商品草的种类、生产量、产地、价格及出售途径；商品草的运输、储存；商品草的进出口量及价格等。调查方法有现场调查、查阅统计年鉴等。

第三节　人工饲草料地管理与生产效益调查

一、田间管理调查

有效的田间管理，是顺利建立和维护人工饲草料地高效生产的必要措施，也是衡量饲草料地生产管理水平的重要依据。因此，在人工饲草料地调查中，需对人工饲草料地在生产过程中所采取的管理措施进行全面调查，调查的主要内容如下。

（一）一年生人工饲草料地管理调查

一年生饲草料作物的田间管理与粮食作物田间管理基本相同，一般春季播种，秋季收获。近年来，我国南方大力发展的冬闲田种植多花黑麦草也属于一年生人工饲草料地的特殊类型。对于这类人工饲草料地管理水平的调查主要从以下环节进行。

1. 苗期管护　主要调查一些高秆饲料作物在苗期的田间管理措施，内容包括采取的措施、方法以及效果。

（1）间苗与定苗：是对玉米、高粱等高秆饲料作物在第一片真叶至第六片叶片之间进行的田间管理措施，其目的是通过去弱留壮的"间苗"措施，控制田间密度、做到合理密植的"定苗"，保证每棵植株都有足够的光合空间和营养空间，从而实现饲料作物优质高产。

（2）中耕与培土：为了疏松土壤、提高低温、减少蒸发、灭除杂草，多数饲草料作物需要进行中耕作业。实际生产中，中耕次数根据饲草料作物种类、土壤状况和杂草发生情况决定。培土是预防高秆饲料作物倒伏采取的一种措施，一般第一次在现蕾前结合中耕进行，第二次在封垄前进行。

2. 施肥　土壤肥力是饲草料作物生产的物质基础。因地制宜、适时适量地追施各种肥料不仅能大幅度提高人工饲草料地产草量，而且还能改善草群品质，延长草地寿命。

施肥的种类、数量、时间视饲草料作物品种、生育时期、土壤肥力、播种方式、生产需要等不同而定。合理施肥既能满足饲草料作物生长发育对养分的需求，又能避免过量和流失。调查过程中，应对肥料种类、施肥方式、肥料利用效率一并进行调查。

3. 灌溉　灌溉是干旱、半干旱地区人工饲草料地建设的重要内容之一，能显著提高人工饲草料地的产量水平。灌溉方式有漫灌、沟灌、喷灌、滴灌、渗灌等。灌溉时间因饲草料作物种类、生育时期和利用目的不同而有所不同。需对灌溉方式、灌溉时间与次数以及水分利用效率等内容进行调查。

4. 杂草防除　杂草不仅影响饲草料作物的生长，而且还影响其品质。杂草防除可以采取农田耕作和其他人工方法等农艺技术措施，通过播前预防、种植技术、耕作手段等来实现；也可以使用各种除草剂灭除杂草。调查内容包括杂草种类、数量、生物学特性、发生规律，防除方法与效果，除草剂的种类、施用时期、施用方法、施用剂量等，同时还需要注意调查各种除草剂对土壤的污染以及对家畜的二次污染。

5. 病虫害防治　人工饲草料地栽培的牧草种类繁多，其病虫害各种各样。做好田间预测预报，早发现早防治。具体的防治方法有农业技术防治、化学防治、生物防治和种植抗病虫害的牧草品种等。调查内容有病虫害种类、发生时期、危害程度、防控方法与效果等。

（二）多年生人工饲草料地管理调查

多年生人工饲草料地播种当年牧草一般生长较缓慢，播种当年的栽培和管理重点是抓苗、保苗和越冬。第二年从返青期开始，田间管护状况直接影响牧草生长发育和以后年份的产量。

1. 入冬前管理　多年生人工饲草料地播种当年入冬前精心的田间管理，不仅能提高牧草越冬率和翌年生产能力，而且对以后年份牧草地的有效利用也有较大的影响。主要管理措施有：①播种当年要尽力促进成株的生长发育，尤其是要保证根部有足够的储藏性营养物质供越冬利用。②一定要保证在当地初霜期来临前 1 个月左右结束利用，或者保证留茬在 10cm 以上。③如若有条件，可以进行冬灌，有助于保温防寒，或者通过施用钾肥、冬季燃烧、熏蒸、使用化学保温剂等措施防寒越冬。④还可以通过设置雪障、筑雪埂、压雪等措施更多地积存降雪，保持牧草有较厚的雪被覆盖。调查内容包括实施的管理措施、效果等。

2. 返青期管护　返青前期要防止冰壳造成的返青苗冻拔现象使分蘖节、根颈和根系受到机械损伤。返青后期要及时灌溉和施肥，以满足牧草返青生长需要，同时一定要禁牧，加强围栏管护。调查内容包括管护的措施、效果等。

3. 施肥　土壤肥力对多年生人工饲草料地稳产高产至关重要。其施肥种类、数量、时间也根据牧草品种、生育时期、土壤肥力、播种方式、生产需要等不同而异，均需调查了解清楚。

4. 灌溉　调查的内容有采用的灌溉系统、灌溉方法、灌溉定额和灌溉时间。

5. 病虫害防治　多年生人工饲草料地调查的内容与一年生人工饲草料地相同。

二、生产效益调查

（一）经济效益调查

经济效益是指饲草料地在进入生产年投入与产出的经济效果。调查工作可从以下方面进行。

1. 单位草地面积的产量、产值　产量是生产的最终结果，也是饲草料地的自然生产力和人类劳动及物化投入耗费的综合表现。产值是产量的货币表现。通常用公顷产量（kg/hm²）、产值（元/hm²）作为单位饲草料面积的生产量及其相对价值。

2. 净产值、纯收入　反映饲草料地投入和产出的经济效果。净产值是扣除了转入产品中的生产资料价值的产出价值。其计算公式如下：

单位面积净产值＝（产品价值－消耗的生产资料价值）/饲草料地面积

纯收入是扣除了活劳动和物化投入消耗之后的产出收入。其计算公式为式（4-1）：

$$P = (I - W)/A \tag{4-1}$$

式中，P 为单位面积饲草料地纯收入；I 为产品价值；W 为生产成本；A 为饲草料地面积。

（二）生态效益调查

生态效益是指饲草料地建成后对生态环境的改善作用，应从草地的覆盖率、水土流失与对土地沙化的遏制、土地质量的提高等方面调查。

（三）社会效益调查

社会效益是指饲草料地的建成对社会发展的保障和促进作用。调查工作应从产品的人均占有量、商品量、就业条件、草牧业经营的改善、贫困地区经济发展等方面入手。

第五章

草地调查资料的整理与图件编制

　　草地调查资料的整理与总结是草地调查的内业工作，是最终全面提供成果的重要阶段。主要任务是进行野外调查资料的整理与分析、植物标本的鉴定、草地图件的编制、草地面积量算、草地生产力计算和草地资源调查报告撰写等。通过内业工作的整理，分析草地利用与保护中存在的问题，提出持续利用草地、确保生态安全的战略对策与具体措施。

　　草地调查资料的整理与总结工作程序主要为：野外样地调查资料核查与分析；植物标本鉴定与整理；植物、土壤、水源样品整理与分析；草地植物与草地类型名录编制；草地图件编制；草地面积量算；草地生产力计算；草地调查报告撰写。

　　通过草地调查资料的整理与总结，主要获得以下成果。

　　①草地资源图件，包括反映草地类型分布、草地利用现状、草地质量评价等专题图件。

　　②草地资源数据集，包括草地调查样地原始数据及其他统计数据。

　　③草地植物标本数据库，包括调查区域草地植物名录、实物或电子标本库。

　　④草地调查报告。

第一节　草地调查资料整理与分析

　　凡在野外样地调查获得的各类样地资料，均属于整理范畴之内。区域草地调查，由于调查的范围广、面积大，所获样地资料的数量也很多，为了便于资料的分析与应用，首先要对由野外样地调查所获得资料的完整性、正确性进行逐一系统的审核与录入。发现问题，及时纠正，必要时需重新开展野外核实与补充。通过样地资料的整理工作，确保所获取资料准确无误。

一、样地资料的核查与计算

（一）样地、样方记载表核查

　　草地样地调查资料是草地调查工作的基本资料，是建立草地分类系统、判识草地类型、制定草地类型图图例的基本依据。认真整理分析这些资料是确保成果的可靠性和科学性的重要保证。具体的整理方法可通过以下步骤进行。

　　1. 草地调查样地基本信息核查　　主要包括样地基本信息，如地理坐标、海拔、生境描述、植被季相描述及调查时间与调查人等信息记载是否齐全。

　　2. 植物信息核查　　包括植物科、属、种等信息核对，是否有未命名的植物种。

　　3. 样地记载表的编号审核　　将野外样地调查记载表格，按照区域或地带草地类型分类结果，依顺序编号装订成册，以便草地分类系统制定及草地生产力计算时使用。

　　4. 样方测定记录核查　　包括测定项目是否齐全，样方登记中"四度一量"是否记录完整。对于遗漏测定项目、漏记重要测定内容的样地记载表进行补测和补记，对于一些记录错误的、无法补救的不合格的样地给予舍弃。

（二）样地、样方记载表录入与计算

在核查完记载表后，按照规定格式录入计算机数据库中。然后对样地、样方记载表中草地类型群落种类组成的"四度一量"进行计算，计算目的一是确定每种植物在群落中优势度；二是计算优良牧草在群落中的比例，确定草地等级。一般按照以下几个方面进行计算。

1. 样地可食牧草产量计算 主要计算样地中每个样方的可食牧草产量，进而统计每个样地的可食牧草产量。

2. 优势度计算 对调查样地获取植物物种的"四度一量"数据，通过数据的标准化计算每个样地的植物物种优势度，进而根据优势度确定草地型名称。

3. 草地等级评价 根据《中国草地资源评价原则与标准》，将草地划分为五等八级，以此来评价草地质量。草地等表示草地草群的品质优劣，分为五等；草地级表示草地草群地上部的生物量，分为八级。草地等级评价计算首先是根据牧草的适口性，确定牧草优、良、中、低、劣等，并计算该牧草在草地群落中所占比例，将草地类型按照相应的等的标准进行归类，然后计算每个草地类型的地上生物量，确定每个草地类型的级。

二、标本、样品的整理与核查

（一）植物标本的整理

草地植物是划分草地类型的主要依据，在草地调查的内业工作阶段，对草地植物野外调查获得的包括植物标本和植物样品，均需认真整理与分析。

植物标本整理，一般是按照植物分类学中所规定植物分类系统进行，编写调查区植物名录。首先，对采集到的植物标本，按照野外记录逐项核查，对误记与漏记内容进行补充，将不能识别种名的植物标本，送往植物分类学家进行鉴定。根据鉴定过的植物标本，对样地内的草地植物进行正名，同时根据草地植物分布的地理地段或生境，编写调查区域植物名录。

（二）植物和土壤样品的整理与分析

1. 样品整理 草地调查中所取样品，主要为植物与土壤样品。由于采样面积广、数量大，在取样工作结束后，需对所取样品进行一次系统的清理与核查。依据所划分草地类型，一是检查取样是否存在漏采和重复采样问题；二是检查核实每个样品的野外记载是否符合调查规范要求，所取样品是否可以满足实验室进行理化性状分析测定的技术要求；三是检查样品标签、野外记载表的编号与草地样地取样地点编号的一致性，避免因编号的出入造成资料混乱甚至样品被废弃。

2. 样品分析

（1）对于植物样品：确定植物化学成分的分析项目，如水分、粗蛋白质、粗脂肪、粗纤维、钙和磷等。各调查区域可结合实际，具体问题具体分析，可根据需要进行选择性分析。同时，根据各种植物样品营养分析结果，整理成册，最后录入计算机数据库。

（2）对于土壤样品：确定土壤理化性状分析项目，如土壤水分、机械组成、孔隙度、容重，pH 及有机质、全氮、全磷、全钾、速效氮、有效磷、速效钾等的含量。各调查区域可结合实际选择性分析。

由于样品分析要经过取样、预处理等多个工序，常会受到一些人为因素的干扰与影响，有时造成分析结果产生一定的误差。因此，当样品送检结果反馈后，应对每个样品的分析结果进行认真检查与核对，根据以往资料和工作经验或野外所测数据，检查每项指标的可靠性。另外，也可以通过分析一些数据的相关性，来推断分析结果的可靠性。如对土壤样品分析结果的一些数据，如发现含有 CO_3^{2-} 的土壤 pH 较低，或腐殖质含量低而含氮量却高等，就要分析数据相悖的原因，如果找不到合理的原因，应重新送检。对于合格的送检结果，应根据样品类别与检验内容分门别类汇集成册，用于草地质量的评定。

（三）野外调查照片、视频材料整理

整理野外调查样地、样方照片，植物电子照片及现场采样视频等材料，按照样地号分类，按编号整理。

第二节　草地外业调绘图的修正

对于预判阶段和野外工作阶段调绘的草地类型图、草地利用现状图，为保证图斑、界线的准确与完整，之后草地面积量算、草地生产力计算等工作精确进行，要对草地外业调绘图进行一次全面的审查，对图面中不完善和不合理部分进行修正。

一、草地类型外业调绘图的核查与修正

草地类型调查图审查重点是野外调查点位的记载与预判草地类型是否一致，其次是每一类型图斑的界线。具体步骤如下。

首先确定野外样地调查点位的草地类型与图斑上草地类型是否一致。其次审查解译标志建立的准确性，主要审查耕地、林地、草地、居民点和水域等一级地类的解译标志及草地类和草地型的解译标志。再次审查图斑的完整性，图斑的几何形状是否合理，类型的空间分布所反映的植被地理规律是否符合客观实际，分布界线和分布规律与气候、地形、土壤、植被和水文条件的分布是否相符。如果出现相悖，就要分析原因。最后还要检查每一图斑是否均闭合，在与相邻图幅拼图与接边中界线不能闭合的，或者同一类型界线相接超过允许误差的，若修改依据不足时，应记录在案，留待成图阶段纠正，必要时需到现场进行补充调绘核对。

二、草地利用现状外业调绘图的核查与修正

草地利用现状调查图中的内容一般包括两部分：一部分是反映草地利用现状的内容，如季节牧场、退化草地分布、缺水草地等；另一部分是说明草地图件地理基础的内容。审查的内容应包括季节牧场、退化草地分布、缺水草地界线等，图斑类型代号，地形、地物注记，以及居民点、道路、河流、水源等地物是否标注准确或有遗漏，如有错误或遗漏，应进行修正与补充。

三、草地调查非草地界线的审查与修正

在区域草地调查中，面积的统计一般以行政区划单位或草地利用单位为基本量算单元，因此在进行面积量算与统计之前，要确保行政界线、利用单位界线等准确无误。另外，也要对草地与非草地界线进行核实，如各草地类型与耕地、裸地、居民点、森林、密灌丛、冰雪石质区等非草地界线是否准确无误。

第三节　草地资源图成图

草地资源图成图是草地资源调查中一项极其重要的工作内容。主要任务是将草地反映的自然、经济的一些属性，运用地图语言，按照一定的数学法则，描绘在地形图或遥感影像上，再经过检查、修正等，编制成各类草地图件，这一过程就是草地图件编制。草地图件编制是草地调查不可缺少的手段，因此采用现代化信息技术，掌握一定的草地制图方法和技能，是草地调查工作者不可缺少的基本功。

草地资源图涵盖多种反映草地资源性状的专题图，如草地类型图、草地评价图、草地利用现状图、退化草地图、草地载畜量分布图、草地区划图等。草地类型图、草地评价图与草地利用现状图是草地调查工作要完成的基本图件，它们不仅是草地调查成果的集中反映，也是进行草地资源面积量算、草地生产力计算、草地合理利用与改良、草地基本建设、草地区划与规划等方面的基础资料和依据。

一、图件编制的数学与地理学基础

地图分为普通地图和专题地图两大基本类型。普通地图是综合、全面地反映一定制图区域内的自然要素和社会经济现象一般特征的地图。专题地图是指采用专用图像符号系统，以表现某种或多种自然经济现象为主题的地图，如草地资源图就属于一种专题地图。要编制能反映草地资源用途的各种图件，必须先弄清楚地图的数学与地理学基础。在地图学中，地图上表现的内容无论多么简单或复杂，从其构成要素来讲主要由数学要素、地理要素和辅助要素组成。数学要素是地图的数学基础，地理要素是地图的地理学基础。

（一）草地图件编制的数学基础

草地图件的数学基础主要是指地图投影和比例尺方面的内容。

1. 地图投影　地图投影是地图制图的重要数学基础，直接控制着地图内容的数学精度。利用一定数学法则把地球表面的点、线、面投影到平面上，实现球面向平面的转换。不同的投影方法具有不同的投影数学精度，特别是在专题地图的制作中，有许多内容需要在图上量测。因此，根据编图的用途正确选择地图投影方法就显得尤为重要。

地图投影也是草地图件编制的重要数学基础。地图投影的选择是否恰当直接影响草地图件的精度和实用价值。因此在编图之前，要根据各种投影的性质、经纬线网的形状特点等，针对所编草地图件的具体目的，选择最为适宜的投影。

（1）地图投影的种类及变形：地图投影主要分为3种：等角投影，又称正形投影，指投影面上任意两方向的夹角与地面上对应的角度相等。等积投影，指地图上任何图形面

积经主比例尺放大以后与实地上相应图形面积保持大小不变的一种投影方法，保持等积就不能同时保持等角。任意投影属于既不等角也不等积的投影，其中还有一类等距投影。地图投影变形，包括长度变形、角度变形与面积变形，又称地图投影误差、地图投影变异。

草地图件编制要根据编图的目的与用途、区域范围和内容特点等，在长度、角度、面积几种变形中选择一种令其不变形，或者虽有变形但设法使变形值减少到限差范围内的投影方法。

（2）地图编制常用投影方式：了解地图投影的变形及方式，有助于在专业制图中选择正确的地图投影方法。

①正轴圆锥投影：正轴圆锥投影可以想象为用一个巨大的圆锥体罩住地球，把地表的位置投影到圆锥面上，然后沿着一条经线将圆锥切开展成平面。圆锥体罩住地球的方式可以有两种情形：与地球相切（单割线）、与地球相割形成两条与地球表面相割的割线（双割线）。该投影主要分为正轴等角割圆锥投影和正轴等面积割圆锥投影，其中正轴等角割圆锥投影常用于我国的地势图、气候图等；正轴等面积割圆锥投影的投影无面积变形，常用于行政区划图以及其他要求无面积变形的地图，如土地利用现状图、草地资源图、森林分布图等。该投影变形只与纬度发生关系，与经度无关，即角度、面积、长度等的变形线与纬线一致，离标准纬线越远，变形越大。

②正轴圆柱投影：即用一个圆柱体罩住地球，把地表的位置投影到圆柱面上，然后将圆柱体切开展成平面。主要分为正轴等面积割圆柱投影和正轴等角割圆柱投影，其中等角割圆柱投影中的墨卡托投影（Mercator projection）、高斯-克吕格投影（Gauss-Kruger projection）、通用横轴墨卡托投影（universal transverse Mercator projection）是目前较为常见的地图投影方式。

墨卡托投影：被广泛应用于航海和航空方面，因为它具有等角航线，因此常用来编制海图、航空图、世界地图及赤道附近的区域图。高斯-克吕格投影是我国地形图采用的投影方式，除 1∶100 万比例尺地形图采用国际投影和正轴等角割圆锥投影外，其余全部采用高斯-克吕格投影。它是通过假想有一个椭圆柱与地球椭球体上某一经线相切，其椭圆柱的中心轴与赤道平面重合，将地球椭球体面有条件地投影到椭圆柱面上的过程，属横轴等角割椭圆柱投影。通用横轴墨卡托投影也是横轴等角割椭圆柱投影，通常称为 UTM 投影，是目前国际上较通用的地形图数学基础之一。

③正轴方位投影：即一个平面作为投影面，切于地球表面，把地表的位置投影到平面上。方位投影也可以作为圆锥投影的一个特例，即圆锥的夹角为 180°，圆锥变为平面。该投影具有从投影中心到任何一点的方位角保持不变的特点，最适于圆形轮廓区域和两极地区使用，如编制包括南海诸岛在内的中国全图以及亚洲图或半球图。

（3）草地资源图编制投影的选择：地图投影的选择是否恰当，直接影响草地资源图的精度和使用价值。用不同投影方法建立的经纬网形式不同，它们的变形性质和变形分布规律也各不相同。在实际应用中，应尽可能地使地图投影的变形最小。因此，草地资源图应将制图目的、用途、制图区域的地理位置、形状和范围、比例尺和制图内容等作为投影的选择依据。对于草地资源图编制来讲，如量算面积，应选择等积投影；若要求方向和角度不变形，应采用等角投影。通常用于草地资源图编制的投影如下。

①正轴等角/等面积割圆锥投影：正轴等角割圆锥投影又称兰勃特正形投影，该投影保持了角度无变形特点。我国于 1993 年由中国地图出版社出版的 1∶100 万草地资源图采用该投影。正轴等面积割圆锥投影又称亚尔勃斯投影，该投影无面积变形，适于精确量算面积的地图，在草地调查中所编制的草地类型图、草地利用现状图、草地评价图等各种分布图均可采用此投影。

②横轴等角割椭圆柱投影：主要为高斯-克吕格投影及通用横轴墨卡托投影。高斯-克吕格投影适于我国 1∶50 万和更大比例尺的地形图，为控制变形，采用分带投影的办法，规定了（1∶50 万）～（1∶2.5 万）地形图采用 6 度分带，而 1∶1 万及更大比例尺地形图采用 3 度分带，以保证必要的精度。随着地理信息系统及遥感技术的发展，目前针对遥感影像技术制图方面多采用通用横轴墨卡托投影，与高斯-克吕格投影相比较，二者差异不大。

2. 地图比例尺

（1）比例尺的含义：地图就是按照一定的数学法则，运用地图符号系统，经过科学的制图概括，将有用信息缩小表示的结果。为了能让使用者准确掌握地图与制图区域之间缩小的比例关系，采用了地图比例尺，即地图上所表示的空间尺度与实地相应线段的水平长度之比。

$$1/M = l/L \qquad (5\text{-}1)$$

式中，M 为地图比例尺分母；l 为地图上线段的长度；L 为实地相应线段的水平长度。

（2）比例尺的表现形式：传统地图上比例尺通常有 3 种形式，即数字比例尺、文字比例尺和图解比例尺。

①数字比例尺：用阿拉伯数字表示，如 1∶100 000，可以简写成 1∶10 万。

②文字比例尺：用文字注解的方法表示，如"一比十万"，或简称"十万分之一"，也可以是"图上 1cm 相当于实地 1km"等。

③图解比例尺：采用图形加注记的形式表示，有直线比例尺、斜分比例尺和地图投影比例尺。其中，直线比例尺是以直线线段形式标明图上线段长度所对应的地面距离，是目前草地资源图编制常用的比例尺形式。其优点是在图上量算地面长度，或将地面长度转绘到图上，只需要在图上直接量测，而不需要计算；但直线比例尺只能量到基本单位长度的 1/10，如果要量到基本单位长度的 1/100，则需采用斜分比例尺。斜分比例尺，又称微分比例尺，是根据相似三角形原理制成的图解比例尺。地图投影比例尺，又称复式比例尺，是根据地图主比例尺和地图投影长度变形分布规律设计的一种图解比例尺，此比例尺的图形和单位长度随地图投影不同而异。

（3）比例尺的作用：比例尺决定着地图图形的大小。同一地区，比例尺越大，地图图形越大；反之，则越小。同时，比例尺也决定着地图的测制精度和地图内容的详细程度。比例尺越大，图上量测的精度就越高，地图的内容越详细。因此，草地制图要根据其用途及目的选择适当的比例尺。

（二）草地图件编制的地理学基础

草地资源图由草地资源专题内容和地理要素两部分组成。专题内容反映草地资源的主体专业内容；而地理基础内容，即地理要素，是指对图上草地专题内容起控制和定位作用，能反映草地类型发生、分布与地理环境关系，并对草地利用建设等起一定指示作用的一些要素，也是草地资源图的地理学基础。地理要素主要包括水文要素、地貌要素、居民点、境界线、交通线等，是草地资源图的重要组成部分，要素的选取直接影响草地资源图的用途和质量。

1. 地理基础内容的作用　地理基础内容是草地资源图的主要构成部分之一，是内容定向定位的基础，具有以下作用。

（1）是建立草地资源图专题内容信息的骨架：地理要素包括交通道路、水系、居民点、境界线、明显地物点等要素，具有定向、定位及骨架作用，可为草地资源图专题内容赋予三维空间概念和地理环境的匹配。通过遥感影像或地形图上地理要素的提取或转绘，为编绘草地类型等专题图件提供衡量、检测的手段。

（2）丰富草地资源图潜在信息量：通过地理要素与其他专题要素之间的联系，提取和挖掘出草地资源图草地类型产生、分布、发展的地理条件及其规律的潜在信息。如根据等高线的绘制，可判断出草地类型的分布规律。地理要素选取不当或者过多过少均会降低或削弱草地资源图的潜在信息量。

（3）是构成地图集的基础条件：通过地理要素的选取表示，使图幅间产生纵横联系，形成图集整体网络结构，具有同一性，有利于整个图集中各图幅的统一协调。

2. 地理基础内容选取的要求　地理基础内容一般由草地专业制图技术人员编制，根据草地资源图专题内容需要提出对地理要素的选取要求和选取指标。同时，草地资源图上地理基础内容的选取和表示的详细程度，与专题图的主题、用途、比例尺和区域的地理特点等有密切关系。

（1）专题图主题与用途：草地资源图所突出的内容和主题不同，其选取的地理要素也不同。如以反映草地类型为主题的图件，地理要素的选取应在不影响主题内容的前提下，选取能够说明草地类型发生、空间分布的内容即可；又如草地利用现状图，则需要选取对草地利用、建设等方面有影响的地理要素，以便能为生产设计提供参考和提高地图的使用价值。

（2）比例尺大小：一般来讲，比例尺的大小直接影响地理要素选取的标准与详细程度。大比例尺草地资源图，地图负载量大，选取的内容尽可能详细或根据制图综合要求略做取舍，突出基层单位使用的特点；中比例尺草地资源图，可对某些内容进行简化与概括，选取内容的详细程度与专题内容协调一致，不可喧宾夺主，如一些小的城镇居民点，在大比例尺下可以反映，但在中比例尺下可以忽略不计；而小比例尺的草地资源图，其选取的内容体现出高度简化与综合概括，突出对草地专题内容起到宏观控制的作用为宜。

（3）制图区域：针对一些特殊的地理区域，对地理要素的选取要根据实际需求尽可能地详细表达。如干旱缺水区域，要将凡是河流、湖泊、水库、泉、井等与水相关的地理要素突出表达出来。

不同专题内容、不同比例尺的草地资源图，在地理要素选取上目前无统一标准与要求，在实际工作中，要根据具体情况具体选择。但从原则上讲，地理要素的选择及表示程度，既要能阐明专题内容所发生与分布的环境，在不干扰专题内容的前提下，有助于读者读图，便于与其他学科间相互交流与借鉴；同时，要体现现时性，要根据最新遥感信息源的现势资料，适时更新地理基础内容。

3. 地理基础内容的选取　草地资源图要求选取的地理要素如下。

（1）水文要素：包括河流、湖泊、海洋、水库、泉、井等各种水网体系。针对大比例尺草地资源图，水文要素选择要尽可能详细完整、位置准确、主次分明，体现水系与专题内容之间的关系。

（2）地貌要素：能反映一定地貌特征的要素，包括等高线和特殊的地貌形态，如沙漠、沼泽、喀斯特等。不同比例尺草地资源图，在选取等高线时要注意等高距，能反映制图区域地貌特征。

（3）交通线：主要包括铁路、等级公路、简易公路及大车路、乡村路、牧道等。根据专题内容进行选择。草地资源图应注重选择大型的交通道路、重要生活区、人烟稀少交通不便区域及连接水源的道路、时令路等，尤其是草原区道路要尽量选取。

（4）境界线：主要包括国界、省界、地区（州、盟）界、县（旗、市）界、乡界及村界线等。主要根据专题内容、用途选取境界线。境界线严格依照地图出版部门正式出版的行政区划地图和有关文件绘制，并需有关主管部门审批。境界线选取的层次要根据制图区域编制要求进行选取，如绘制地区（州、盟）一级以上的草地资源图，则选择县（旗、市）界以上的界线即可。

（5）居民点：包括城镇区、居民点等。主要依据比例尺大小设置居民点，如大比例尺居民点可采用图形符号表示，小比例尺则可采用点状符号表示。居民点应按行政等级表示，县（旗、市）级以上居民点不论比例尺大小均可以全部选取；而县（旗、市）级以下居民点则要根据制图比例尺、制图目的和满足定位要求决定，但在一些偏僻区域、交通道路不发达区域、国境线附近区域居民点应全部选取。

（6）其他要素：能反映草地合理利用、草地生态修复、草地退化等与生产和生态相关的具有指示意义的要素也可选取，如水土流失地、石漠化地、沼泽地、沙地、盐碱地、冰川等。

地理要素选取一方面可根据最新遥感卫星资料自行提取，另一方面也可根据20世纪70年代中国科学院地理科学与资源研究所编制出版的全国1∶150万地理基础地图进行选取。但无论以何种渠道选取，均要注意地理基础内容的现势性。

二、图件专题内容与表示方法

（一）专题内容

凡是与草地资源数量、质量、分布、利用、保护等相关的信息均可以作为草地资源图的专题内容。专题内容因用途、目的等不同，所要表达的信息不同，其中反映专题要素类别和空间分布状态是最基本的内容。如草地资源类型图，不仅要反映出草地的不同类型组成、分布范围、分布面积，同时还要反映出不同草地类型的数量质量特征、利用现状以及通过这些信息说明草地利用的程度及演替趋势。

专题内容在草地资源图的空间分布状态主要是通过点状分布、线状分布、面状分布和体状分布表达的。其中，点状分布主要是指一些相对集中较小范围的专题要素，如某个区域水井或者某个具有特殊意义的独立地物等；线状分布主要是具有线状或带状延伸的专题要素，如草地类型界线、草地利用界线等；面状分布主要体现的是占有一定面积的要素，如草地类型分布、草地等级分布、载畜量分布等；体状分布则是具有一定三维空间分布的专题要素，如利用地形图和遥感图结合制作成三维地形。

（二）专题内容的表示

地图不同于文字资料，专题内容是通过地图语言即一些专用符号、注记等来表示的，专题内容的表示是符号化设计的过程和方法。科学地设计内容和表示方法，对提高制图效果、表现能力以及应用价值都具有重要的作用。实践中，专题图识别及其应用情况在一定程度上是与专题内容的表示方法和设计息息相关的。

专题内容的表示方法因制图对象性质和内容的不同有多种，这些方法在草地资源制图实践中逐步创造并经过长期运用而不断得到完善。一般根据草地资源制图内容特点和人们的习惯，采用以下几种表示方法。

1. 个体符号法　个体符号法也称定点符号法，是表示具有固定位置的点状个体现象。每个符号代表一个或一种地物或现象，采用不同形状、颜色和大小的一种不依比例的符号，表示图中某个内容的分布位置、质量和数量特征。

个体符号按形状有几何符号、象形符号和文字符号 3 种。其中，几何符号采用几何图形，图形简单、绘制方便、所占面积小、定位准确，如草地资源图中某一城镇就可用此符号代替；象形符号具有示意性、艺术性，形象直观、通俗易懂，但绘制复杂，如草地利用现状图中用来表示某一专用建筑如防火瞭望台、草地管护所、地标的位置，此符号在草地资源制图中运用较少；文字符号通常用物体名称的缩写或植物的拉丁学名缩写来表示某一区域地图上的位置，如草地利用现状图中某种优良牧草在天然草地中的分布，一些基本设施如药浴池与畜种分布等可用文字符号代替。

2. 线状符号法　线状符号法是用线状符号表示呈线状分布的地物或不能按地图比例尺表示宽度的线状地物。目前，草地资源制图采用的是基于 GIS 技术的遥感制图，通常是以遥感影像为底图绘制草地资源图，如草地类型图中草地类型分布界线、草地利用现状图中草地季节利用界线、围栏均可采用线状符号法绘制。

3. 范围法　范围法是草地资源制图中最常用的一种表示方法，也称区域法或面积法，是用轮廓线结合注记、符号、着色、晕线等方法在图上将专题内容的范围描绘出来，是个体符号法和线状符号法的有机结合。如草地类型图、草地等级评价图、草地利用现状图等，可使用线状符号表示草地类型、季节牧场分布的范围和界线，用个体符号法表示草地基本建设的内容及所在的位置等。

4. 质底法　质底法是质量底色法的简称，采用不同颜色或晕线、花纹表示整个制图区域内制图对象的质量差别，来区分不同的类型。如草地等级评价图、草地退化等级图就可采用质底法制图。通常采用此方法设计的专题图，为突出等级和分类，一般底图不配置遥感影像。

（三）图面配置

所谓图面配置是指主图及图上所有辅助元素，包括图名、图例、比例尺、插图、附图、附表、文字说明及其他内容在图面上放置的位置和大小。

作为专题图不仅要注意科学性，也要兼顾艺术性。因此，为使所编图图面层次分明、美观协调、便于阅读，要进行一定的图面配置，即利用主图或制图范围以外的空余地方，因图而异，合理安排，恰当布置，并对它们做必要的装饰。

1. 图名　草地资源图图名要求简洁明了、突出主题。一般放置于图幅外图廓上方正中央，字体与图幅比例尺大小相对称，以等线体或美术体为主。

2. 图例　图例是地图内容的说明。根据图例设计编图目的、比例尺、内容和选择表示方法不同，图例内容、复杂性和结构也不同。草地资源图的图例结构较其他图件复杂和严谨。图例设计应能反映草地发生学联系和生态序列中草地的分布规律。图例符号在反映图例内容上应有明显的区别，且相互独立，各内容应按顺序配置，应先主后次，主要内容安排在第一层面，次一级内容安排在第二三层面上。图例颜色设置尽可能表达制图内容之间的有机联系，如反映草地类分布，应体现发生学一致性，按照类型梯度变化采用自然过渡色或相近颜色表示类或亚类。同时，一个完整的图例系统，图例中的符号、颜色必须与图中代表的相应内容一致；且每个图例和符号的含义要明确，命名、编排、符号习惯要合乎逻辑，能体现编者的学术思想与研究深度和广度；图例内容要完整、结构严谨。图例的位置一般放在图廓内主图的右下方或者左下方，可根据主图位置灵活确定。

3. 比例尺　可采用文字比例尺和数字比例尺表示。一般放置于图例下方，也可放置在指北针下方或图廓外下方正中央，具体放置位置因图幅大小而异，无统一规定。

4. 附图　附图是指主图外加绘的图件，主要弥补主图的不足。草地资源图中的附图，包括重点地区扩大图、内容补充图、主图位置示意图、图表等。如某区域草地利用现状图，如果有跨区域的境外利用草地，可以采用附图形式表达出来。附图放置位置应灵活。

5. 文字说明　草地资源图中的文字说明和统计数字，要求简单扼要，一般包括制图单位、制图时间、制图者或者其他需要说明的问题。通常安排在图例中或图中空隙处，其他有关的附注也应包括在文字说明中。

总之，草地资源图的图面配置，一定要根据制图区域形状、图面尺寸、比例尺大小、图例和文字说明、附图及图名等多方面内容和因素具体灵活应用，使图面既具有科学性，又具有艺术性和实用性。

（四）制图综合

草地资源图是地面草地现象缩小的图形。为客观正确地表达地面草地现象，需根据编图的主题、用途、比例尺和制图区域草地及其分布的特点，以概况、抽象的形式反映其要素的基本特征、内在联系及其分布规律，这个过程称为制图综合。这是草地资源图制作的一个重要环节，成图的质量及其科学性和实用价值主要取决于这一步骤。

制图综合主要受地图用途、比例尺和制图区域的地理特点限制。根据草地资源图的内容和特点，制图综合方法可归纳为内容选取、质量与数量特征的概括及图斑形状的概括。

1. 内容选取　内容选取是草地制图综合中最常用的一种方法，它包括取舍、合并和夸大，目的是在图上保留主要的、典型的，能反映制图区域草地分布规律和某些内容的图斑或内容，去掉次要的、非典型的图斑或内容。

（1）内容取舍：内容的取舍与制图目的和用途、成图比例尺及区域草地分布特点有很大关系。在实际工作中，专题图用途不同，取舍的标准也有所差异。如以宏观生产决策为目的的草地图，选取的标准就可以高一些，以显示草地及其特征的宏观规律性；如属于为基层生产单位草地建设、规划服务的草地图，标准可低一些，内容尽可能翔实。

成图比例尺也是决定取舍标准的一个重要限制因素，也是图斑取舍考虑的一个主要依据。因此，为保证制图精度，需要确定最小图斑面积，不同比例尺其取舍标准不同。依据我国北方草地资源调查办公室（1986）编写的《草地资源调查技术规程》，不同成图比例尺图斑选取标准为：1∶5万成图最小上图面积，天然草地25hm²、人工草地10hm²；1∶10万成图，天然草地100hm²、人工草地40hm²；1∶20万成图，天然草地400hm²、人工草地160hm²。

除考虑成图比例尺和制图目的以外，往往还要考虑草地的区域分布特点及地理特点。如我国南方和北方在草地资源制图方面，选取标准略有不同。在比例尺相同的情况下，南方草地相对于北方草地由于地块小、零散，因此容易造成一些小块草地在同一标准下被舍弃。同时，对于一些具有重要生态意义和生产价值的草地，如某种毒害草严重为害区域、自然保护区等，可以适当降低标准，必要时可采用符号夸大表示。

（2）内容合并：在进行内容取舍时，除了按选取标准取舍综合一部分图斑外，有些小的不代表典型草地分布规律的图斑，可采用合并的方式综合。即根据图斑所示草地的重要性、地理位置的重要性，合并性质相似的图斑和不同类型的图斑。对于性质相似的图斑，遵循相邻同质、同型草地图斑归一的原则；而不同类型的图斑，由于不够最小上图面积，可采用"以大吃小"的方法，将其合并于占主导地位的图斑或者改用一种个体符号表示。如草地类型中的山地草甸草地与山地草原草地的"复合体"，山地草原面积仅占40%，因此在合并图斑时，将二者作为一个复合体图斑使用。

（3）内容夸大：对显示草地分布规律、生态环境有重要指示意义的图斑及对草地利用界线或生产有重要指导意义的图斑，则采用夸大表示。如荒漠绿洲中的隐域性草地、反映重要的生物性灾害分布的图斑，虽不够最小上图面积，但要尽量保留或夸大。

在实际工作中，不论是取舍、合并还是夸大，均要注意草地发生、分布的特点及规律，不能因为经过取舍、合并，草地资源的分布失去规律性，或与草地形成与发生条件的分布产生矛盾或相悖。

2. 内容质量与数量特征的概括　在草地资源制图过程中，常遇到大比例尺图向中小比例尺图缩编，这就要求在一定程度上对制图内容质量与数量进行概括。质量与数量特征概括的目的在于减少制图对象在数量和质量或性质上的分类、分级的级别与数目，由概括的分类、分级取代详细的分类、分级。如草地类型图，草地类型分类越详尽，设置的分类级差数量越多，设置的分类单位的数量越多，则最小图斑面积也越小，草地类型图的编制越详细，精度越高，比例尺越大；反之，分类越概略，类型概括程度越高，则类型分类的级差数量越少，分类单位设置的数量就越少，总图斑数量越少，比例尺就越小，精度也越低。因此在具体操作中，可通过提高分类与制图单元的等级、减少过渡类型与相近类型，达到在数量、质量或性质上的概括目的。

3. 图斑形状的概括　图斑形状的概括就是对呈线状或面状分布内容的几何图形的简化。即对图斑轮廓界线的细小碎部进行形状的概括，主要采取以下两种方法进行。

（1）简化一些细小的弯曲与碎部：针对一些细小的弯曲，即人们读图时眼睛分辨不清楚的弯曲部分，通过截弯取直，使其图斑界线平滑自然，增强图面内容的整体感，一般舍去弯曲的长度为0.6~0.8mm。舍去弯曲后应保持与原来图形的基本形状一致，不能机械地舍去一切按比例尺不能表示的碎部，要注意被概括对象的特征与地理要素的发生学关系。

（2）夸大一些细小而能反映特征的弯曲：对于某些延伸性复杂图斑，应在保持图形基本形状的前提下，不违背图斑与草地发生、分布条件的一致性，适当夸大一些有特征的弯曲，使图斑界线圆滑自然。

三、编图的程序与方法

草地资源图是利用现有的图件资料或遥感资料，结合 GIS 及 GPS 技术编制成图的。编制工作与其他地图一样，可分为准备工作、编图大纲制定、草图编绘、清绘与整饰及印刷出版 5 个阶段。

（一）准备工作

本阶段工作的内容主要为：完成地理底图的编绘、相关专题图件资料的收集分析、技术路线及工作流程的制定。

1. 地理底图准备　根据编图的目的、任务及用途、比例尺，编制符合草地资源图要求的地理底图，一般选择国家测绘局编制出版的 1∶5 万或 1∶10 万的比例尺地形图作为地理底图，利用 GIS 软件（如 ArcGIS）提取地理要素。主要涉及的地理要素为：

水系或水域，主要包括河流、湖泊、水库、渠道、蓄水渠、沼泽等与草地利用建设相关的要素。

道路，包括铁路、等级公路、大车路、乡村路、牧道等。

境界线，包括国界、省界、区（州、盟）界、县（旗、市）界、乡界、村界等。

居民点及独立地物，主要包括草原牧区的重要畜牧场、畜牧业设施、居民点、具有定位作用的明显地物点。

等高线，提取与地形地貌相关的不同间距的等高线，以此判断与草地发生与分布相关的地形地貌类型。

其他地理要素，包括各种注记、高程点、经纬网线等。

2. 相关专题图件资料的收集分析　主要收集与编制草地资源图相关的各种专题图件及遥感影像资料，如土壤调查图、土地利用现状图、植被图、林地分布图、行政区划图等。

遥感资料收集：收集覆盖编图区域相近年代的不同数据源卫星遥感影像。

其他资料收集分析：收集与草地资源图相关的草地调查文字报告、资源数据统计册、草地植物名录等资料，并对资料进行分析，主要体现在资料的现势性上。

通过对上述资料的收集分析，进一步核实与修正草地图所反映内容的可靠性和科学性，借此进一步提高编图的质量。

3. 技术路线及工作流程制定　主要包括制定编制规范、技术路线、总体实施方案及预期成果等。

制定编制规范：内容包括七点。一是确定任务来源、目的及专题图性质、用途及制图内容，以及最终成果表现形式。二是工作底图的编绘要求，包括编绘方法、制图精度、最小上图面积、制图区域等。三是编图资料的收集要求，包括相关图件收集与数字化提取及对现势材料的修订要求等。四是专题图表现方法，主要指草地资源图专题内容的表示方法，如草地等级评价图中草地等级评价标准及表现方法。五是编绘要求，主要是图面配置及图例系统、成图质量要求等。六是成果图的审查、验收，包括审查、验收办法及评价指标。七是图件的印刷出版。

制定总体实施方案：主要确定编绘的技术流程、时间安排、采用的软件等。

制定预期成果：主要体现在不同比例尺的草地资源图。

（二）编图大纲制定

编图大纲是编图的指导文件和指南，通常应包括的内容有图名、比例尺、地图的用途及编制要求，地图投影与图面配置，地理基础地图编制要求，专题内容、图例设计和表示方法，制图综合原则要求与方法，编绘程序与技术路线，符号设计、整饰与印刷出版。

（三）草图编绘、清绘与整饰

在修正完善的预判图的基础上，利用 GIS 软件，如 ArcGIS 软件进行转绘编辑，形成草地资源图。

1. 草地资源图编绘　草地调查预判图修正完成并经审定后，在 ArcGIS 软件平台下进行编绘。有两种方法：一种是基于遥感影像的成图编绘，将专题图件内容与遥感影像相叠加，形成专题影像图。制作方法为直接在遥感影像上进行图斑、界线的编辑，再按照不同比例尺进行图面配置，如图例系统制作、界线样式及颜色设置、字体符号设计等，图面上一切要素内容均按照编图大纲规定的标准和精度要求进行。另一种是专题内容不与遥感影像叠加，形成的图件图面仅反映专题内容。即以图斑、符号、线条等多种方法的设计，将修正和审定好的草图，按照不同比例尺在 GIS 软件下进行编绘。

二者的区别主要是：前者注重线条的颜色和样式设计，突出遥感影像背景；后者不以遥感影像为背景，注重的是图斑、线条及符号的样式与颜色设置，如草地类型图，突出草地类型色彩梯度变化。

2. 地理基础底图叠加　根据编制草地资源图任务、用途，叠加地理要素。按照草地资源图编图大纲要求，结合草地资源图突出重点，进行地理要素的编辑及修改，主要进行交通线、水系线、行政界线、独立地物的样式及颜色设置。

3. 草地资源图整饰　为有效提高草地资源图阅读效果及利用效率，在草图编绘完成后，要进行图面的整饰，主要包括图例、图名、比例尺、图廓、制图单位、制图日期、制图人等内容的图面配置设计。在实际工作中，主要进行界线样式及颜色、图斑样式及颜色、符号样式及颜色等设计。总的原则、内容的设计和加工，要促进制图内容显示的明显性，增强表现力和直观性、艺术性，应力求清晰、美观和精细。

以上编制工作均可以在 ArcGIS、MapGIS 及 MapInfo 软件上完成，具体操作参考相关专业书籍。

（四）草地资源图的印刷出版

原图编绘完成后，需要对成图正式出版。对于专业编图工序人员来讲需要做好以下工作。

1. 制作分色样图　即草地资源图设计定稿的样图，是印刷厂制印的选色标准和制印工艺设计的依据。如果图面上类型复杂，线条或颜色较多，最好每种类型各做一张分色样图。如草地类型界线、行政界线的像素、颜色设置就可以做在一张图上。

2. 印刷　样图完成后，编图人员应对样图质量进行认真审查，包括专题内容、字符及符号大小、线条及图斑颜色及符号设置有无错、重、漏现象，图例系统是否完整、准确，制图精度是否满足编图大纲要求等。所有工序检查无误后，即可以进行印刷工作。

四、草地专题图件的编制

反映草地资源的图件主要有草地类型图、草地利用现状图、草地评价图等。每种草地图件反映的内容主题不同，其编制方法也不同。以下主要介绍草地类型图、草地利用现状图、草地评价图的编制方法。

(一) 草地类型图编制

草地类型图是以草地类型为主要因素，表示调查区域草地类型及其地理分布规律的图件。它是以现实存在的草地植被为制图对象，反映草地类型的现状分布情况。它的图例结构中各级制图单位都是根据一定的草地分类原则、系统和类型划分标准划分的。图斑界线均来源于实际调查结合遥感影像资料。

1. 编制内容　草地类型图反映的主题是草地类型，主要目的是能客观地反映某一地区草地类型的形成与分布规律，是草地资源调查成果图件中最基本的图件。草地评价图、草地利用现状图等均由草地类型图衍生而来，因此草地类型图可以说是其他草地图的工作底图，因而草地类型图的编制就成为草地资源系列图件编制中最为重要的环节。

草地类型图所反映的内容主要有两部分：一部分反映的是草地类型学内容，主要包括草地类型及空间分布位置；另一部分反映的是与草地类型发生发展、分布密切相关的地学内容，即各种相关的地理要素，如交通线、水系、地形地貌等。

草地类型图因用途、比例尺的不同，图面所反映的信息量则不同。在编制工作中，根据编图目的、成图比例尺，按照编图大纲中制图精度来确定图面信息量。

2. 编制方法　外业调查工作结束后，已得到调查区域内反映草地类型分布的预判图，再进入室内编图阶段。工作重点主要是对预判图的全面审查与修正，如对草地类型的验证、图斑界线的修改与修订等。在 GIS 软件下，一是矢量图件与遥感影像的匹配，进行投影的转换、地理要素的叠加等工作；二是草地类型界线的修改与补充；三是草地类型图的编辑，主要进行线条、图斑、符号的样式及颜色设置等；四是草地类型图的图面配置，主要进行图例、图廓等要素的添加；五是草地类型图的审定，主要进行图例系统、制图单元等审定工作。

3. 图面主要内容的表示方法　草地类型图图面内容主要由 3 个层面组成。第一个层面主要反映草地类型的高级分类单位"类"的内容，不同的类可采用质底法表示，即不同的颜色、质地等，也可采用线状符号法在遥感影像上直观表达出来。同一个类的草地类型采用相同的颜色或质地。不同类之间体现出颜色的梯度变化，能反映草地类在空间分布格局的明显对比效果。第二个层面主要反映草地类型的低级分类单位"型"，即编图的基本制图单元，不同型之间采用数字与符号注记相结合的方式表达。第三层面主要反映地理要素的内容，提取遥感影像上所反映的地理要素作为草地类型图的辅助要素，采用点、线及面符号方式表达，等同于地形图上的表示方式。

(二) 草地利用现状图编制

草地利用现状图主要反映调查地区在草业生产经营过程中，开发利用草地资源的现状、特点及其分布，为草业生产规划、合理利用与保护资源提供资料和依据。

1. 编制内容　在编制草地利用现状图之前，应先确定编制目的及任务，然后制定编制内容。草地利用现状图编制内容主要包括放牧地、割草地、人工草地及非草地类的界线，草地权属与行政管理界线，草地季节利用方式界线，畜群结构、载畜量与布局，生产基本建设设施，草地利用与保护状况，包括草地退化程度、草地保护与恢复现状等。

2. 编制方法　草地利用现状图以草地类型图为工作底图，剔除部分草地类型界线，保留非草地类界线，在此基础上根据以往图件的草地权属界线、草地利用方式界线转绘至工作底图上，或者依据相关文件提供的 GPS 坐标，再根据遥感影像利用 GIS 软件绘制各类界线。其他一些内容如生产基本建设设施就需要靠现场填图结合遥感影像判读完成。

3. 图面主要内容的表示方法　草地利用现状图图面内容可以采用质底法表示，如利用图斑颜色区分草地的利用类型，利用线状符号表示草地季节牧场与草地利用权属界线等，利用个体符号或者注记表示草地与牧区基本建设设施等。此外，也可以采用遥感影像直观表达，均采用线状符号、个体符号或注记反映草地利用现状。

（三）草地评价图编制

草地评价图是着重反映草地经济利用价值的一种图件。制图内容主要是以草地牧草的数量、质量和草地利用改造条件为对象，因草地评价的方法不同，评价标准不同，制图内容也不同。目前，编制最多的是以草地牧草质量划等、以产量分级的不同比例尺草地等级评价图。

1. 编制内容　草地评价图的编制主要是为反映调查区域内草地资源的利用条件、数量与质量的空间分布及其各草地等级之间的组合特征。

草地资源评价的内容包括草地的数量（生产力）及质量，草地在一定条件下发展农、林、牧及生态旅游等的适宜程度以及生产潜力等。

编制内容依据评价目的和内容不同，成果图种类不同。例如，草地等级评价图，是反映草地第一性生产力和品质的分级图。草地资源自然适宜性评价图，是反映评价对象以满足草地资源开发利用方式的自然适宜性等级的图件。草地承载力评价图，是反映草地承载牲畜能力的图件。

2. 编制方法　草地评价图以草地类型图、草地利用现状图为工作底图，结合其他相关资料编制而成。草地等级是草地评价图的基本制图单元，主要依据草地类型图中各草地类型的等级作为基本单元进行组合或归并，依据草地利用现状图中非草地类型界线及其他利用现状界线等逐一增减。

在 GIS 软件下，根据草地评价标准，对草地类型中的基本制图单元——草地类型，评定所属草地产量"级"及草地质量"等"的级别，即对草地类型图斑逐块进行草地等级评定，标注草地等级代号。同时，将具有相同等级的相邻图斑进行合并，并以标注评定的草地等级代号取代类型代号。

实际工作中，对相同草地级的图斑进行合并，删除草地"等"的评价代号，可为草地牧草产量图；对相同草地等的图斑进行合并，删除草地"级"的图斑，可为草地质量图。此外，也可以根据两图的综合，进行载畜量评价，生成载畜量评价图等。

3. 图面主要内容的表示方法　草地评价图图面内容的表示分为 3 个层面：第一层面反

映表示"等"的内容；第二层面反映表示"级"的内容；第三层面反映地理要素内容。可采用质底法加注记符号表示，用不同色调来反映草地"等"的层次，注记或符号表示草地"级"的层次。也可采用遥感影像直观表示，底图为遥感影像，草地"等"界线采用不同的颜色表示，草地"级"采用注记或符号表示。

实际工作中，按照不同用途，质底法和遥感影像可灵活运用。

第四节 草地面积量算与生产力计算

草地面积量算与生产力计算是草地资源调查的重要工作内容之一。面积量算通常在编制的草地图件上进行；生产力计算是在获得草地面积的基础上，根据样地测产数据与面积的求积而获得的。

一、草地面积量算

面积是草地资源调查重要成果之一，是核定载畜量，进行草地优化配置的基础数据。要确保面积量算结果的可靠性，必须严格按照一定的科学方法和程序进行。

（一）量算方法

草地面积量算是在经过修正的草地类型图上，采用相关量算方法，量算求得各级行政区内各类草地类型分布的面积。面积量算最基本的原理是运用几何学原理或微积分原理计算面积。其量算的原则是以图幅理论面积为基本控制，分幅进行量算，按面积比例平差，自下而上逐级汇总。用于面积量算的方法很多，以往采取的量算方法有几何解析法、方格法、求积仪法、GPS测定等，目前多采用GIS软件计算、无人机测定等方法。具体工作中采用何种方法，应综合考虑调查区图形的复杂程度、面积量算的精度要求和仪器设备等条件后选择。

目前，最常用的方法主要是计算机量算法。主要运用MapInfo或ArcGIS，通过扫描、矢量化提取，再通过相关函数自动进行面积的量算。GIS软件能自动显示各图斑面积、周长、标识号等信息。该方法简单、方便、迅速且精确，是目前世界上应用较为普遍的方法。具体操作过程在实习指导书中详细介绍。

（二）面积校正

无论采用何种方法量算得出的面积，均会出现量算面积大于或小于实际草地面积的情况。其原因为：一方面，图面面积包含了一部分在图面上难以直接表现出来的内容，如道路、河流、小于上图面积要求的居民点及其他非草地类，在计算草地实际面积时，就需要将此部分内容所占面积扣除；另一方面，由于地形起伏等原因，所量算得到的面积往往小于实际面积，特别是在地形起伏较大的山区，由于坡度原因，图面上所量面积与实际面积相差较大，因此需要根据地形坡度校正量算面积。

1. 草地可利用面积系数确定 草地面积有总面积和可利用面积之分。草地总面积是指在所量算面积中含有部分在图上难以标明或量算的非草地类的面积，如道路、河流及草地中零散分布的部分裸地、稀疏植被等，可以直接根据图斑量算获得。草地可利用面积是指在扣除了一切非草地面积之后的草地面积，也是生产经营中实际利用的草地面积。在无法直接量算的情况下，通常以草地可利用面积系数的确定来折算草地可利用面积。草地可利用面积系数的确定可通过遥感影像判读和实地取样测量获取。

2. 草地面积校正　在有坡度的地区，地图上的面积属于投影面积，在量算过程中，要根据地形坡度的变化，来校正地图面积。坡度为 5°时，投影面积与实际面积相差约 1%；15°～22°时，相差 7%～14%；23°～31°时，相差 15%～28%；32°～39°时，相差 29%～40%；40°～50°时，相差 41%～50%。坡度小于 15°时，可以不校正。

二、草地生产力计算

草地生产力的计算，是从事草牧业生产活动首要掌握的数据之一，也是制定资源利用与保护规划的一个重要基础数据。对于一个区域、一个生产单元的生产发展规模与效益体现，经营范围内草地生产力是一个至关重要的制约因素。因此，草地调查中生产力计算，是在取得调查成果过程中一个极其重要的工作环节。

广义的草地生产力是指单位面积的草地在一定时期内可产出的生物体数量，包括植物体与动物体部分。在生产中，通常用草地牧草产量与草地载畜量来表示，有时也用草地的营养物质与能量、草地动物产品来表示。本书中草地生产力用草地牧草产量、草地营养物质与能量及草地载畜量来表示。

（一）草地牧草产量

1. 草地牧草产量含义　草地牧草产量，也称为草地基础生产能力，通常用单位面积草地在一定时期内所生产的牧草地上生物量或可食牧草数量来表示。在草地利用中，牧草地上生物量和可食牧草数量是有区别的。即牧草地上生物量是指草地植物群落在一定时期内地上部全部有机体的数量，也就是在草地野外样地调查中齐地面剪割的植株体部分；可食牧草数量是指一定时期内可供家畜牧食的部分，可直接用于草地载畜量的计算。

2. 草地牧草产量计算　在北方地区，草地基本上以季节轮牧的方式利用。因此，草地牧草产量是按实际利用季节来计算，为了表述某一地区草地的总牧草产量，也有以年为时间单位来计算草地牧草产量的。

在大面积区域性的草地调查工作中，由于受调查工作条件和季节的限制，样地调查结果基本属于某一年份某一季节的一次性调查结果，显然，用这样的调查结果来反映草地的牧草产量，会产生较大的不确定性。众所周知，对于草地生产特别是依赖于自然生产的天然草地生产，生产性能的季节与年际波动是其显著特征。那么，在对某一草地牧草产量进行测算时，就必须对调查的产量进行年度、季节动态的校正。

草地测产一般在生长季生物量最大的时候进行，而在实际放牧草地上，放牧后的草地牧草存在继续生长、枯死、凋落或被昆虫和其他动物采食，这是一次性测产法无法获得的。因此，生长季多次测产，比在生长季最大生物量时一次性测产得到的数据更准确。

要准确计算草地牧草产量，需要多年的测产数据，但在实践中，一般难以做到。目前，为了使一次性调查的产量数据尽可能趋近于正常年的生产能力，通常用草地产量校正的方法，消除用一次性测产结果计算草地生产力的弊端。在有条件的地方，可以用多年草地牧草产量定位监测资料进行校正，在求得多年平均产量的基础上，以一定的系数来推算丰年和歉年的牧草产量。具体可用式（5-2）、式（5-3）计算。

$$牧草地上生物量 = Y_1 \times S \qquad\qquad (5-2)$$
$$可食牧草产量 = Y_1 \times U \times S \qquad\qquad (5-3)$$

式中，Y_1 为单位面积（hm^2）牧草地上生物量，kg；S 为草地面积，hm^2；U 为牧草或草地利用率。

如缺乏此方面的资料，也可通过当地历年气象资料中的降水与温度的变化规律，进行草地牧草生长状况的相关性分析。遥感数据植被指数的分析技术，对于草地牧草产量动态分析的应用具有巨大潜力，应加强开发利用。

3. 草地的利用率与确定方法　在草地载畜量计算的参数中，草地利用率值对草地载畜量的计算影响颇大，因此世界上对草地利用率的研究颇为重视。在这里有必要对草地利用率做进一步讨论。Parker 和 Glendening 将草地利用率定义为：不会导致草地优良牧草密度和活力下降，避免土壤侵蚀和地表径流的放牧强度。FAO 的定义是在不导致草地退化的情况下，草地放牧采食的最大比率。美国草地管理协会（1999）的定义是：实现草地管理目标，维持或提高草地生产能力，对草地牧草当年生长量的利用程度。但由于地形、水源地、放牧季节和其他管理因素的影响，草地利用率的差异很大。另外，草地降水量年际变化引起的草地产量波动，也会影响到草地利用率，应根据波动的范围适时进行调整。据他们的研究，天然草地降水波动范围为平均降水量的 25%～30%，草地产量也会在平均产量 30% 左右范围内波动，在这一范围内可以实现利用率的调整；当降水量偏离年均降水量 50% 或更多时，就无法给出可靠的利用率。

从广义的定义来讲，草地利用率是指在一个放牧时期内，家畜采食草地牧草的比率，既可作为放牧策略用以确定安全载畜量，也可作为放牧技术用于根据环境条件变化和牧草产量调整放牧率。

对于草地利用率的确定有实际测量与经验估计两种方法。实际测量法，主要是根据放牧与刈割试验来确定某一草地的利用率。这需要做大量的重复试验才能取得较可靠的数据，耗财、耗时，在应用中难以推广。经验估计法成本低，但确定的利用率一般低于实际利用率。另外，也有人采用基于牧草高度和质量函数关系的植被高度-质量法。这种方法会受到草地产量年际变化影响，可能会有 10%～25% 误差。

在确定草地利用率的研究中，有人提出关键种（key-plant）和关键场（key-area）的概念，认为利用它们来确定草地利用率十分有用。关键种通常是指草地植被中，适口性好、盖度大、产量高的物种。在确定关键种的利用率后，再比较其他种与关键种的适口性差异，就可以较准确地确定整个草地的利用率。由于草地的放牧条件以及牧草适口性的差异，关键场的选择一定要有代表性，不可选择放牧条件最优和最劣的地段。如饮水点、道路、河床等附近，这些地区虽然放牧利用频率高，但它们不能反映整个草地的利用率。

经验估计法是人们根据长期生产实践经验估计得出草地利用率。美国林业服务机构首次提出维持草地生产的草地安全利用率为 15%～20%。草地利用率的经验法则是采食一半、保留一半，采食的 50% 中只有一半家畜采食，另外一半被践踏、弃食、昆虫和其他动物采食等，或者由于分解而消失。这一经验法则对湿润草地和一年生草地适用。对于干旱、半干旱草地，则认为利用率一般为 35% 比较适宜。Glat 等认为，对大部分美国西部草地而言，要避免长期的牧草匮乏和草地退化，25% 的草地利用率是适宜的。若草地利用率高于 25%，一旦干旱发生时，由于经营者不愿意缩减饲养规模，必然会导致草地退化和经济损失。根据对草地生产力、家畜生产及经济收益的权衡，当不确定草地植被状况及草地产量时，可设置初始放牧率，灌丛草地利用率为 30%、干旱草地 40%、湿润草地 50%、一年生草地 55%。研究表明，由于家畜践踏、野生动物采食及牧草风化等，实际利用率通常会超过设定利用率，因此设置利用率时至少把初始利用率降低 5%。

（二）草地营养物质与能量

草地营养物质与能量的生产力是指单位面积的草地在一定时期内，可生产的各种营养物质如粗蛋白质、粗脂肪、粗纤维、无氮浸出物、粗灰分、钙、磷等和产生能量的能力。营养物质生产力计算，可取样分析每种植物或样品的营养成分含量，与植物生产量相乘获得各类营养物质产量。

根据家畜营养学原理，草地的生产力也可以通过计算草地牧草被家畜转化的各种形态的能量，如消化能、代谢能、生产净能来表示。可根据草地牧草各个种的产量，按照《饲料牧草营养价值手册》中对各种牧草不同形态能量的含量规定进行计算，也可以通过自行测定值计算。

用草地营养物质与能量表述草地的生产力，是在牧草产量的基础上，考虑了家畜对牧草的转化功能与效率，对草地产量做了进一步的计算与校正。它近似地表示了草地生产过程中，可用于转化的植物性能量和物质。由此可以看出，用营养物质与能量计算草地的生产力，要比用牧草产量计算草地生产力更合理与科学。在有条件的情况下，这种计算草地生产力的方法应当得到广泛应用。

（三）草地载畜量

1. 载畜量含义 草地载畜量是目前生产中用于表示草地生产力最常用的一种方法。载畜量也称载牧量，其含义是"一定的草地面积，在放牧季节内以放牧为基本利用方式（也可以适当配合割草），在放牧适度的原则下，能够使家畜良好生长和正常繁殖的放牧时间及放牧的家畜数量（胡自治，2000）"。农业部发布的《天然草地合理载畜量的计算》（NY/T 635—2015）中给草地载畜量下的定义是"一定的草地面积，在某一利用时段内，在适度放牧（或割草）利用并维持草地可持续生产的前提下，满足家畜正常生长、繁殖、生产的需要，所能承载的最多家畜数量"。这两个概念对草地载畜量的认识，没有实质性的差别。

2. 家畜单位的确定与折算 在载畜量估算中，为了计算方便，通常是把不同种类、不同体型大小、不同年龄的家畜统一转换为"标准家畜"（standard animal），以方便载畜量的估算。一个标准家畜的采食量称为一个家畜单位（animaln unit）或家畜单位当量（animal unit equivalent）。世界上大多数国家采用的家畜单位是以牛作为标准单位，称为牛单位；我国采用的是羊单位。

（1）家畜单位牛单位的应用：美国草原管理学会（1974）规定的家畜单位的含义是：1 头体重 454kg 的成年母牛或与此相当的家畜，平均每日消耗牧草干物质 12kg。Robert 和 Richard（2000）认为，一个家畜单位是 454kg 的成年母牛及其犊牛，日食干草 11.8kg 或日食量为其体重的 2.6%。Holechek 等提出了不同种类家畜转换为家畜单位的标准和方法，对牛而言，由于体重差异，每 100lb* 体重增减对应 0.1 个家畜单位变化，体重小于 900lb

---

* lb 为非法定计量单位，1lb＝0.454kg。——编者注

的牛，其折合家畜单位的计算公式为（体重＋100）/1 000，体重大于1 100lb的牛，其折合家畜单位的计算公式为（体重－100）/1 000；超过3个月龄的犊牛直至400lb左右断奶，由于牧草比母乳更能满足其营养需求，折合0.3个家畜单位。

（2）家畜单位羊单位的应用：目前采用羊作为标准家畜的国家主要有澳大利亚、新西兰和中国。澳大利亚是以体重为50kg的2岁美利奴绵羊为基本羊单位（drysheep equivalent）。新西兰以体重为54.5kg的母羊带有一个羔羊作为基本家畜单位。中国采用的绵羊单位标准是，在放牧期间能供给1头体重为40kg的母羊及其1个哺乳羔羊所需牧草，不必加喂其他饲料的草地面积（王栋，1955）。农业部发布的《天然草地合理载畜量的计算》（NY/T 635—2015）中规定的羊单位饲养标准为：1只体重45kg、日消耗1.8kg标准干草的成年绵羊，或与此相当的其他家畜。

另外，也有用家畜平均体重法来计算家畜的饲养标准。家畜平均体重法（average animal weight）不考虑家畜的种类、品种，采用统一转换系数0.026 7，与家畜体重相乘，计算家畜的饲草需求量。这个系数是根据母牛及其哺乳犊牛的代谢需求计算得来的，一头母牛及其哺乳犊牛1d的饲草需求量约为其体重的2.67%。Holechek等认为，家畜日均采食干物质量应约为其体重的2%。依据家畜平均体重法估算放牧率时，一般绵羊采食量为其体重的3.0%～3.5%，山羊采食量为其体重的4.0%～4.5%。马和驴虽然是单胃动物，但其盲肠发达，单位体重的饲草需求量高于反刍家畜，饲草采食量一般占其体重的3%。虽然，不同研究给出不同的数据，但大多数家畜平均体重法基本上都以体重的2.6%计算家畜的饲草需求量。

在这里需要说明的是，尽管人们对家畜单位进行了许多研究，但用家畜单位作为评价草地牧压或家畜采食量的单位仍然存在一些不足。家畜单位只是表达一个家畜单位的饲料需求，并不是家畜采食量的单位，也不是转化率。这仅与影响家畜饲料需求的因素有关，这些因素包括家畜的代谢体重、妊娠与否、泌乳阶段，并不包括牧草或环境特征。家畜单位作为衡量家畜营养需求的单位，应涉及植物-动物互作关系，这样才便于严格界定放牧水平和载畜量。因此，家畜单位不能既表示家畜的饲料需求，又表示采食量。

3. 草地理论载畜量计算　关于理论载畜量的计算，生态学家主要基于降水和草地产量、草地利用率、可食牧草比例以及气候、土壤、植被、家畜和人类的影响来估算草地载畜量。最基本的计算方法是，先计算生长季末的草地产量，利用草地利用率等校正系数校正，除以单位家畜的年平均需求量，得到草地理论载畜量。目前，草地载畜量的计算方法主要有牧草产量法和家畜牧草采食量法。牧草产量法，采用放牧或刈割试验，或者利用降水或土壤湿度估测草地产量，根据草地利用率得到校正的载畜量。家畜牧草需要量要考虑家畜的营养需求，因此除了考虑牧草产量外，还应该把牧草质量和营养物质产量包括在内。有学者提出，除了考虑牧草产量、营养物质含量外，还应考虑家畜对牧草的转化效率。草地放牧是一个动态的过程，因此草地历史放牧资料和牧民长期的放牧经验在确定载畜量中的地位无可替代，同时期实际放牧家畜数量、草地利用率、草地趋势动态及降水资料对计算载畜量比较重要。

限于获得资料条件的限制，目前载畜量的计算仍然采用以往的方法进行。载畜量可以根据牧草产量计算，也可以根据草地营养物质产量计算，二者在计算原理上相同，只是计算参数不同而已。前者需要提供草地面积、放牧季的草地牧草产量和草地的利用率、放牧家畜的日食量、放牧时间等参数；而后者只是将参数中的牧草产量用可利用消化能或代谢能代替，日食量用家畜营养需要规定的标准。

根据载畜量的含义，草地载畜量是由草地面积、放牧时间和家畜数量三项要素构成，在三项要素中只要有两项不变，一项为变数，即可表示载畜量。载畜量的表示方法有以下 3 种（胡自治，2000）。

（1）家畜单位指标法：在一定的时间内，一定面积的草地可以放牧的家畜数量。

（2）时间单位指标法：在一定的草地面积上，可以供一定家畜单位放牧的天数或月数。

（3）面积单位指标法：在一定的时间内，放牧一个家畜单位所需的草地面积。

在具体应用时可按式（5-4）至式（5-6）计算。

$$家畜单位 = Y \cdot U / (I \cdot D) \tag{5-4}$$

$$时间单位 = Y \cdot U / I \tag{5-5}$$

$$面积单位 = A \cdot I \cdot D / (Y \cdot U) \tag{5-6}$$

式中，Y 为放牧季草地牧草产量，kg；U 为草地利用率；I 为放牧家畜的日食量，kg/羊单位；D 为放牧时间，d；A 为草地面积，hm^2。

在生产实践中，草地载畜量一般按所划分的草地利用季节计算。如某一区域的草地是以冬、春秋、夏三季利用，那么，草地载畜量的计算就应按三季分别计算，只有这样计算出来的载畜量才具有实际意义。

4. 草地现存载畜量计算 草地现存载畜量是指草地在利用期内实际饲养的家畜，按草地畜群的畜种和品种折算为标准家畜，分别按成年畜的体重与幼畜的年龄折算为标准单位。

5. 草畜平衡计算 草畜平衡是指为保持草地生态系统良性循环，在一定区域和时间内，通过草地和其他途径获取的可利用饲草料总量与其饲养的家畜所需的饲草料量保持动态平衡。通过草畜平衡计算，应用理论载畜量与现存载畜量进行对比，计算区域草地牲畜潜力与超载，为草地合理利用及规划提供依据，具体计算方法详见实习指导。

第五节　草地调查报告的撰写与资料管理

一、调查报告撰写的要求

草地调查报告是对草地资源调查结果的科学分析和总结，是由感性认识向理性认识升华的过程，是指导生产和进行草地利用与保护规划的基础资料。调查的目的不同，报告的内容侧重点不同，报告的形式繁简不一。一般来讲，针对区域性草地调查工作，所撰写报告要详细地说明调查区域以草地为主包括其他各类资源的情况，既要反映草地资源综合调查的成果，又要突出草地资源重点，特别是要把揭示草地在利用与保护中存在问题和解决问题途径作为报告的重要内容。草地调查报告不能以单纯描述自然的方式来撰写，也不能就事论事，要透过现象探究与揭示问题的实质，要从自然、经济与社会学的角度，分析、总结草地的形成与发展和经营与利用现状。

调查报告的文字力求简明，数据可靠，重点突出，图文并茂；提出的问题和建议要有理有据，观点明确，措施可行。

二、调查报告撰写的内容

一般草地资源调查报告需撰写以下内容。

1. 调查工作概述 此部分内容起前言的作用。主要内容包括开展调查工作的目的、工作组织、工作过程和采用的技术路线以及所取得的主要成果等，通过以上内容介绍，使用户对草地调查工作及其所取得的成果有一个概略的了解。

2. 自然和社会经济条件概况

（1）自然条件：重点说明调查区域草地成因因素的特点，阐述内容包括气候、地形、土壤、水文、植被以及人类活动对草地形成与发展的影响。

（2）社会经济条件：主要内容包括调查区域的行政隶属，人口、民族组成、劳动人员状况、受教育情况，草地生产与经济基础，农牧民收入等。

3. 草地植物资源及其特征　重点说明调查区域草地植物的区系组成与地理分布，利用类型及其基本特征。

4. 草地类型及其基本特征　说明调查工作采用的草地分类方法，包括分类的原则、标准与分类系统；草地类型分布规律与群落基本特征，主要围绕草地类型的面积、分布区域、群落种类组成与数量特征、载畜能力等进行定性和定量描述。

5. 草地资源评价　主要针对草地资源特征进行评价，包括草地质量评价、草地生产潜力评价、草地及其生态环境健康状况评价等。

6. 存在问题、解决措施与建议　通过以上内容的分析、归纳与总结，对调查区域从经济发展与环境保护战略的视野，探讨存在的问题，提出解决措施与发展建议。

三、调查资料的管理

草地资源调查的最后一项工作，是对调查的成果包括数据、文字、图件、照片及视频等资料，采用现代信息化技术手段进行全面的整理与处理，确保资料永久保存和在经济建设中充分发挥应起的作用。调查资料的管理工作主要包括野外调查原始样方数据、标本、图件、照片及视频资料等的管理。

草地资源调查来源于数字化及野外调查采集，数据信息量大，其存储管理是草地资源资料管理的关键。

1. 野外调查数据管理　主要包括实测点位数据（GPS 数据）、野外调查样方记载数据、室内分析数据及文献资料数据等。

纸质的野外调查样方记载数据按草地类型编号后装订成册入库。同时，利用 Excel、Datebase、Acess 等软件录入保存为电子数据，也可通过录入网络共享平台实现大数据共享。

2. 标本管理　主要包括草地调查植物、动物等的实物标本和电子标本。按照一定的科、属、种分类，依据标本制作规范，将野外采集实物标本压制存档。电子标本可制成电子图集，形成电子标本库，也可发布于网络平台，实现电子标本的查询、检索。

3. 图件管理　GIS 技术可有效地对图件资料实行科学管理。草地资源图件主要包括草地类型图、草地等级评价图及草地利用现状图等。其管理除纸质材料存档外，最重要的就是建立草地资源图件数据库。即利用草地资源调查成果中大量数据，建立网络平台，实现标准化、数字化、网络化管理。但同时注意需按照国家法律法规规范管理。

4. 照片、视频资料管理　野外调查工作中的工作照片、植物照片、生境照片、样地样方照片、土壤剖面等照片及视频资料，按照样地编号分类进行保存，作为草地调查工作中的第一手资料，以便为后来草地类型判别、数据分析等提供参考依据。

草地管理、利用和建设调查

草地调查除了对草地的生物因素和气候、土壤等非生物因素进行调查外，还要对草地管理制度、利用现状和建设发展状况等社会因素进行调查。这样才能全面理解草地资源与社会发展之间的关系，才能为合理利用草地资源提供多方位的信息。

第一节　草地管理调查

一、草地管理制度情况调查

草地管理制度，是指各级政府为了合理利用草地资源所制定的一系列的政治、经济规则及契约等法律法规，以及与这些法律法规相关的管理机构。调查草地管理制度，不仅有助于理解草地管理制度变迁对草地利用的影响，也有助于从制度建设层面提供改进草地管理的建议。

草地既是发展畜牧业的生产资料，也是自然资源的一种。因此，涉及草地管理的法律也较多。我国虽然在 1985 年制定了专门的《中华人民共和国草原法》，但涉及草地管理的法律有很多，如《中华人民共和国土地管理法》《中华人民共和国森林法》和《中华人民共和国防沙治沙法》等。各省（自治区、直辖市）又根据各自情况，制定了相应的一系列地方草原保护与建设的法规和规范性文件。这些法规的制定和施行，对加强草地保护、管理、合理利用和改善生态平衡，促进草牧业经济发展起到积极作用。

草地管理制度的调查，一是调查现行涉及草地管理的法律法规或制度、政策有哪些，内外部协调程度如何等；二是调查现行涉及草地管理的法律法规、制度、政策的作用，如适应社会需要程度、推动草地科学化管理的积极作用和不足以及遵守执行的状况等。

二、草地权属调查

我国草地权属包括所有权、使用权和承包经营权。《中华人民共和国草原法》（2013 年修正）规定，草地属于国家所有，由法律规定属于集体所有的除外。我国草地面积辽阔，草地类型丰富多样。各省（自治区、直辖市）根据草地资源状况、历史原因和现实情况，制定了相应的草地所有权、使用权和承包经营权管理制度。而且随着社会经济的发展，这些草地管理制度也发生着巨大变化。草地权属调查的主要任务是查清每处草地的权属、界址、数量、用途、等级、价格等内容，了解草地在权属管理中存在的问题以及经营者对草地权属管理的认识与意愿。

在调查中，要了解草地所有权的主体、对象和范围，重点是国家、集体草地面积所占比重，使用权的主体和对象，以及草地承包经营的草地面积和户数比例等。特别是近年来推行的草地流转承包制度，要调查与草地流转有关的法律、政策，以及草地流转的面积、规模及其存在的问题。如所有权与使用权、承包权是否明晰，权属登记是否准确，是否存在确权纠纷、承包纠纷、草地征收纠纷以及草地承包经营权的流转是否完善等。调查采用宏观和微观、定性和定量相结合的方法，利用调查问卷、实地访谈等方式获得信息。

三、草地监督管理机构调查

《中华人民共和国草原法》规定，"国务院草原行政主管部门主管全国草原监督管理工作。县级以上地方人民政府草原行政主管部门主管本行政区域内草原监督管理工作"。随着草地在农牧业生产和生态保护建设中的重要性提高，各省（自治区、直辖市）根据各自实际情况设立不同的草原监督管理机构。在草原监督管理机构调查中，一是要调查所调查区域草原行政管理机构设置、行政隶属管理及其数量；二是调查机构人员专业、学历、年龄以及装备情况；三是调查有关草原监督管理法规的执行情况。

四、草地信息管理调查

草地资源信息化是国民经济与社会信息化的重要组成部分，也是实现草地资源管理现代化和促进草业事业发展的重要支撑，对促进国家社会经济可持续发展、优化资源利用结构、保障资源安全利用具有极其重要的意义。进入 21 世纪后，草地信息管理技术步入快速发展阶段。3S 技术、计算机技术的渗透和融入，为实现草地信息管理技术的现代化提供了强有力的技术支撑和条件。

草地信息管理调查的主要内容包括：一是调查区域目前草地资源基础数据的收集和管理，是采用信息系统管理还是仍采用手工记录和纸制地图记录。如采用信息化管理，有哪些管理信息系统或草地的预测预报体系，其建立、运转、效果和存在有哪些问题。管理信息系统投入实际运行后，草地牧场管理方式、管理水平发生了哪些变化，是否产生了一定的效益。二是草地牧场管理手段是否实现信息化，基础数据是否及时更新换代，管理力量是否薄弱或限于形式。三是草地资源数据是否健全，数据资料是否存在比较分散、标准不统一及保存、更新、查询纸质资料或表格难度大的问题，数据管理是否方便，工作效率如何。四是信息化建设是否存在管理体系的分割现象，各部门之间的信息是否便于快捷传达、共享和即时更新等。

调查方法通过拟定好调查提纲，查阅调查区域各相关政府职能部门和技术主管部门的草地信息管理应用文档资料及部门间信息互通资料，通过与不同层次的管理人员、使用人员（如牧户）座谈等方式来进行。

第二节　草地利用方式调查

草地利用现状是在一定历史阶段人类社会经济活动与草地自然条件协调统一的结果，反映草地在某一阶段被利用与管理的水平。随着社会经济的发展、科学进步和人类对自然规律认识的不断深入，以及生产力水平的不断提升，草地的利用方案也在不断的改进。那么，人类要实现草地的合理利用，就必须对草地的利用现状有全面的了解。

随着社会经济的不断发展，草地已从原有的以草牧业、饲草料生产为主逐渐变为具有旅游休憩、建设自然保护区等多种用途的自然资源。草地利用方式调查就是查明不同利用方式的草地所占面积及其所占比例、分布、草地类型等，以及草地利用存在的问题与效益。对于牧用草地的调查，首先是查明某一区域内哪些草地是用于放牧利用，哪些草地是用于刈草利用，还有哪些草地是由于某种原因尚未被开发利用，对未利用草地应查明其原因和进一步开发利用的条件；其次是调查目前草地利用方式的划分是否科学合理，是否需要对利用方式进行调整以及调整需创建的条件。调查可以采用遥感影像、草地资源图、访问调查和实地取样等相结合的方式进行。

一、放牧草地利用调查

按季节进行轮牧是天然草地放牧利用的最普遍形式。我国天然草地根据放牧季节一般分为季节性放牧草地、四季放牧草地和划区轮牧草地。天然放牧草地利用季节的划分与布局各地差异较大，如在青藏高原，季节牧场基本上分冷、暖两季节草地转场放牧；而在东北、内蒙古平原地区，草地适宜季节不明显，季节放牧草地划分不甚严格；新疆由于"三山夹两盆"的地形地貌特征，草地垂直分布分异大，草地按利用季节划分为夏牧场、春秋牧场、冬牧场、夏秋牧场、冬春牧场、冬春秋牧场和全年牧场7种利用类型；在华北暖温带农区和南方亚热带、热带农区和农林区，一般以夏秋放牧为主，冬季以舍饲为主，放牧多利用居民点周围的零星草地，或在田坎草地上系留放牧，季节草地的划分不严格，只在中山地区海拔高度>1 800～2 000m的中高山草地，用以暖季放牧利用。

对于放牧草地利用季节的划分与布局现状的调查，主要开展以下几方面的工作。

1. 草地利用界线调查 这一工作通常是以具体的行政单位和草地承包业主为对象，调查的内容包括行政单位、户、联户、合作社的范围及其草地季节利用的界线。对草地的行政边界调查与确定应十分慎重，对有争议的边界，可借助当地单位之间或有关政府部门来协商解决。

2. 季节牧场分布及利用调查 要了解现行草地利用季节的划分，各季节牧场的分布位置、范围和草地类型、气候、地形、供水状况，进出场时间、转场距离、转场期间的气候状况以及途中水草供应情况；季节牧场的不同经营地段配置的牲畜种类、数量、放牧利用方法、经验和存在问题；草地利用程度、原因，以及在季节牧场划分与平衡中存在的问题。同时，调查各季节性草地退化程度，草地退化标准可参考《天然草地退化、沙化、盐渍化的分级指标》（GB 19377—2003）。调查采用访问座谈结合野外现场调查方式。调查前需制定好调查表，对所调查各类内容根据其属性用图件和文字反映。

二、割草地利用调查

我国割草地主要分为固定割草地和半固定割草地两种。固定割草地为连续在同一地段连年割草，常见于松嫩草地和呼伦贝尔草地东部，黑龙江、吉林两省的山间河谷草地。每年秋季，集中用机械和畜力割晒青干草，大部分储备用于越冬饲喂牲畜；还有一部分售给外地的牛场，多属商业性割草；少部分优良的羊草出口。半固定割草地多采用刈牧轮用，割草根据每年草地的水热状况而定。牧草生长好的年景割草，生长不好的年景用于放牧；或采取割草、放牧逐年轮换，或者割草两年后，再放牧一年。

割草地利用调查内容主要包括草地类型，牧草种类组成、分布、面积、产量水平，适宜割草时间、次数，当前实际割草次数与时间。同时，还应对刈割、调制、运输、储存的情况和机械化程度，干草质量和牲畜利用情况以及在缓解草畜矛盾中所起作用，割草地的发展趋势，更新复壮的技术措施，割草地存在的问题等方面进行详细调查。如果是割草放牧兼用型草地，同样也要进行草地载畜量平衡调查。调查可通过访问座谈结合野外现场调查方式进行。调查前需制定好调查表，对所调查各类内容根据其属性用图件和文字反映。

三、划区轮牧型草地利用调查

划区轮牧，也称小区轮牧，是一种科学利用草地的方式。它是根据草地生产力和放牧畜群的需要，将放牧场划分为若干分区，规定放牧顺序、放牧周期和分区放牧时间的放牧方式。划区轮牧一般以日或周为轮牧的时间单位。在我国南方草山草坡，划区轮牧是一种主要的草地利用方式。草地调查内容主要包括用于划区轮牧的草地面积、类型、小区数量、家畜种类、轮牧天数和轮牧周期等。此外，还要依据《天然草地退化、沙化、盐渍化的分级指标》（GB 19377—2003）对划区轮牧草地利用程度进行调查。

四、旅游休憩型草地调查

草地生态服务功能之一是为人类提供旅游休憩场所。近年来，随着人们生活水平不断提高，草地旅游作为旅游业的一个组成部分，是在草地特定环境下进行的一种旅游活动。草地旅游包括自然景观旅游、休闲运动旅游等多种形式。草地旅游不仅丰富了人们的文化生活，还能提高草地的利用价值，增加农牧民的经济收入。旅游休憩型草地调查内容主要包括用于旅游休憩的草地类型、面积与开展的旅游活动、旅游收入等。由于旅游休憩型草地属于特殊的一种草地利用类型，如退化的"五花草原"反而是吸引游客拍照留念的草地类型，因此旅游休憩型草地不能用适宜评价放牧型草地的标准来调查其退化程度，而是要根据旅游休憩活动类型与所利用草地之间的关系开展相应调查。调查方式以访问调查为主。

五、自然保护区草地调查

自然保护区是指对有代表性的自然生态系统、珍稀濒危野生动植物物种的天然集中分布区与有特殊意义的自然遗迹等保护对象所在的陆地、陆地水体或者海域，依法划出一定面积予以特殊保护和管理的区域。我国许多自然保护区或国家公园有天然草地分布，因此自然保护区草地也是草地调查规划的内容之一。调查内容包括保护区内草地面积、类型、草地权属以及草地在核心保护区、科学实验区和生产生活区分布的面积和类型。在采取保护措施后，重点调查草地群落结构、动植物种类等变化。除此之外，由于保护区或国家公园的设立，对当地农牧民生计和草牧业经济发展的状况也要开展调查。调查方法是根据国家或省区自然保护区建立和管理的有关规定与要求，组建多学科的专业调查队伍，按照上述调查内容来开展相关调查工作。

第三节　草地建设状况调查

本节所讲的草地建设是指通过人为能量、物质输入，恢复或提升草地生态系统服务功能的一种措施，主要包括草地培育改良、基础设施建设以及开展各类草地保护建设工程等内容。

一、草地培育调查

草地作为一种自然资源，必须对其合理利用和培育改良，才能实现草地资源的正常存在与持续发展。草地培育的目的是调节和改善草地植物的生存环境，创造有利的生活条件，促进优良牧草的生长发育。具体技术包括封育、划破草皮、灌溉、施肥、补播和有害生物控制等方面。

（一）草地封育调查

目前，退化天然草地封育主要通过围栏实施禁牧或休牧。禁牧或休牧的目的是让草地有休养生息的机会。禁牧一般需要较长的年限，如5～10年的时间，禁止草地放牧。而休牧可以是季节性的，也可以是短时间年限的。草地封育调查内容包括禁牧或休牧的草地类型、面积、占可利用草地的比例与禁牧或休牧的时间等。此外，为了合理评价草地封育的效果，对实施草地封育前后的植物群落结构、多样性、草地生产力以及农牧民经济收入等方面也要重点调查。调查采取实地样方调查与访谈相结合的方法。

（二）草地灌溉调查

草地灌溉也是草地培育的重要措施之一，对提高草地生产力和发展草牧业经济具有重要作用。草地灌溉调查内容主要包括草地灌溉方式和灌溉制度，灌溉方式包括漫灌、喷灌、滴灌等，灌溉制度包括灌溉定额、灌水定额、灌水次数和灌水时间等。草地灌溉调查中对所调查区的地表水和地下水资源储藏量和可开发条件也要进行调查，这样有助于了解草地灌溉的发展潜力。此外，了解草地灌溉前后草地生产力变化也是评价草地灌溉培育措施的主要内容之一。调查方式包括查阅水利部门的有关资料了解水资源储备状况，通过实地访谈了解草地灌溉方式和灌溉制度及其效果。对于草地生产力变化，需要实地测产调查才能获得。

（三）草地施肥调查

草地施肥是提高草地牧草产量和品质的重要培育措施。合理的施肥可以改善草地植物群落组成和提高草地生产力。此外，施肥还可以提高家畜对牧草的适口性和消化率，对于保持土壤肥力也有着重要作用。草地施肥调查内容主要包括草地施肥的肥料种类、施肥量、施肥时间和次数以及施肥方式等，草地施肥前后植物群落结构、产草量以及土壤肥力等变化也是重点调查内容。调查方法同草地灌溉调查。

（四）草地补播调查

草地补播是在不破坏或少破坏原有植被的情况下，在草地中播种一些适合当地自然条件的、有价值的优良牧草，以增加草群中优良牧草种类成分和草地植被盖度，达到提高草地生产力和改善牧草品质的目的。草地补播调查内容主要包括补播的草种、播量、方式、面积与效果等。草地补播前后植物群落结构、产草量等变化也是重点调查内容。调查方法同草地封育调查。

二、草地基础设施调查

草地建设的基础设施是指人类在经营草地过程中，在草地区域所建设的一系列服务于草地保护与利用的设施条件，以及与牧业生产密切相关的基础设施建设，如牧道、家畜饮水点、药浴池、收奶点、电力供应设施等，也包括间接相关的基础设施，如各类牧民定居点等。

（一）基础设施建设调查

从 20 世纪 80 年代开始的草畜双承包，牧民定居的生产与生活设施建设和 21 世纪初国家在草地上实施的各类大规模生态建设工程，特别是改革开放以来国家实施的"游牧民定居工程"，牧区水、电、路、居、通信以及草地围栏、人工种草、牲畜暖棚为主要内容的"四配套"等基础设施建设得到较大发展和改善。按照国家和政府对牧民定居工程内涵的要求，牧民定居点和新农村基础建设要达到"三通四有五配套"，即通路、通水、通电；有人工饲草料地、住房、棚圈、园林地；牧民定居中心点实行信息、技术服务、卫生院、学校、文化室和商贸设施配套的标准。

但由于我国广大牧区多处在边远地区，自然环境条件恶劣，社会经济发展相对落后，与国外发达国家的草地利用基础设施建设差距还很大，强化基础设施建设的任务还很重。要实现草牧业现代化，调查和了解草地基础设施建设的现状、存在问题，也是草地调查工作的另一项重要任务。

（二）基础设施建设的运行状况调查

1. 调查内容　基础设施建设调查的内容涉及基础设施建设推进和运行的情况，产生的综合效益及存在的问题，尤其对于基础设施建设的社会效益、经济效益、生态效益是调查的重点。

（1）社会效益方面：基础设施建设实施，是否起到了牧民社会转型和城镇化进程中的最初作用，是否在牧区基础配套设施建设中有力解决了牧区的生产、教育、卫生、医疗、就业等问题，对提高牧民文化素质、提升生活质量和富民建设小康社会的作用和效应。

（2）经济效益方面：基础设施建设后牧民总收入、人均收入、恩格尔系数等变化；基础设施建设后导致产生的不同生产经营模式与收入来源结构，不同经营模式的构成比重、牧户的收入与生产资料占有的变化等。如每户牲畜棚圈和储草棚的面积是否起到应有作用，户围栏草地的面积及季节放牧利用和划分是否合理，是否配套完善。

（3）生态效益方面：基础设施建设后是否转变了传统的放牧饲养方式，配套人工饲草料地面积、栽培饲草料的种类、产量质量及是否满足冬春季舍饲需求，是否减少了对天然草地的依赖程度，是否能较好地解决草地超载的问题，缓解了人畜、草畜矛盾，是否更能保护生态环境和促进草地植被的恢复等。

2. 调查方法　收集调查地区发展和改革委员会、统计局、财政厅、农牧厅（农业农村厅）、林业和草原局等相关政府部门颁布的有关定居及草地基础设施建设的文档资料，开展实地随机抽样调查和观测，有关人口、草地面积、耕地面积、牲畜数量等方面的基础资料可通过当地政府职能部门收集。同时，根据调查内容拟定好调查提纲，采用入户问卷调查和座谈等相结合的方式来进行。

（三）基础设施建设的需求调查

以牧民定居工程为核心的牧区基础设施建设工作，仍然是我国未来牧区建设的工作重点。调查工作不仅要对建设现状有充分了解，同时应调查清楚对未来建设工作的需求。内容包括定居模式的完善，配套基础设施的建设与补充，定居工程资金投入等。

三、草地保护建设工程调查

进入 21 世纪后，国家加大了草地保护与建设力度，先后实施了"退牧还草工程""天然草原植被保护与恢复建设工程""生态移民工程"等草地保护建设项目。随着国家对草地生态系统保护重视程度的不断提高，今后还将实施一系列的草地保护建设项目。草地保护建设工程调查就是要对实施项目的建设现状与成效进行调查与评价，包括对草地生态的恢复、推动草地管理制度落实、加快草牧业生产方式转变和助推农牧民脱贫致富等方面。具体调查内容主要包括工程建设内容、投资力度、建设规模、采取措施、产生效果以及存在问题和改进建议等。草地保护建设项目既是带有一定生产性质的工程，也是一项技术性和科学性极强的课题，因此在调查过程中，也应十分重视项目实施的科学性和技术性的论证。

（一）工程建设进展调查

工程建设进展调查是针对正在实施项目所开展的一项调查工作。一般来讲，在国家下达专项任务时，都明确规定了项目实施的时间段，对项目不能按期完成的也制定了管理办法。但在实际工作中，往往会出现一些工程不能按计划完成的情况，包括建设面积、完成时间、技术环节保证等，造成项目资金积压、影响再续项目的执行，给国家与地方项目的整体推进造成一定影响。因此，在重视工程项目立项的同时，也要对工程建设的进展进行了解。

（二）工程建设效益调查

在自然资源开发利用中，一个工程、一个项目的建设效益，集中反映为在生态、经济和社会效益的体现。目前，国家在牧区实施的一系列草地生态保护建设工程，既是对资源的深度开发利用，又是实现生态安全、确保经济可持续发展的具体举措。因此，工程或项目的实施，就必须对生态、经济、社会 3 个效益做出全面的评估。

1. 生态效益调查　包括工程实施后草地生态环境质量是否得到明显改善，植被盖度是否提高、优良牧草数量是否增加，退化草地植被是否得到休养生息，草群植物种子是否有成熟结实的机会，在水土保持、水源涵养地发挥的作用，草地的生态功能是否逐步得到恢复，草地退化是否得到遏制。

2. 社会效益调查　主要调查通过建设项目实施，在生产设施建设、改善牧区生产条件、发展牧区经济、优化畜草产业结构、实现畜牧业生产转型和可持续发展、推动牧区社会进步、增加就业机会、加快牧区脱贫致富、实现牧民增收、维护民族团结、增强社会稳定、建立和谐社会等方面的作用。此外，各级干部和农牧民的草地生态保护建设工程的认知度也是调查重点之一。

3. 经济效益调查　主要调查工程或项目实施后所产生的直接与间接经济收入的变化，调查内容应包括新增产值与人均增加收入等。

四、工程实施保障措施调查

一个工程或项目按预期目标实施，有益于目标实现的保障措施也极为重要。在调查项目实施进度、实施效果的同时，对项目实施保障措施也需要一并了解。主要调查内容如下。

（一）组织领导

（1）项目实施过程中，是否设立项目实施领导小组和项目执行办公室，是否严格按照项目批复和基建程序管理项目。领导小组是否经常听取项目建设汇报，监督、检查项目建设和资金使用等问题以及协调各方面关系。

（2）是否制定项目实施管理细则，是否对竣工项目组织验收，是否实现项目设计、施工、监理、竣工验收标准化操作和规范化管理。

（二）政策保障

当地政府是否制定与工程实施相配套的扶持现代草牧业发展的政策，包括资金投入力度，强化财政贴息和草牧业担保，发展小额信贷、养殖户联保贷款、信用贷款，以及鼓励工商资本和其他各种社会资本投资草牧业工程建设的举措，为草地畜牧业发展提供金融保障。

（三）技术支撑

围绕项目或工程的实施，调查科技方面的投入。内容包括技术引进、科技合作，各类草地、畜牧业技术推广培训，基层科技推广队伍建设，增强基层技术推广人员服务能力，提高牧民的科学种养和经营水平等。

草地保护建设工程或项目调查主要采用问卷调查、访谈调查以及工程区实施前后、实施范围内外的实地样方调查等方式。

第四节　草地社会经济条件和发展调查

草地社会经济条件和发展调查包括调查区的人口、劳动力资源、草业生产与经济发展调查等方面。

一、人口、劳动力资源调查

（一）人口调查

人口是构成人类社会和社会经济活动的基本因素。人既是生产者，又是消费者。一个地区、一个单位的生产结构与布局、发展规模与水平，往往与人口有直接的关系。在某种程度上，人口决定生产的发展、布局与特点。

人口因素的调查可从 3 个方面进行：一是人口的数量与增长速度，要了解从事草业人口数占总人口数的比例，要把人口数量与当地资源，如总土地面积、草地面积、耕地面积等联系起来，调查人均资源占有量。二是人口构成与素质，是对人口的数量、质量进行分析的指标，主要包括性别、年龄、职业、文化程度、民族构成等。三是人口分布，人口分布也能反映各地自然与经济条件、生产结构和经济发展水平的差异。

（二）劳动力资源调查

劳动力资源是指在人口中具有劳动能力，可以从事各业生产的体力和智力者。具体调查内容如下。

1. 劳动力的数量与质量 劳动力的数量是指已达到劳动年龄，具有参加各业劳动能力的人数。劳动力的质量是指劳动者的体力和智力（含技术熟练程度、文化教育程度等）的各个方面。

劳动力数量的调查，要反映劳动力资源对生产与经济发展需要的保证程度，要了解劳动力占人口总数的比例。劳动力质量的调查，注意考察劳动力资源对生产特别是技术密集产业发展需要的保证程度，另外还应注意劳动力的结构、整体素养。

2. 劳动力的利用状况 为了使劳动力资源与生产发展的需要相适应，需着重对劳动力资源利用情况进行分析研究。调查的内容包括劳动力的产业部门分配与使用、劳动力的季节利用与分配、劳动力的利用率、劳动力的利用效果。

3. 受教育水平 调查人口平均受教育水平是社会发展的重要标志之一。人口的受教育水平是一个国家或地区人口素质的重要指标，也是反映教育发展状况的基本内容。在草原牧区，成熟技术的推广成功与否往往与牧民受教育水平有关。因此，调查牧区牧民的受教育水平也是草地调查中的一项重要工作。

受教育水平调查内容主要包括人均受教育年限、受教育程度（小学、中学、大学等）、男女受教育比例、教学机构情况、国家对牧区教育的政策等。受教育水平调查需要到调查区教育管理机构去调查，更要通过调查问卷或访谈等形式，到牧户家中，了解牧民的受教育水平。

二、草业生产与经济发展调查

（一）产业结构调查与分析

产业结构是指一个地区或一个生产单位内各产业的组成及其各自内部的构成关系。合理的产业结构主要体现为资源的利用能充分发挥地区优势，保持生态平衡、良性循环；能发挥各产业的整合效应，保证生产持续协调发展。调查的内容有：产业结构及其形成与演变；现有产业结构是否合理，不合理的结构是怎样形成的，如何向合理的结构过渡；建立合理的结构，在政策上应做哪些安排，在地区生产布局上要做哪些调整；合理的产业结构，会给当地社会、经济繁荣以及对改善牧民生活带来什么好处等。

（二）生产水平调查与分析

反映农牧业生产水平的主要指标有劳动生产率、土地生产率和产品商品率。劳动生产率，是指每个劳动力平均生产的农、牧产品数量，主要包括饲草料、肉、奶、蛋、毛、皮、粮食、各类经济作物等。土地生产率泛指各业生产的单产水平，综合反映了一个单位的土地利用方式和经济效果以及集约化水平。产品商品率是指产品能投放市场的比率，直接反映农牧产品转化为商品的水平。

（三）经济水平调查与分析

经济水平是反映农牧业经济发展水平的主要标志，具体体现在总产值、总费用和总收入及其分配的情况。需要调查清楚单位历年农、林、草、牧、渔、工、商及其他各业的产值及其结构，生产费用及其占产值的比重。在生产投资中，要调查研究用于各业的投资比重、投资来源、投资效益。另外，对生产总收入及其分配情况要进行详细了解。

(四) 科学技术条件调查与分析

科学技术条件调查内容包括农业科学研究、农业教育和技术推广事业的发展等。在调查中，要注意研究科学技术进步和提高劳动者素质对生产力水平的提高、生产持续发展与经济增长方式转变的作用。

三、草地生产经营体制调查

随着我国社会经济的发展，特别是在土地流转制度出台以后，我国草地经营出现了多种经营体制并存的局面，概括起来有以下三种经营体制。

(一) 家庭农牧场经营模式

我国牧区实施草畜承包责任制后，目前的家庭农牧场有两种情况：一种为以一个家庭为经营单位，这种经营模式的劳动力管理和收入分配比较简单。另一种为若干农牧户结合起来（即联户）经营，联户经营对于扩大生产规模、降低生产成本等具有很好的效果。

(二) 合作经营模式

牧户将各自承包的草地和牲畜通过合作社等组织形式联合起来统一经营，按照合同规定履行义务、享受权利、分享利益、共担风险。合作经营模式实现了草地、牲畜、劳动力、资金、技术等的重新组合，使其效益最大化，促进牧民增收，实现草地有序流转、资源的合理配置，有利于草地的合理规划及分区轮牧、草地轮休、草地改良等措施的实现和逐步实现规模经营。

(三) 股份经营模式

牧户将承包的草地和牲畜按公司制入股的形式组织起来统一经营。这种经营模式在较短时间里取得了较大的成效，依靠的是发展多种经营，说明牧区发展多种经营也是牧区走向富裕的有效途径之一。

草地生产经营体制调查，重点要调查草地经营体制对草地的生产、生态和社会等各方面的影响。调查可通过与各级政府机构、职能部门、典型牧户（联户、企业）进行座谈交流，查看相关文件档案资料和实地调研来进行。

草地退化调查与健康状况评价

草地作为陆地生态系统的一部分，其发展演替既受到陆地生态系统的影响和制约，也有其独特的发生、发展和演变规律。近代以来，人类生产活动的发展，大大加速了草地的变化过程，尤其是人口的不断急剧增加，人们对草地保护意识的淡薄以及现代工农业的威胁，再加上全球气候变化，对草地生态系统的影响更加剧烈。因此，人为干扰和气候变化是影响草地发展变化的最重要因素。从生态学和生产角度看，草地在各种因素的作用下不断发生演替，演替方向既可是进展演替，朝着有利于人类生产的方向演替；也可是逆向演替，朝着不利于人类生产的方向演替。草地退化正是这种不利于人类生产和生活的逆向演替。

草地退化从本质上讲就是草地生态系统中能量与物质的输入与输出之间的失调，系统的平衡与稳定遭到破坏，引起产量下降，草群变矮、变稀，草群种类成分发生改变，饲用价值变劣，生境条件恶化。草地植被作为草地生态系统的主体，植被群落特征的消长变化，均预示着植被的演替趋向。因而，研究者常选取草地植物整体盖度、地上生物量、植物高度等指标的变化来反映草地退化程度。

第一节　草地退化的概念与类型

一、草地退化的概念

草地生态系统的退化是指草地生态系统在其演化过程中，其结构特征和能流与物质循环等功能过程的恶化，即植物、动物、微生物等生物群落及其赖以生存环境的恶化。草地生态系统的退化，既指"草"的退化，也包含"地"，即土壤的退化。它不仅反映在构成草地生态系统的非生物因素上，也反映在生产者、消费者、分解者3个生物组分上。其中，土壤因素的恶化、第一性生产者的变劣尤为明显。

李博（1997）认为，草地退化是草地生态系统逆向演替的一种过程。在这一过程中，该系统的组成、结构与功能发生明显变化，原有的能流规模缩小、物质循环失调、熵值增加，打破了原有的稳态和有序性，系统向低能量级转化，即维持生态过程所必需的生态功能下降甚至丧失，或在低能量级水平上形成偏途顶级，建立新的亚稳态。草地退化的结果是生态系统的退化，包括植物和土壤的质量衰退、生产力经济潜力及服务功能降低、环境变劣及生物多样性降低、恢复功能减弱或失去恢复功能。草地退化的具体表现是草地植被的高度、盖度、产量和质量下降，土壤生境恶化，生产能力和生态功能衰退。

引起草地退化的原因各种各样，一般可概括为自然因素和人为因素两个方面。自然因素如长期干旱、风蚀、水蚀、沙尘暴等，其中气候的变化，尤其是降水量减少、气温升高引起的草地退化，相对速度缓慢，时间持续久。人为因素主要是人类各种经济活动的影响，如过度放牧、滥垦、樵采灌木、滥挖药材、开矿等，其中过度放牧是主要因素，破坏草地植被，导致鼠虫害加重。草地退化的人为因素如图7-1所示。

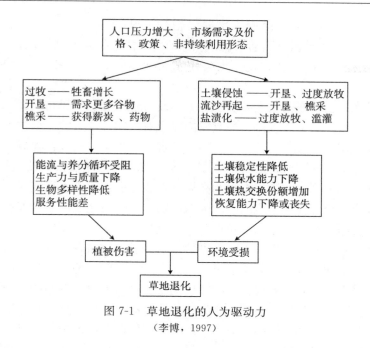

图 7-1 草地退化的人为驱动力

(李博，1997)

二、草地退化的类型与特征

（一）草地退化的类型

导致草地退化的原因各异，故对其认识也各不相同。张自和（2000）按照其所在区域、成因及表现将草地退化主要划分为以下几类。

1. 荒漠型退化 主要发生在我国西北干旱风沙地区，是自然因素和人为因素造成的气候、土壤旱化和植被破坏所致，是目前草原退化最主要的形式。荒漠化与草原退化互为因果，在干旱地区，草原长期无休止退化的结果就是荒漠化，直至变为沙漠。

2. 盐渍型退化 与荒漠化密切相关的是土壤盐渍化。这类土地主要分布在西北内陆绿洲下游和边缘、河湖及滨海滩涂。目前，我国受盐渍化危害的土地面积 4 408.6 万 hm²，其中除 578.4 万 hm² 耕地外，其余 3 830.2 万 hm² 绝大部分是因盐渍化而退化的草地。

3. 黑土滩型退化 主要发生在我国青藏高原半湿润和湿润的高寒草甸上，包括西藏、青海南部、四川西北部、甘肃南部等地，主要是过度放牧、鼠类危害，再加上干旱，使原有植被破坏后不能恢复，而变成裸露的黑土滩。

4. 毒草型退化 主要是在家畜过度放牧及鼠类等活动干扰下，优良牧草被过度啃食而不能恢复，原来以优质牧草为优势种的草地演变为以毒草为优势种的植物群落，如北方草原是常见的棘豆、醉马草、狼毒等。这类植物不但没有利用价值，家畜误食后还会中毒甚至死亡。

5. 其他类型退化 包括水土流失型退化（黄土高原区）、鼠害型退化（青藏高原、内蒙古草原区）和石漠型退化（南方喀斯特山区）。

（二）草地退化的特征

草地退化的特征主要表现在以下几方面：①草群种类成分中原来的建群种和优势种

逐渐减少或衰变为次要成分，而原来次要的植物逐渐增加，非原有的植物侵入；②草群中优良牧草的生长发育减弱，可食产草量下降，而不可食部分比重增加；③草原生境条件恶化，出现沙化、旱化及盐碱化，土壤持水力变差，地面裸露；④草地鼠害、虫害和毒草危害加剧。

　　造成草地退化的主要原因是人类从草地上不断带走大量的物质与能量，草地长期入不敷出，违背了生态平衡。其中最直接、最重要的原因有：①过度放牧。草地上放牧的家畜长期超载，频繁啃食和践踏，牧草光合作用不能正常进行，种子繁殖和营养更新受阻，生机逐渐衰退。②不适当开垦、挖药材、砍薪柴、割草等，破坏了草地植被，使风蚀、水蚀、沙化、盐渍化和土壤贫瘠化加剧。③管理不当。在居民点、畜群点、饮水点或河流、道路两侧，由于缺乏保护与管理措施，各种不适当因素强烈影响，草地退化以同心圆或平行于河流、道路逐步向外扩展，离基点、道路、水源越近，退化越严重。④草地使用、管理权限不明。家畜户有户养，而部分草地权属不清，无偿无限使用，造成抢牧滥牧。

　　草地退化是一个动态过程，既是渐进的，又有阶段性的，按其退化程度一般分为轻度退化、中度退化、重度退化和极度退化。①轻度退化。牧草在频繁采食或刈割下，生机衰退，草层高度、盖度下降，产量较正常情况下降 20%～30%。②中度退化。草层中优良牧草明显减少，劣质牧草或有毒有害植物相对增加，草地向低产低质演替的同时，土壤结构和理化性状明显恶化，牧草产量下降 30%～40%，放牧家畜牧草严重不足。③重度退化。植被和土壤条件进一步恶化，牧草产量降低 40%以上，草地出现严重的侵蚀，家畜长期得不到足够的营养物质，生长发育受阻，生产性能衰退，个体变小，或由低产家畜取代高产家畜，草原的整个生产能力和生态功能下降。④极度退化。如果严重退化的草地局面不能及时扭转，草地植被将消失或仅生长零星杂草，地上生物量与盖度下降 85%以上，地表呈现裸地或盐碱斑，草地失去利用价值，整个生态系统可能崩溃，草原将不复存在。

　　此外，还有一些草地退化的划分标准。例如李博于 1997 年提出了以下各级草地退化的划分标准（表 7-1）。

表 7-1　草地退化分级及其划分标准

退化等级	植物种类组成	地上生物量与盖度	地被物及地表状况	土壤状况	系统结构	可恢复程度
轻度退化	原生群落组成无重要变化，优势种个体数量减少，适口性好的种减少或消失	下降20%～35%	地被物明显减少	无明显变化，土壤硬度稍增加	无明显变化	围封后自然恢复较快
中度退化	建群种与优势种发生明显更替，但仍保留大部分原生物种	下降35%～60%	地被物消失	土壤硬度增加1倍左右，地表有侵蚀痕迹；低湿地段土壤含盐量增加	肉食动物减少，草食性啮齿类增加	围封后可自然恢复
重度退化	原生种类消失大半，种类组成单纯化；低矮、耐践踏的杂草占优势	下降60%～85%	地表裸露	土壤硬度增加2倍左右，有机质明显降低，表土粗粒增加或明显盐碱化，出现碱斑	食物链明显缩短，系统结构简单化	自然恢复困难，需要实施改良措施
极度退化	植被消失或仅生长零星杂草	下降85%以上	呈现裸地或盐碱斑	失去利用价值	系统解体	需重建

刘仲龄于 1998 年也提出了类似的草地退化分级标准（表 7-2）。

表 7-2　内蒙古草原植被退化演替的生产力衰减及分级

退化指标	轻度退化	中度退化	强度退化	严重退化
植物群落生物产量下降率（%）	20～35	36～60	61～80	＞80
优势植物种群衰减率（%）	15～30	31～50	51～75	＞75
优质草种群产量下降率（%）	30～45	46～70	71～90	＞90
可食植物产量下降率（%）	10～25	26～40	41～60	＞60
退化演替指示植物增长率（%）	10～20	21～45	46～65	＞65
株丛高度下降（矮化）率（%）	20～30	31～50	51～70	＞70
植物群落盖度下降率（%）	20～30	31～45	46～60	＞60
轻质土壤侵蚀程度（%）	10～20	21～30	31～40	＞40
中、重质土壤容重、硬度增加率（%）	5～10	11～15	16～20	＞20
可恢复年限（年）	2～5	5～10	10～15	＞15

（三）各类草地退化

1. 草地沙化　草地沙化是草地退化的一种特殊表现形式，是指不同气候带具有沙质地表环境的草地受风蚀、水蚀、干旱、鼠虫害和人为不当经济活动等因素影响，如长期的超载过牧、不合理的垦殖、滥伐与樵采、滥挖药材等，使天然草地遭受不同程度破坏，土壤遭受侵蚀，土质沙化，土壤有机质含量下降，营养物质流失，草地生产力减退，致使原非沙漠地区的草地出现以风沙活动为主要特征的类似沙漠景观的草地退化过程。草地沙化多分布在干旱、半干旱脆弱生态环境地区，或者邻近沙漠地区及明沙地区。草地发生沙化与土壤的水分平衡有关，当土壤水分补给量小于损失量时就有发生沙化的倾向。草地沙化导致可利用草地资源减少、草地生产力衰退、自然灾害加剧等。草地沙化的大面积蔓延可演变成草地荒漠化。

我国沙化草地集中分布在西北地区，由于深居内陆腹地，是全球同纬度地区降水量最少、蒸发量最大、最为干旱的地带。气候变暖、降水减少加剧了该区气候和土壤的干旱。这使得该区的植被盖度降低，土壤结构变得更加松散，加速了草地的荒漠化。另外，气候增暖，大范围气候持续干旱，给各种水资源（冰川、湖泊、河流等）带来严重的影响，使冰川退缩、河流水量减少或断流、湖泊萎缩或干涸，地下水位下降。大面积的植被因缺水而死亡，失去了保护地表土壤功能，加速了河道及其两侧沙化土地的扩展及沙漠边缘沙丘的活动，使荒漠化面积不断扩大。此外，由于过度放牧、气候干旱等原因，近年来我国青藏高原高寒草地沙化状况也日趋严重。

（1）沙化草地的土壤特征：随着草地沙化程度的加剧，土壤机械组成粗化、容重及固相率不断增高，孔隙度相比正常土壤明显降低，土壤含水量及储水量大幅度下降；土壤有机质含量降低高达 70.85%～97.24%，土壤氮、磷、钾养分都呈下降趋势；土壤剖面均呈中性至微碱性反应，且 pH 都有不同程度的增加，并呈现出上部较低、下部偏高的趋势。

（2）沙化草地的植被特征：随着草地沙化程度的加剧，草群自然高度、盖度、丰富度、多样性指数、均匀性均明显降低；群落中原有的优势植物被劣质杂草、毒害草所取代；草地植物表现出对寒冷胁迫、干旱胁迫、强辐射 UV-B、盐化、草地病害、放牧强度的生态适应性。以往一些学者研究（常学礼，1997；曹子龙，2007）认为，草地沙漠化过程是一个物种多样性衰减的过程，沙漠化首先导致特有物种的灭绝，其次为稀有种和普通种在沙漠化过程中物种的绝灭速率大于定居速率。如在呼伦贝尔草原随草地沙化程度的不断加重，未沙化和潜在沙化草地的建群植物主要是多年生丛生禾草；轻度沙化和中度沙化草地的建群植物则演替为蒿类半灌木，如小叶锦鸡儿（*Caragana microphylla*）、差不嘎蒿（*Artemisia halodendron*）等；严重沙化草地则完全被季节性一、二年生植物如猪毛菜等替代，构成半干旱草原区沙化草地特有植被景观，草地草群盖度和叶层高度均明显降低。

2. 草地石漠化 石漠化是石质荒漠化的简称，是荒漠化的一种形式，即在湿润、半湿润气候条件下，由水蚀作用引起的石质荒漠化，主要发生于岩溶地区或以岩溶为主的地区。也指在喀斯特脆弱生态环境下，由于人类不合理的社会经济活动而造成人地矛盾突出，植被破坏，水土流失，土地生产能力衰退或丧失，地表呈现类似荒漠景观的岩石逐渐裸露的演变过程。从成因来说，导致石漠化的主要因素是人为活动。由于长期以来自然植被不断遭到破坏，大面积的陡坡开荒，造成地表裸露，加上喀斯特石山区土层薄、基岩出露浅、暴雨冲刷力强，大量的水土流失后岩石逐渐凸现裸露，呈现石漠化现象，并且随着时间的推移，石漠化的面积和程度也在不断增加和发展。石漠化发展最直接的后果就是土地资源的流失。又由于石漠化地区缺少植被，不能涵养水源，往往伴随着严重的人畜饮水困难。

石漠化的基本过程为，在脆弱生态环境条件下，由人为作用而导致的地表森林植被破坏、土壤侵蚀加剧、土层变薄，基岩逐步裸露，地表呈现荒漠景观。其直接结果是导致水资源匮乏、耕地锐减、农业减产和以谷物与畜产品为原料的工业崩溃，造成区域经济衰退，并严重影响到国家的社会稳定与生态安全。

我国石漠化分布特征为：①分布相对比较集中。以云贵高原为中心的 81 个县（市），国土面积仅占监测区的 27.1%，而石漠化面积却占石漠化总面积的 53.4%。②主要发生于坡度较大的坡面。发生在 16°以上坡面的石漠化面积达 1 100.0 万 hm²，占石漠化总面积的 84.9%。这些地区基岩裸露度高，成土速度十分缓慢，立地条件越来越差，治理成本越来越高，要使岩溶地区的生态状况显著改善，需要经过长期的艰苦努力。③程度以轻度、中度为主。轻度、中度石漠化土地占石漠化总面积的 73.2%。④石漠化发生率与贫困状况密切相关。石漠化地区多是老、少、边、穷地区，极易产生对生态资源的破坏现象。监测数据显示，我国平均石漠化发生率为 28.7%，而县财政收入低于 2 000 万元的 18 个县中，石漠化发生率为 40.7%，高出监测区平均值 12 个百分点；在农民年均纯收入低于 800 元的 5 个县中，石漠化发生率高达 52.8%，比监测区平均值高出 24 个百分点。⑤生态系统依然脆弱。石漠化地区植被以灌木居多，大部分植被群落处于正向演替的初始阶段，稳定性差，稍有外来破坏因素影响就可能出现逆转。⑥人为逆向干扰活动依然严重。边治理、边破坏的现象仍比较突出，特别是毁林开垦、樵采薪材的现象还较严重，陡坡耕种、过度放牧等现象还大量存在，给建设成果巩固带来严重压力。

根据 2012 年 6 月国务院新闻办公室公布的数据，截至 2011 年底，我国有 1 200.2 万 hm² 石漠化土地。2016 年国家林业局组织开展的全国第三次石漠化监测结果显示，截至

2016 年底，我国石漠化土地面积为 1 007.0 万 hm²，较 2011 年净减少 193.2 万 hm²，年均减少 38.64 万 hm²，年均缩减率为 3.45%。由此可见，石漠化扩展的趋势得到有效遏制，岩溶地区石漠化土地呈现面积持续减少、危害不断减轻、生态状况稳步好转的态势。

3. 草地盐渍化 草地盐渍化是指干旱、半干旱和半湿润地区的河湖平原草地、内陆高原低湿地草地及沿海泥沙质海岸带草地，受含盐（碱）地下水或海水浸渍，或受内涝，或受人为不合理的利用与灌溉影响，而致其土壤处于近代积盐，草地土壤中的盐（碱）含量增加到足以阻碍牧草正常生长，导致耐盐（碱）力弱的优良牧草减少，盐生植物比例增加，牧草生物产量降低，草地利用性能降低，盐（碱）斑面积扩大的草地土壤次生盐渍化的过程。

形成草地盐渍化的因素主要有自然因素和人为因素两方面。

（1）自然因素：主要有中、小、微地形的变化及成土条件和气候、水文因素的影响。我国西北地区普遍发育着盐化程度不同的草甸土，其成土母质是干旱气候条件下的岩石经风化剥蚀并经河流不断搬运到平原沉积而成。这类沉积物未经充分的天然淋洗作用，普遍含盐。另外，西北地区大气降水中的含盐量很高，高达 0.2 g/L，比沿海地区高 3～4 倍；而且由于降水量很小，一般难以形成对地下水的有效补给，水分大多滞留在土壤包气带中，强蒸发作用使土壤中水失盐留，日积月累，土壤表面形成了自然的盐分积累（表 7-3）。同时，西北地区由于地貌上构成诸多各自封闭的自然地理环境单元，在地质构造上多以断陷盆地和高原景观存在，其周边被高山、高地围限，而盆地内则是宏阔平坦的冲积平原，山区降水和冰雪融水以地下径流和地表径流的形式一起流入盆地补给地下水，盆地的低洼地区则成为地下径流、地表径流的汇水区（表 7-4）。

表 7-3 河西走廊地下水位及矿化度与土壤盐渍化的关系

（阎顺国，2001）

地下水位（m）	地下水矿化度（g/L）	土类（亚类）
0.8～1.8	0.9～1.3	盐化草甸土亚类
0.6～1.2	1.8～9.7	草甸盐土亚类
>3.0	2.4～2.6	旱盐土亚类
<1.0	3.0～5.0	沼泽盐土亚类
0.3～0.4	1.0～2.0	盐化沼泽土

表 7-4 河西走廊地形条件与土壤盐渍化的关系

（陈月清，1989）

地形特征	坡降（%）	地下水位（m）	矿化度（g/L）	土壤盐渍化程度
洪积扇	>10	50～100	0.3～1.0	无盐化现象
洪积-冲积平原	5～10	3～5	≈1.0	小面积洼地盐化
冲积平原	2～5	<3	1.0～10.0	多数土壤盐渍化
洪积-湖积平原	<2	<2	5.0～50.0	土壤普遍盐渍化

（2）人为因素：是造成草地盐渍化的最主要因素，尤其是盲目开垦和超载放牧。开垦草

地会造成土壤风蚀、水蚀、盐碱化的发生，从而使草地变成荒漠。盐碱面积扩大的途径有两种：一是使用碱性浓度很高的地下水灌溉；二是已经盐碱化的土壤随着风蚀和水蚀扩散。在开垦后的草地上种植，一般都使用地下水灌溉。我国北方大部分地区地下水都含有易溶性盐，越是降水稀少、蒸发强烈的地区，浅层地下水的盐碱浓度越高。地下水随着强烈的蒸发由下向上运动，随着这种运动，地下的盐碱也向地表运动。用浅层地下水灌溉，土壤就会迅速发生盐碱化。草地严重超载过牧，也会导致草地盐碱化。在我国大部分牧区，超载程度惊人，少则超载30%，多则成倍。高强度放牧条件下，草地植物的生长受到极大的限制，降低了土壤有机质的积累，加速了土壤有机质的分解，加之家畜践踏十分严重，其结果是植被盖度持续下降，地表裸露，盐分增加，形成盐渍化草地。

此外，草地上原生的一些盐生植物也是致使草地盐渍化的因素。干旱和半干旱地区生长的诸如芦苇、冰草、盐爪爪、梭梭、骆驼刺和红柳等草甸植物和荒漠植物，大都具有根深和特殊的抗盐生理特性，称之为盐生植物，含盐量可达10%～45%。它们通过强大的根系从底层吸收水分和盐分，并以残落物的形式留存地面，植物残体被分解而形成的钙盐和钠盐返回土壤中，对土壤的盐渍化起到推波助澜的作用（表7-5）。

表 7-5　天山北坡盐渍土区草地类型与土壤水盐状况关系

（肖明等，1998）

土壤含盐量（g/kg）	潜水埋深（m）	草地类	草地亚类	植物代表种
<0.5	<1.0	低地草甸	沼泽化低地草甸	芦苇
0.5～1.5	1.0～2.5	低地草甸	盐化低地草甸	芦苇、小獐茅、芨芨草
15～20	1.5～2.5	低地草甸	重盐化低地草甸	芦苇、花花柴、多枝柽柳、西伯利亚白刺
20～30	1.0～2.5	温性荒漠	盐土荒漠	盐爪爪
>30	1.5～2.5	温性荒漠	重盐土温性荒漠	盐节木、囊果碱蓬

第二节　草地退化调查的内容与方法

草地退化调查就是充分利用已有的草地资源调查、动态监测技术及其成果资料，根据不同类型草地退化（包括沙化、盐渍化、石漠化、水土流失）状况的监测需要，确定草地退化监测周期，利用两期或多期草地退化监测数据，综合利用地面监测、遥感监测、多元统计和模型分析等技术方法，对不同类型草地退化现状、变化状况进行周期性动态分析评价，实现对草地退化现状及变化的监测及预警。"现状"指用一期调查数据所获得的该监测期草地退化面积及特征，"动态"指用两期或两期以上调查数据获得的草地退化面积净增量及特征。

一、草地退化调查

（一）调查的内容

根据前述的草地退化的原因，退化草地的调查主要从退化草地现状、退化程度、成因、分布区域与面积等方面开展。具体调查内容包括以下几点。

（1）草地退化的分布区域、程度、面积。

（2）草地退化的动态变化及演变情况。

（3）与草地退化有关的自然地理、生态环境及社会经济因素。

（二）调查的方法

草地退化的调查方法主要有地面固定样地监测、典型样地监测、遥感监测等，当前的发展趋势是将这几种方法结合使用。同时，随着近年来无人机航拍技术的兴起，此技术手段也将逐步用于草地退化监测。

1. 地面固定样地监测　根据不同类型草地退化状况，通过设置固定的长期性地面观测样地，定位观测草地退化过程，掌握草地退化的类型、植物群落特征及生境条件等现状、演替规律和变化趋势，为草地退化提供固定样点的时间序列调查数据，为遥感监测提供地面样本。

2. 典型样地监测　采用不定点的随机监测方式，选择具有代表性的不同类型草地退化地段设置调查样地，利用常规调查方法取得更大范围的地面数据。通过增加一定数据量的地面控制样地，总体掌握监测区域草地退化状况。

3. 遥感监测　以多元遥感数据为主要信息源，结合地面监测数据，通过遥感判读分类、植被指数计算及数学模型等技术，获取草地退化类型、空间分布、面积及变化速率，实现草地退化状况的动态监测。

4. 草地退化监测步骤

（1）确定草地退化评价指标：草地退化分级和遥感数据地面判读标志获取参照样地数据按《天然草地退化、沙化、盐渍化的分级指标》（GB 19377—2003）执行（表7-6）。

表7-6　草地退化程度分级与分级指标

监测项目			草地退化程度分级			
			未退化	轻度退化	中度退化	重度退化
必须监测项目	植物群落特征	总盖度相对百分数的减少率（%）	0～10	11～20	21～30	>30
		草层高度相对百分数的降低率（%）	0～10	11～20	21～50	>50
	群落植物组成结构	优势种牧草综合算术优势度相对百分数的减少率（%）	0～10	11～20	21～40	>40
		可食草种个体数相对百分数的减少率（%）	0～10	11～20	21～40	>40
		不可食草与毒害草个体数相对百分数的增加率（%）	0～10	11～20	21～40	>40
	指示植物	草地退化指示植物种个体数相对百分数的增加率（%）	0～10	11～20	21～30	>30
		草地沙化指示植物种个体数相对百分数的增加率（%）	0～10	11～20	21～30	>30
		草地盐渍化指示植物种个体数相对百分数的增加率（%）	0～10	11～20	21～30	>30
	地上部产草量	总产草量相对百分数的减少率（%）	0～10	11～20	21～50	>50
		可食草产量相对百分数的减少率（%）	0～10	11～20	21～50	>50
		不可食草与毒害草产量相对百分数的增加率（%）	0～10	11～20	21～50	>50
	土壤养分	0～20cm 土层有机质含量相对百分数的减少率（%）	0～10	11～20	21～40	>40

（续）

监测项目		草地退化程度分级			
		未退化	轻度退化	中度退化	重度退化
辅助监测项目	地表特征 浮沙堆积面积占草地面积相对百分数的增加率（%）	0~10	11~20	21~30	>30
	土壤侵蚀模数相对百分数的增加率（%）	0~10	11~20	21~30	>30
	鼠洞面积占草地面积相对百分数的增加率（%）	0~10	11~20	21~30	>30
	土壤理化性状 0~20cm 土层土壤容重相对百分数的增加率（%）	0~10	11~20	21~30	>30
	土壤养分 0~20cm 土层全氮含量相对百分数的减少率（%）	0~10	11~20	21~25	>25

（2）收集各种数据：收集历年各类数据资料，包括：①监测区域的气象数据、社会经济数据、畜牧业生产数据，草地退化统计资料、研究文献，草原保护建设文字资料等。②监测区域的植被图、草地资源图、草地退化图、土地利用图、土壤分布图、行政界线图、地理要素图以及生态治理工程分布图等历史图件。③监测区域不同时期的遥感影像数据。

（3）遥感数据处理及预判：利用遥感预判之前，要熟悉调查区域的自然、社会经济及草地资源利用方式与现状，草地退化分布规律及区域分布特征。草地退化的遥感波谱特征主要受气候、地形、植物组成、植物生长发育、植被盖度、土壤质地因素影响，根据遥感影像的图形结构、大小、色调、纹理、相关布局等要素，找出影像与草地退化对应的特点及规律，初步建立影像判读标志。

影像数据的质量要求地物影像清晰、突出草地综合特征、各类地物间色差明显。目前，草地退化监测多选择 MODIS 遥感影像，要选择合适的时相和波段组合，时相以植物生长旺季 6—9 月为主。例如，利用 MODIS 通道 26 与通道 3 的比值可区分土壤类型是腐殖土还是沙土或黏土，黏土在通道 5、通道 6 附近具有强吸收，而沙土则有强反射，这样就可以区分二者；盐渍土的反射率比非盐渍土高得多，并随盐渍程度的增加，波谱特征曲线向上平移。因此，MODIS 对草地沙化的动态监测，特别是一些交通不便或面积大的地区监测，具有极大的优势和现实意义。

（4）野外调查：选择不同草地利用退化程度设置梯度样地，调查草地植被类型、植物组成、群落状况、高度、盖度、地上生物量等，同时要记载地形及地表特征。为了便于与遥感调查结合，野外调查时间应尽可能与遥感影像获取的时间一致。

（5）室内数据整理与分析：整理野外调查的草地退化样点的植物、土壤数据，建立数据库；利用上述监测指标和地面监测样本对 MODIS 影像进行分类，结合地面调查数据验证分类或分级精度；进行面积量算与统计，得出草地退化现状；绘制与输出草地退化分级图；完成草地退化调查报告撰写。

二、草地沙化调查

（一）调查的内容

（1）沙化草地的分布区域、程度、面积。

（2）沙化草地的动态变化、演变情况及原因。

（3）与沙化草地有关的自然地理、生态环境及社会经济因素。

（二）调查的方法

沙化草地作为退化草地的特殊类型，其调查方法与草地退化的调查方法基本相同，只是评价指标有所不同而已。草地沙化程度分级与评价指标见表 7-7。

表 7-7　草地沙化程度分级与评价指标

［《天然草地退化、沙化、盐渍化的分级指标》（GB 19377—2003）］

监测项目				草地沙化程度分级			
				未沙化	轻度沙化	中度沙化	重度沙化
必须监测项目	植物群落特征		植被组成	沙生植物为一般伴生种或偶见种	沙生植物成为主要伴生种	沙生植物成为优势种	植被稀疏，仅存少量沙生植物
必须监测项目	植物群落特征		草地总盖度相对百分数的减少率（%）	0～5	6～20	21～50	>50
必须监测项目	指示植物		草地沙漠化指示植物个体数相对百分数的增加率（%）	0～5	6～10	11～40	>40
必须监测项目	地上部产草量		总产草量相对百分数的减少率（%）	0～10	11～15	16～40	>40
必须监测项目	地上部产草量		可食草产量占地上部总产草量相对百分数的减少率（%）	0～10	11～20	21～60	>60
必须监测项目	地形特征			未见沙丘和风蚀坑	较平缓的沙地，固定沙丘	平缓沙地，小型风蚀坑，基本固定或半固定沙丘	中、大型沙丘，大型风蚀坑，半流动沙丘
必须监测项目	裸沙面积占草地地表面积相对百分数的增加率（%）			0～10	11～15	16～40	>40
辅助监测项目	0～20cm 土层的土壤理化性状	机械组成	>0.05 mm 粗沙粒含量相对百分数的增加率（%）	0～10	11～20	21～40	>40
辅助监测项目	0～20cm 土层的土壤理化性状	机械组成	<0.01 mm 物理性黏粒含量相对百分数的减少率（%）	0～10	11～20	21～40	>40
辅助监测项目	0～20cm 土层的土壤理化性状	养分含量	有机质含量相对百分数的减少率（%）	0～10	11～20	21～40	>40
辅助监测项目	0～20cm 土层的土壤理化性状	养分含量	全氮含量相对百分数的减少率（%）	0～10	11～20	21～25	>25

三、草地石漠化调查

石漠化地区生态环境脆弱，植物生长条件差，草地生产力低，草地一定程度上多为生态环境发展状况及其脆弱性的标志。在石漠化地区，各等级石漠化地区草地面积所占比率都普遍偏高。这一类地区如不予以适当保护与治理，将继续向石漠化程度更深层次发展，生态环境越来越恶劣。

（一）调查的内容

（1）石漠化土地的分布、程度及面积。

（2）石漠化土地的动态变化及演变情况。

（3）石漠化有关的自然地理、生态环境及社会经济因素。

（4）石漠化土地的治理成效。

（二）调查的方法

目前，石漠化的调查采用 3S 技术与地面调查相结合，以地面调查为主的方法。基本操作流程是：以前期石漠化监测图斑的地理信息数据为基础，采用 RS、GPS 进行图斑判别，通过地面调查进行因子调查与修正，采用 GIS 进行图斑与数据信息管理，对典型区域遥感影像进行人机交互式的解译，获取典型区域的草地植被覆盖数据与草地石漠化分布数据，计算基于遥感影像的归一化植被指数（NDVI）和盖度估测模型，估算监测区的草地盖度，并结合地形图与收集到的相关社会经济数据，获取石漠化现状及动态变化信息，然后计算、分析草地石漠化数据。

1. 石漠化土地的种类、程度及面积调查　先将调查区土地分为石漠化土地、潜在石漠化土地和非石漠化土地三大类。

（1）石漠化土地：岩溶地区基岩裸露度（或石砾含量）≥30％，且符合下列条件之一者为石漠化土地。①植被综合盖度＜50％的有林地、灌木林地；②植被综合盖度＜70％的牧草地；③未成林造林地、疏林地、无立木林地、宜林地、未利用地；④非梯土化旱地。

（2）潜在石漠化土地：岩溶地区基岩裸露度（或石砾含量）≥30％，且符合下列条件之一者为潜在石漠化土地。①植被综合盖度≥50％的有林地、灌木林地；②植被综合盖度≥70％的牧草地；③梯土化旱地。

（3）非石漠化土地：除石漠化土地、潜在石漠化土地以外的其他岩溶土地称为非石漠化草地。①基岩裸露度（或石砾含量）＜30％的有林地、灌木林地、疏林地、未成林造林地、无立木林地、宜林地、旱地、牧草地、未利用地；②苗圃地、林业辅助生产用地、水田、建设用地、水域。

石漠化的程度分为 4 级：轻度石漠化（Ⅰ）、中度石漠化（Ⅱ）、重度石漠化（Ⅲ）和极重度石漠化（Ⅳ）。

石漠化程度评定因子有岩基裸露度、植被类型、植被综合盖度和土层厚度。各因子及评分标准详见表 7-8 至表 7-11（苏峰，2007）。

表 7-8　岩基裸露度评分标准

程度	岩基裸露度				
	30％～39％	40％～49％	50％～59％	60％～69％	≥70％
评分	20	26	32	38	44

表 7-9　植被类型评分标准

类型	植被类型				
	乔木型	灌木型	草丛型	旱地作物型	无植被型
评分	5	8	12	16	20

表 7-10　植被综合盖度评分标准

程度	植被综合盖度				
	50%～69%	30%～49%	20%～29%	10%～19%	<10%
评分	5	8	14	20	26

表 7-11　土层厚度评分标准

程度	土层厚度			
	≥40cm	20～39cm	10～19cm	<10cm
评分	1	3	6	10

根据上述各指标评分之和，将石漠化程度分 4 级，具体标准如下：①轻度石漠化（Ⅰ）：各指标评分之和≤45 分；②中度石漠化（Ⅱ）：各指标评分之和为 45～60 分；③重度石漠化（Ⅲ）：各指标评分之和为 60～75 分；④极重度石漠化（Ⅳ）：各指标评分之和>75 分（表 7-12）。

表 7-12　石漠化程度分级与分级指标

（苏峰，2007）

强度等级	0.2km² 图斑中岩石裸露率（%）	0.2km² 图斑中植被及土被覆盖率（%）	参考指标
无石漠化	<20	>80	坡度≤25°的非梯土化旱坡地，农业人口密度一般小于或等于 150 人/km²，林灌草植被浓密，水土流失不明显，宜林牧地
潜在无石漠化	20～30	80～70	坡度>25°的非梯土化旱坡地，农业人口密度一般大于 150 人/km²，林灌草植被稀疏，水土流失明显，宜林牧地
轻度石漠化	31～50	69～50	坡度>25°的非梯土化旱坡地，农业人口密度一般大于 200 人/km²，林灌草植被较稀疏，水土流失明显，宜林牧地
中度石漠化	51～70	49～30	坡度>25°的非梯土化旱坡地，农业人口密度一般大于 250 人/km²，少量林灌草植被覆盖，水土流失极明显，宜林牧地
重度石漠化	71～90	29～10	坡度>25°的非梯土化旱坡地，地表基本无林灌草植被覆盖，岩石几乎完全裸露，水土流失严重，宜封山育林
极重度石漠化	>90	<10	坡度>25°的岩石裸露坡地，地表无土、无草，水土流失极严重，生态环境恶劣，不宜农居

2. 石漠化土地的动态变化及演变情况调查　针对石漠化与潜在石漠化的发生发展趋势情况，石漠化演变类型分为明显改善、轻微改善、稳定、退化加剧和退化严重加剧 5 个类型，可概括为顺向演变类（明显改善型、轻微改善型）、稳定类（稳定型）和逆向演变类（退化加剧型、退化严重加剧型）三大类。

石漠化土地的动态变化评价指标分级：①石漠化状况分 3 类，指非石漠化、潜在石漠化和石漠化。②石漠化程度分 4 级，分轻度、中度、重度和极重度。

石漠化地区土地利用类型分为林地、耕地、牧草地、建设用地、水域、未利用地。具体调查方法可以参考《土地利用现状分类》（GB/T 21010—2017）。

石漠化土地的演变类型可参考以下评价标准：①明显改善型。图像特征变化明显，现地调查植被状况明显改善，石漠化状况顺向演变或者石漠化程度顺向演变两级或者两级以上。②轻微改善型。图像特征变化小，现地调查植被状况轻微改善，石漠化程度顺向演变一级。

③稳定型。图像特征没有变化，现地调查植被状况基本维持稳定，石漠化状况与石漠化程度均没有发生变化。④退化加剧型。图像特征变化小，现地调查植被有轻微退化，石漠化程度逆向演变一级。⑤退化严重加剧型。图像特征变化明显，现地调查植被退化明显，石漠化状况逆向演变或者石漠化程度逆向演变两级或者两级以上。

3. 石漠化有关的自然地理、生态环境及社会经济因素调查　有关自然地理、生态环境及社会经济因素调查的方法较多，可以参照进行。此处重点描述石漠化变化原因的调查。

为便于分析监测间隔期内石漠化土地动态变化信息，要对石漠化状况、石漠化程度发生变化的图斑调查变化原因。石漠化变化原因分为人为因素、自然因素、前期误判与技术因素。

（1）人为因素：①治理因素，指工程治理后导致图斑石漠化状况、石漠化程度发生变化。②破坏因素，指毁林（草）开垦、过度放牧、过度樵采、火烧、工矿工程建设、工业污染、不适当的经营方式和其他人为因素。③工程建设因素，指征用集体或占用国有各类土地用于建筑、勘察、开采矿藏、修建道路、水利、电力、通信等工程，使原有土地利用类型发生变化。

（2）自然因素：①自然演变因素，指林草植被的自然修复。②灾害因素，指地质灾害（泥石流、滑坡、崩塌、地震等）、灾害性气候（连续暴雨、干旱、涝灾等）、有害生物灾害（病害、虫害）等非人为控制的原因。

四、草地盐渍化调查

（一）调查的内容

盐渍化草地的形成一方面是其本身具备含盐的成土母质，造成草地土壤透水性差，易于滞水，在大气干旱条件下经强烈蒸发作用使地表积盐；另一方面是受自然和人力影响产生外来盐分注入。故草地盐渍化调查内容可以概括为以下几方面。

（1）盐渍化草地分布区的植被、地表特征。

（2）盐渍化草地分布区的土壤理化性状。

（3）盐渍化草地分布区的地下水状况。

（4）盐渍化草地的分布区域、危害程度和分布面积。

（5）形成盐渍化草地的主要原因；盐渍化草地的动态变化及演变情况。

（二）调查的方法

盐渍化草地作为退化草地的一种类型，其调查方法与草地退化的调查方法基本相同，只是评价指标有所不同而已。草地盐渍化程度分级指标见表7-13。

表7-13　草地盐渍化程度分级指标

[《天然草地退化、沙化、盐渍化的分级指标》（GB 19377—2003）]

监测项目		草地盐渍化程度分级			
		未盐渍化	轻度盐渍化	中度盐渍化	重度盐渍化
草地群落特征	耐盐碱指示植物	盐生植物少量出现	耐盐碱植物成为主要伴生种	耐盐碱植物占绝对优势	仅存少量稀疏耐盐碱植物，不耐盐碱植物消失
	草地总盖度相对百分数的减少率（%）	0～5	6～20	21～50	>50

（续）

监测项目		草地盐渍化程度分级			
		未盐渍化	轻度盐渍化	中度盐渍化	重度盐渍化
必须监测项目	地上部产草量	总产草量相对百分数的减少率（%）	0~10	11~20	21~70	>70
		可食草产量占地上部总产草量相对百分数的减少率（%）	0~10	11~20	21~40	>40
	地表特征	盐碱斑面积占草地总面积相对百分数的增加率(%)	0~10	11~15	16~30	>30
	0~20cm土层的土壤理化性状	土壤含盐量相对百分数的增加率（%）	0~10	11~40	41~60	>60
		pH 相对百分数的增加率（%）	0~10	11~20	21~40	>40
辅助监测项目	地下水	潜水位（cm）	200~300	150~200	100~150	100~150
		矿化度相对百分数的增加率（%）	0~10	11~20	21~30	>30
	0~20cm土层的土壤养分	有机质含量相对百分数的减少率（%）	0~10	11~20	21~40	>40
		全氮含量相对百分数的减少率（%）	0~10	11~20	21~25	>25

(注：表头上方"监测项目"列横跨"未盐渍化/轻度盐渍化/中度盐渍化/重度盐渍化"四列为"草地盐渍化程度分级")

五、草地水土流失调查

草地水土流失调查是指对草地土壤侵蚀和水土保持措施进行的调查与监测工作。其中，土壤侵蚀调查主要是调查与监测自然因素和人为活动造成的土壤及其母质被破坏、剥蚀、搬运和沉积的过程以及侵蚀现状；水土保持措施调查主要是调查与监测水土流失治理成果的数量、质量和效益。草地水土流失调查的目的是及时、准确、全面、系统地掌握某区域草地的水土流失现状、动态及相关信息，为各级政府部门定期发布草地水土流失公告提供数据，为制定防治水土流失的政策、计划、规划等提供信息。

（一）调查的内容

（1）不同草地类型水土流失的侵蚀类型（如水力侵蚀、风力侵蚀、冻融侵蚀等）的侵蚀面积、侵蚀程度、侵蚀强度、侵蚀量等。

（2）草地水土流失成因调查，包括自然因素与人为因素对水土流失发生与发展的影响。

（3）不同草地类型水土流失危害调查与监测，如高寒草甸、山地草甸、山地草原、山地荒漠草原等的草地生产力状况，可利用草地的损失数量等。

（4）草地水土流失防治措施数量及效益，如草地水土流失防治工程、水源涵养草地工程、退化草场治理工程、沙化草场治理工程、草地鼠虫害控制工程、草地围栏封育工程等的数量、质量，水土保持现状与综合治理情况及其效果调查。

（二）调查的方法

目前，有关草地水土流失的调查方法尚无规范性的标准，可以根据刘宝元（2007）提出的区域水土流失调查与监测方法进行。

1. 抽样调查法 按一定原则和比例在区域范围内抽样,调查抽样单元或地块的侵蚀因子状况,再利用土壤侵蚀预报模型估算土壤流失量,进而根据不同目的进行各层次管理或自然单元汇总。该方法具有相当的灵活性,可根据财力状况和迫切性,确定抽样比例。一般而言,第一次投入较大,之后的动态监测都以第一次成果为基础,可结合多种数据源尤其是遥感资料进行数据更新。

2. 网格估算法 按一定空间分辨率将区域划分为若干个网格(网格大小取决于可获得数据的空间分辨率),基于 GIS 技术支持,利用土壤侵蚀预报模型估算各网格土壤流失量,进而根据不同目的进行不同层次的单元汇总。

3. 遥感调查法 基于遥感影像资料和 GIS 技术,选择一定的空间分辨率,利用全数字作业的人机交互判读方法,通过分析地形、土地利用、植被覆盖等因子,确定土壤侵蚀类型及其强度与分布。

至于具体的调查与监测指标可以参照以下两个研究进行。

徐加茂于 2005 年提出的方法可以用于草地水土流失状况调查。从草地生境条件、草地植被和水土流失 3 个方面展开调查。

①草地生境条件指标:包括海拔、经纬度、坡度、坡向、坡位、坡形、地貌等。

②草地植被指标:包括草地植被盖度、植株平均高度、生产量等。

③水土流失指标:包括地表径流量、土壤流失量、水源涵养量、土壤侵蚀模数。

内蒙古通过对本区草甸草原、典型草原、荒漠草原生态与水土流失现状的研究,总结归纳出影响草原生态与水土流失的因子有 10 类 122 个,并提出了由 10 类 18 个指标组 89 个指标构成草地水土流失监测技术指标体系,构建了草地水土流失监测技术指标体系框图(图 7-2)。

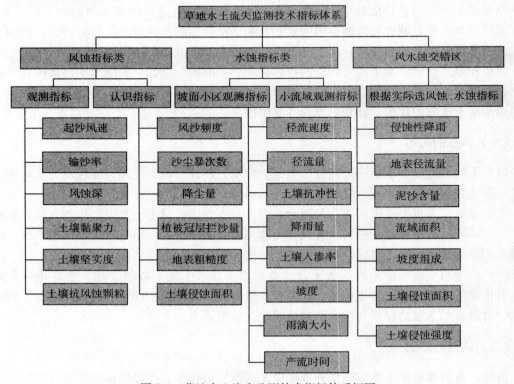

图 7-2 草地水土流失监测技术指标体系框图

第三节　草地健康状况评价

对草地健康状况的评价，历来是草地退化研究者们关注的科学问题。通过对草地健康状况的诊断，能够进一步了解草地生态系统的目前状况和发展趋势，从而为草地的科学管理提供依据。本节将重点介绍草地基况和草地健康的评价方法。

一、草地基况评价

草地基况（range condition）是指草地发育和发展的健康状况。草地基况评价就是通过群落学和生态学特征，对草地健康状况进行生态学鉴定与诊断，以说明和比较草地实际和潜在生态与生产能力的差异，并直接反映草地生长发育基本状况以及草地受过度干扰而发生逆行演替后的发展阶段与表现。它不是直接和普遍的生产能力指标，而是通过对群落发展的现状和趋势的评定，间接和相对地表明草地生态功能、生产力。值得注意的是，采用此方法评价草地基况时，只有在同一类型中比较草地等级才有意义，不同草地类型之间没有可比性。

（一）顶级植被成分评价法

这是目前世界上应用比较广泛的一种方法。它是美国学者 E. J. Dykterhuis 于 1949 年提出、1958 年修改完善的一种方法。此方法采用群落演替的阶段性原理，利用减少种（decreaser）、增加种（increaser）、侵入种（invader）的动态变化作为判断草地基况的敏感性指标，反映的是植物种类成分变化与草地生产力其他指标变化的相关性。

减少种，是指草地上最有价值的优良牧草（单位面积所提供的饲草量最高、适口性好）随着放牧加重，相对产量减少的物种。增加种，是指那些产量低、适口性差的植物种随着放牧加重，相对产量增加的物种。侵入种，是指原始植被中不存在，但随着放牧强度增加和原始植被生活力的减弱而出现的物种，多数是饲用价值很低的植物。增加种和侵入种通常也包括一些有毒有害植物。

草地基况评价就是根据植被在放牧条件下保持原生或顶级植被成分的多少进行的，把草地划分为优良、良好、中等、低劣 4 个等级。

（1）优良：当前植被相对盖度的 75%～100% 由群落中减少种或增加种所构成，或总盖度的 0～25% 由侵入种和增加种构成。

（2）良好：当前植被相对盖度的 50%～75% 由群落中减少种或增加种所构成，或总盖度的 25%～50% 由侵入种和增加种构成。

（3）中等：当前植被相对盖度的 25%～50% 由原生或顶级植被中的减少种或增加种所构成，增加种急剧增多。

（4）低劣：当前植被相对盖度的 0～25% 由原生或顶级植被的减少种或增加种所构成。

此方法中的减少种或增加种属于在放牧影响下未被破坏的、相对稳定的原生或顶级植被成分，而侵入种的出现是过度放牧的后果。因此，用它说明天然草地的植被状况是十分适合的。此外，美国土壤保持协会还设计了草原分级图，以便更清楚地表明在草地基况为优良、良好、中等和低劣的情况下，各等级中顶级植被所占比例，减少种、增加种、侵入种在总盖度中所占比例（图 7-3）。

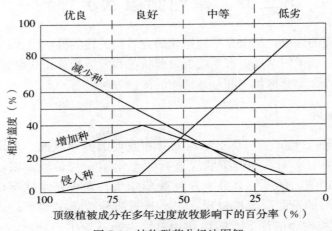

图 7-3　植物群落分级法图解

美国农业部普遍采用此方法指导生产实践，并要求各州每年 4—12 月每月都要评定草原基况，由农业部统计记录事务局加以汇总、整理，列入《美国农业年鉴》公布。目前，美国、加拿大等国家都广泛采用这种方法评价草地基况，其他国家近年来也越来越多地接受和使用此评价方法。

（二）可食牧草百分比评价法

此方法是在最好的经营管理条件下，比较草地所表现的状况或在进行一般路线调查时采用的一种简便方法。它是由美国学者 R. R. Humphrey 在 1949 年从草地生产角度出发而提出，以可利用牧草产量来衡量和评价草地的基本状况。各级草地以可利用牧草产量变化 25％为幅度，其标准如下。

（1）优良：可利用牧草产量占草地产量的 75％～100％。

（2）良好：可利用牧草产量占草地产量的 50％～75％。

（3）中等：可利用牧草产量占草地产量的 25％～50％。

（4）低劣：可利用牧草产量占草地产量的 25％以下。

（三）土壤有机质评价法

土壤状况是草地状况的构成部分，也是草地基况变化的一个明显标志。与植被相比，土壤对外界条件和草地状况的反映更具有稳定性。因此，可以根据土壤状况来评价草地状况的等级。此方法是 A. W. Sampson 于 1919 年提出，主要是根据土壤有机质的积累量来判定草原等级。

（1）第一级：只有绿色植物，土壤表面无有机质积累。

（2）第二级：有死亡的植物遗体。

（3）第三级：有新鲜的腐殖质层。

（4）第四级：有成熟的腐殖质层。

按照草地状况和经济价值看，从第一级到第四级逐渐变佳。

(四) 演替阶段-生态生产评价法

R. D. Pieper 和 R. P. Beck（1990）认为 E. J. Dykterhuis 对草地基况的生态学评价方法只能对当前的情况给予描述性的评判，而不能对草地的发展趋势和综合生产潜力进行预测。因此，他们提出用定量的生态术语顶级（C）、演替后期（LS）、演替中期（MS）、演替前期（ES）来代替优良、良好、中等、低劣术语，并用模型图来说明草地不同的演替阶段与生态条件和产品的关系（图 7-4）。若管理的目标达到牛的最大载畜量、叉角羚羊的数量最多，则演替中期到后期可能是最佳阶段，尽管这一阶段小哺乳动物的种群数量和鸟类密度低于最适数量，但土壤侵蚀程度最小，这样就将产品与土地利用情况联系起来。由此可见，这一草地基况的生态学评价方法对确定管理目标和指导生产更为直接和有用。

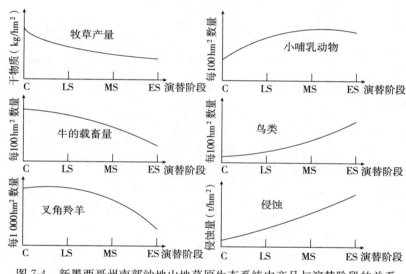

图 7-4　新墨西哥州南部沙地山地草原生态系统中产品与演替阶段的关系

(五) K. W. Poker 和 P. V. Woodhead 多指标评价法

K. W. Poker 和 P. V. Woodhead 以草地植物、土壤、动物状况为一级指标，以牧草长势、密度、有毒有害植物、放牧利用、土壤风蚀、冲沟的形成、绵羊及羔羊放牧结束时体重等 15 项指标为二级指标建立多指标综合评价方法和系统（表 7-14）。其评价目的是以草地植物、土壤、动物指标，通过建立评分卡的办法按卡逐项调查记录，对草地基况进行综合评价，为草地培育、建设提供依据。

表 7-14　草原状况分级记分表

一级指标	二级指标	三级指标	赋分
	多年生牧草长势	牧草茂盛、健壮、色暗绿、叶极多、生殖枝高且多，如非特殊干旱少见或无死亡植株；在好年景繁殖颇盛，生草土和密生草坚强，不见母质	1
		牧草如上具有高生殖枝，除非在特好年景繁殖不盛，偶见状况不良斑块，生草土和密生草坚强，偶见母质	3

（续）

一级指标	二级指标	三级指标	赋分
		牧草健壮，但优良者生长不良，雨水作用较前些年为差，生草土薄，密生草松弛，易见母质	5
		牧草弱，可见淡色病色，生殖枝少且极短，大雨也不能生长繁茂，种子少萌发、多死亡，根部暴露易拔出，母质明显裸露	7
	可食灌木长势	有丰富的幼株	1
		株本密集，但不成层	2
		灌木成带状，状如篱笆	3
		显著的灌木带，具许多枯枝、死株与不良植物，重牧	5
	密度	优良	1
		良好	2
		尚可	3
		低劣	4
	植物组成成分	优良	1
		良好	2
		尚可	3
		低劣	4
植物指标	放牧利用	现在（最近的放牧年或放牧季）未利用	0
		轻牧（利用率 20% 以下）	1
		中牧（利用率 20%～40%）	2
		重牧（利用率 40%～60%）	3
		极牧（利用率 60% 以上）	4
	利用历史	过去 10 年内从未利用到轻牧	0
		从未利用或轻牧到中牧	1
		从未利用或轻牧到重牧	2
		从中牧到重牧	3
		从重牧到极牧	4
	一年生牧草和杂草	极少或无	0
		多	1
		很多	2
	有害有毒植物	无	0
		散生	1
		相当多	2
		很丰富	3
	地被物（枯枝落叶）	很丰富	1
		一般	2
		稀少	3

（续）

一级指标	二级指标	三级指标	赋分
土壤指标		无	4
	土壤风蚀	无风蚀	0
		轻度风蚀	1
		中度风蚀	2
		严重风蚀	3
		极度风蚀（流沙和沙丘）	4
	土壤位移（水和风）	土层或地面完全且为植物凋落物覆盖，无明显片蚀	0
		表层完整，在小的冲积扇偶见土壤位移，有裸露砾石或岩石	1
		表层开始破裂为小冲积扇，在裸露的砾石和岩石上形成侵蚀淀积	3
		表层被迅速移去，具有底土暴露的斑块，侵蚀淀积	5
		表土大量移去，侵蚀淀积显著，土壤一般坚实，底土暴露	7
	冲沟的形成	无沟	0
		偶见小浅沟，但易为植物恢复	1
		偶见沟	2
		偶见沟，深	3
		常见沟，浅	5
		常见深 V-U 形沟	7
动物指标	繁殖母牛平均体重和犊牛生产	431kg 和 80% 产犊率，8 月龄小牛平均体重 181kg 以上	1
		431kg 和 70%～80% 产犊率，8 月龄小牛平均体重 159～181kg	2
		318kg 和 50%～70% 产犊率，8 月龄小牛平均体重 136～159kg	3
		小于 318kg 和低于 50% 产犊率，8 月龄小牛平均体重小于 136kg	4
	绵羊及羔羊放牧结束时体重	30kg 以上	1
		27～30kg	2
		23～27kg	3
		小于 23kg	4
	啮齿类动物和野兔	正常或偏低	1
		丰富	2
		很丰富	3

级别评定	总分
极佳	<15
良好	15～25
普通	26～35
低劣	>36

（六）任继周综合判断评价法

此方法最早由王栋于 1955 年提出，后由任继周等于 1961 年补充修订，旨在应用草地放牧演替的规律，评价草地健康状况，为调查、预防、治理草地退化提供标准和依据。

（1）第一级：长久放牧过轻。有倒伏或未倒伏的常年宿茎大量存在。土壤有机质增加，并表现出与此相联系的一系列草地演变过程的劣化现象。当土壤呈酸性时，往往有柳属灌木出现。高大杂类草逐渐取得优势。

（2）第二级：放牧适度。植被正常生长，没有牲畜践踏痕迹，盖度较高，无水土流失现象。

（3）第三级：放牧略显过重。在干旱地区，杂类草及根茎-疏丛型禾草生长受到抑制，短小密丛禾草比重增大；在湿润地区，早熟禾类生长略受抑制，羊茅类增多。各类草原均可出现因践踏过度所呈现的沟纹，而山坡上最为明显。植被成分与第二级没有显著差异，只是在产量上有较明显的区别，水土流失现象较重。

（4）第四级：过度放牧明显。高大的优良牧草明显减少，小型密丛禾草和蒿属植物增加，毒草较多。践踏过度所呈现的沟纹在山坡上大量出现，平地上也普遍可见。中等雨量即可出现水土流失现象，有些地方表土已经全部丧失。

（5）第五级：过度放牧严重。优良牧草少见，蒿属植物和杂类草的数量也明显减少，只有稀疏矮小的一年生或深根性多年生植物，毒草大量生存。践踏过度生成的沟纹在山坡上密如鱼鳞、交错排列，平地上也很密集。由于水土流失等原因，土层已变薄，表土层流失，成土母质常常暴露，草原遭受毁灭性破坏。

（七）土、草、畜综合指标评价法

此方法是由甘肃农业大学于 1960 年根据对草地植物、土地、动物所表现的生态、生产和经济价值采用多指标评分记分，再根据总分以反映最终的草原等级而提出的评价方法。其指标和评分标准见表 7-15。

表 7-15　草原状况分级记分表

一级指标	二级指标	三级指标	赋分
植被指标	可食植物组成（占质量的百分数）	可食植物占 80% 以上	80～100
		可食植物占 60%～80%	60～80
		可食植物占 40%～60%	40～60
		可食植物占 20%～40%	20～40
		可食植物占 20% 以下	0～20
	植被总盖度	总盖度 80% 以上	80～100
		总盖度 60%～80%	60～80
		总盖度 40%～60%	40～60
		总盖度 20%～40%	20～40
		总盖度 20% 以下	0～20
	饲用植物产量（以调查地区的最高产量为 100%）	占最高产量的 90% 以上	80～100
		占最高产量的 80% 以上	60～80
		占最高产量的 60% 以上	40～60
		占最高产量的 40% 以上	20～40
		占最高产量的 40% 以下	0～20

（续）

一级指标	二级指标	三级指标	赋分
土地指标	生草土发育状况	草皮完整，富有弹性，有腐殖质层，植物多为根茎-疏丛型	80~100
		地面有少量裸露，富有弹性，有腐殖质层	60~80
		草皮不完整，草根絮结，草皮坚韧	40~60
		土壤大量裸露，有大量沟纹，植物以密丛型为主	20~40
		土壤完全裸露，无腐殖质积累，全为成土母质覆盖，践踏的沟纹密如蛛网	0~20
	土壤侵蚀情况	无侵蚀，植被郁蔽	80~100
		轻度侵蚀，仅有片状剥蚀或细沟侵蚀	60~80
		表土有明显的剥蚀，有冲沟出现	40~60
		表土被侵蚀，留下较粗的颗粒，开始出现风蚀沟	20~40
		极严重侵蚀，出现风蚀墩、风蚀槽；水蚀出现巷沟；黄土地区出现塌沟、黄土井；风沙地区有新月形沙丘、沙垄等	0~20
	地面状况	无小丘、鼢鼠堆、灌丛、石块等	80~100
		小丘（高 10~20cm）少量，鼢鼠堆少量（<150 个/hm²），有矮灌丛，石块少量	60~80
		有较大的小丘(高40cm 以上)，鼢鼠堆较多（150~300 个/hm²），有高 1 m以上的灌丛，盖度在 50%以下，石块较多且大	40~60
		有大量的小丘，鼢鼠堆极多（300~450 个/hm²），灌丛盖度在 50%以上，有大量大石块	20~40
		小丘密布，鼢鼠堆极多（>450 个/hm²），灌丛几乎覆盖全部地面，或全为砾石覆盖，生草土面积在 10%以下	0~20
家畜指标	为了家畜正常生活和繁殖，每个羊单位需要的草地面积	在 0.75hm² 以下	80~100
		在 0.75~1.25hm²	60~80
		在 1.25~2.0hm²	40~60
		在 2.0~2.75hm²	20~40
		>2.75hm²	0~20
级别		评语	总分
一级		优良	80~100
二级		良好	60~80
三级		中等	40~60
四级		不良	20~40
五级		低劣	0~20

二、草地健康评价

草地健康（range health）是指草地具有某些特定的功能和作用。这些功能包括初级生产力、维持土壤稳定、捕获和有效分配水分、维持营养循环和能量流及植物物种多样化。健康的草地能保持生态平衡，维持物种多样性，同时给草牧业生产者提供持续的放牧时机，支持其他一系列的生产实践活动。草地健康包括：①土壤（地境）稳定性。草地控制由风和水引起的土壤资源再分配和流失的能力。②水文功能。草地捕获、储存和安全释放来源于降水、融雪水等水分的能力，草地抵抗上述能力衰退以及衰退后恢复的能力。③生物完整性。在正常变异范围内，草地支持生物群落特定功能和结构的能力，在干扰条件下抵抗功能和结构丧失的能力和恢复能力。

（一）美国的草地健康评价

美国国家研究委员会（NRC）于 1994 年将草地健康定义为"草地生态系统的土壤和生态过程的完整性被维持的程度"。美国草地管理学会（SRM）于 1995 年将草地健康重新定义为"草地生态系统的土壤、植被、水、空气以及生态过程的完整性得到平衡和持续的程度"，并将草地健康判定分为 3 个等级：①健康（healthy）。土壤和生态过程评价显示草地提供价值和产品的能力得到保持。②危险（at risk）。评价指标显示草地具有不断增加的但可逆转的退化缺陷。③不健康（unhealthy）。评价指标显示草地退化已导致其提供价值和产品的能力发生不可逆转的丧失。

健康的草地可以描述为：没有明显的水土流失，大多数降水渗入土壤并就地被植物生长所利用或者作为地表水进入水系；植物群落能有效利用该地境的养分和能量；植物组成虽然有波动，但健康的草地在自然或人为胁迫解除后，其土壤、植物群落和生态功能具有保持、恢复的趋势。

根据美国国家研究委员会提出的草地健康和美国草地管理学会提出的地境保护阈值（在特定地境上为防止侵蚀而最低限度所必需的植被种类、数量及格局）概念，将其综合至图7-5。

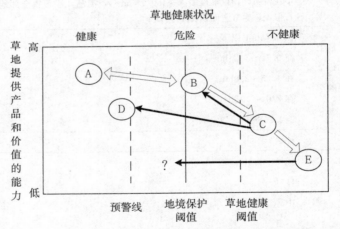

图 7-5　NRC 和 SRM 提出的草地健康和地境保护阈值概念模型
图中箭头表示不同生态状态（A～E）之间的过渡，其中实线箭头表示较难发生的变化
（USDA/NRCS，1996）

Pyke 等（2002）根据以上概念提出草地健康监测评价的系列指标（表 7-16）。其中，每个指标都可以根据与参照区的差异程度而划分为 5 个等级，即无作用、轻度、适度、过度、极度（Pellant et al.，2000）。虽然这些针对植被和土壤的具体指标曾经被广泛用作草地基况或载畜能力评价的指标，但是由于生态过程的复杂性，任何单一指标都无法用来确定生态系统的健康状况，因而需要一整套关键指标来评价草地健康。

表 7-16　草地健康评价规范中所包括的标准指标及其适用的属性

序号	指标	描述	属性
1	溪沟	线状侵蚀溪流的频率和空间分布	S，H
2	水流痕迹	地面漫流路径的数量和分布，由凋落物分布及可见的土壤和沙砾运动痕迹确定	S，H
3	固着物或台坎	周围土壤已被侵蚀的岩石或植物，或者障碍物后有土壤沉积的面积频率和面积分布	S，H
4	裸地	没有植被、生草层、凋落物及砾石保护的裸露区域的面积及其连续性	S
5	沟壑	切入土壤的沟壑数量以及沟中植被数量和分布	S，H
6	风蚀坑/沉积面积	生草层土壤或植被周围土壤被风吹走的面积频率，或者大型物体附近土壤沉积的频率	S
7	凋落物搬运	凋落物被风和地表水流转移的面积频率和大小	H
8	地表抗侵蚀性	土壤通过有机质增加而抵御侵蚀的能力	S，H，B
9	表土流失或退化	全部或部分表土层丧失的面积频率和大小	S，H，B
10	与下渗和径流有关的植物群落组成与分布	群落组成或该地境限制水分下渗和径流的植物种的分布	H，B
11	板结层	表土（≤15 cm）板结的厚度和分布	S，H，B
12	功能/结构群	结构/功能群的数目；群中的物种数目，或者群的优势度排序	B
13	植物死亡/衰退	死亡或将要死亡的植物的频率	B
14	凋落物数量	凋落物数量的离差	H，B
15	地上年产量	相对于当年气候生产潜力的产量	B
16	侵入植物种	侵入植物种的多度和分布，包括有害杂草、外来种及优势度超常的本国种	B
17	多年生植物繁殖能力	相对于气候潜力而言，花序和无性繁殖器官的数量	B

注：属性指指标所适用的属性：S 为土壤/土地稳定性；H 为水文功能；B 为生物群落完整性。

（二）任继周草地健康评价

草地生态系统所固有的开放性，使其不断地从外部得到能量、物质和信息输入，经过生态系统的同化、流转后，又不断地将能量、物质和信息输出系统之外，保证了生态系统本身的生生不息、持续发展。同时，这种开放性也可使生态系统受损，在严重的情况下会使系统崩溃。这是由于生态系统的能量和物质的容量有限，能量和物质输入与输出的平衡与不平衡，使草地有可能处在健康阈、警戒阈、不健康阈和系统崩溃 4 个发展阶段中的任何一个之中（图 7-6）。从健康阈向系统崩溃的发展就是草地退化的过程，寻找从健康阈到警戒阈的分界线和从警戒阈到不健康阈的分界线这两个阈值，一直以来都是研究草地退化的学者探讨的主要问题之一。

任继周（1998）认为草地健康是指：①保持生态系统本身特征的基本结构或不断完善；②保持生态系统本身的基本功能或不断提高；③生态系统所处的环境因素与生态系统保持稳定和谐的趋势。为此，他指出：一，土壤的稳定性发展既是生态系统稳定的指标，也是生态系统稳定的前提。无论是过去的草地基况，还是现在的生态基况（ecological status），土壤

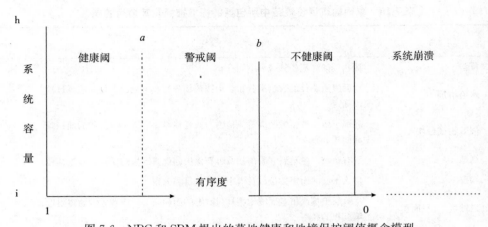

图 7-6　NRC 和 SRM 提出的草地健康和地境保护阈值概念模型

a 为警戒线：健康阈下限，警戒阈上限；b 为警戒阈下限，不健康阈上限；有序度由高（1）到低（0）；生态系统容量从低（i）到高（h）

都是重要指标，尤其是土壤有机质含量具有明确的指导意义，而且容易监测。二，草地生态系统的驱动力是能量，基础是营养元素，应该是监测的重点项目。植物活体与死体的分布、光合作用的时段、根在土层中的分布三者作为监测重点，既简明又能反映草地发展动态。三，恢复机制是草地生态系统持续发展的重要标志，可以植物年龄的多样性、活力、幼苗发生为指标进行判断。

在上述理论的基础上，他提出了草地生态系统健康阈、警戒阈、不健康阈的三阈划分标准（表 7-17），建立了评价草地健康与功能和谐的尺度。

表 7-17　草地健康评价指标及持续发展阈值含义

阶段	健康	警戒	不健康
土壤稳定性和流域功能	土壤无明显移动，土壤有机质含量稳定或略有增长	土壤移动但留在本区，土壤有机质含量呈减少趋势	土壤移动并流出本区，土壤有机质含量明显减少
营养和能流分配	新鲜植物体和凋落物均匀分布	新鲜植物体和凋落物开始不均匀分布	新鲜植物体和凋落物不均匀分布，凋落物之间出现大量裸地
	光合作用在整个植物生长季内进行	光合作用局限于生长季的一部分	光合作用局限于生长季更少的一部分
	根分布于整个可利用土层	某些可利用土层内无根的分布	与前者对比，根更局限于一部分土层
恢复机制	植物年龄的充分多样性	幼苗和幼年植物缺乏	入侵的临时植物占优势，罕见幼苗和幼年植物
	植物活力充分，发芽小生境广泛分布	植物活力不足，出现土壤结皮或土壤移动，发芽小生境减少	土壤移动或结皮阻碍了大部分植物种子发芽

（三）草地健康状况评价标准

2008 年，我国国家质量监督检验检疫总局和国家标准化管理委员会发布了由中国农业科学院北京畜牧兽医研究所编制的国家标准——《草原健康状况评价》（GB/T 21439—2008）。该标准认为，草原健康是指草原生态系统中的生物和非生物结构的完整性、生态过程的平衡及其可持续的程度。通过对这些属性指标的分级定量赋值，计算出草原健康的综合指数，对草原健康状况进行分级和科学全面评价。

此方法选取土壤（地境）稳定性、水文功能、生物完整性3个草原生态系统的属性进行评价，每个属性又包括4项指标，共计12项指标（表7-18）。

表7-18　草地健康状况评价指标及属性

序号	指标	说明	属性
1	裸地	没有植被、凋落物或生草层覆盖的裸露土壤分布	土壤稳定性
2	风蚀	被风力转移（移走或沉积）的表层土壤厚度	土壤稳定性
3	土壤有机质	土壤表层（0~20cm）的有机质含量	土壤稳定性
4	土壤紧实度	土壤表层（0~20cm）的板结情况，用相对容重来表示	土壤稳定性
5	水流痕迹	地面漫流形成痕迹的数量分布，可由凋落物分布及土壤和沙砾的运动痕迹来确定	水文功能
6	细沟	线状侵蚀在地表形成的较直的、细小的侵蚀沟的数量分布	水文功能
7	切沟	切入生草层（或土壤表土层）以下的侵蚀沟的数量分布	水文功能
8	凋落物移动	凋落物被地表径流冲刷移动的程度	水文功能
9	建群种	生态参照区内原生植物群落的建群种在评价区内的地位，用相对重要值表示	生物完整性
10	凋落物量	单位土地面积上植物凋落物的重量	生物完整性
11	地上现存量	评价区内植物群落的地上现存量占生态参照区的百分比	生物完整性
12	侵入种	评价区内植物群落中侵入种所占的地位，用重要值表示	生物完整性

土壤（地境）稳定性是指土壤（地境）抵抗风力和水力引起的土壤资源（包括矿物养分和有机质）重新分布和流失的能力。水文功能是指地境获得、储存及安全释放来自降水、径流和融雪等水源的能力，抵抗这些功能丧失的能力，以及退化后恢复这些功能的能力。生物完整性是指地境维持植物群落特有结构与功能处于正常波动范围之内的能力，抵御因干扰所导致的结构与功能丧失的能力，以及受干扰后恢复其结构与功能的能力。对表7-18所列12项指标进行测定，并进行分级。各项指标分为5个级别，分别赋分1、2、3、4、5分，分值越高说明在该项指标上草地健康状况越好（表7-19）。

表7-19　各项指标分级赋分

属性	指标	项目	I	II	III	IV	V
土壤（地境）稳定性	裸地（裸地所占比例）	分级（%）	<15	15~35	35~55	55~75	≥75
		赋分	5	4	3	2	1
	风蚀（风蚀厚度）	分级（mm/年）	<1	1~3	3~5	5~10	≥10
		赋分	5	4	3	2	1
	土壤有机质(0~20cm)	分级（g/kg）	>20	15~20	10~15	5~10	≤5
		赋分	5	4	3	2	1

（续）

属性	指标	项目	I	II	III	IV	V
	土壤紧实度（0~20cm土壤相对容重表示）	分级(g/cm³)	<1.0	1.0~1.2	1.2~1.4	1.4~1.6	≥1.6
		赋分	5	4	3	2	1
水文功能	水流痕迹（所占百分比）	分级（%）	<5	5~15	15~20	20~25	≥25
		赋分	5	4	3	2	1
	细沟（所占百分比）	分级（%）	<1	1~5	5~10	10~15	≥15
		赋分	5	4	3	2	1
	切沟（所占百分比）	分级（%）	<1	1~3	3~5	5~7	≥7
		赋分	5	4	3	2	1
	凋落物移动（移动痕迹所占百分比）	分级（%）	<10	10~30	30~50	50~70	≥70
		赋分	5	4	3	2	1
生物完整性	建群种（相对重要值表示）	分级（%）	>20	15~20	10~15	5~10	≤5
		赋分	5	4	3	2	1
	凋落物量（相对凋落物表示）	分级（%）	>90	70~90	50~70	30~50	≤30
		赋分	5	4	3	2	1
	地上现存量（相对地上现存量表示）	分级（%）	>90	70~90	50~70	30~50	≤30
		赋分	5	4	3	2	1
	侵入种（侵入种的重要值表示）	分级（%）	<5	5~15	15~30	30~50	≥50
		赋分	5	4	3	2	1

鉴于每个评价指标对草地健康状况的影响和作用不同，还推荐了各项指标的权重系数（表 7-20）。

表 7-20　推荐性草地健康状况评价指标权重系数

属性	评价指标及权重系数		各属性权重系数
	评价指标	权重系数	
土壤（地境）稳定性	裸地	0.097	0.300
	风蚀	0.077	
	土壤有机质	0.068	
	土壤紧实度	0.058	
水文功能	水流痕迹	0.041	0.200
	细沟	0.055	
	切沟	0.069	
	凋落物移动	0.035	
生物完整性	建群种	0.103	0.500
	凋落物量	0.132	
	地上现存量	0.147	
	侵入种	0.118	

最后，依据草地健康综合指数的分值，将草地健康状况划分为极好、好、中等、差、极差5个级别（表7-21）。

表 7-21　草地健康综合指数分级

草地健康综合指数（H）	草地健康状况
>4.5	极好
4.5~3.5	好
3.5~2.5	中等
2.5~1.5	差
≤1.5	极差

草地健康综合指数可通过式（7-1）进行计算：

$$H=\sum_{i=1}^{3}(H_i \times k_i)=\sum_{i=1}^{3}\sum_{j=4}^{4}(S_{ij} \times k_{ij}) \tag{7-1}$$

式中，H 为草地健康综合指数；S_{ij} 为第 i 个属性的第 j 个评价指标的得分；k_{ij} 为第 i 个属性的第 j 个评价指标的权重系数。

（四）草地生态系统健康评价的一般步骤

1. 选择评价样地　认真确定草地评价的地点、土壤和地境状况。评价样地必须足够大，可以包含所代表区域的自然变异。首先对选择的样地进行描述，记录样地位置、基本特征、大致边界，详细记载地形边界、相邻的道路、居民点、饮水点、沟河以及其他影响样地变化的干扰因素。其次熟悉植物及其在样地内的变异性。最后调查土壤和地境的变异，包括准确分类土壤，详细记录土壤剖面。绘制土壤图，确定每层土壤质地和深度，最终对土壤进行鉴定。在此基础上，样地范围可以得到确定。为便于直观比较，有必要保留各项拍照资料。

2. 调查一个参照区　选择一处与评价区相似地境的参照区（最好是一个景观单元），记录植物盖度、物种优势度、植物功能（结构）组及火烧干扰等。植物盖度包括投影盖度和基盖度，其中投影盖度可以按禾草、豆科草、杂类草、半灌木、灌木、小乔木、生物地被物（地衣、苔藓、藻类）等生活型估测，基盖度包括裸地、凋落物、立枯物、岩石/砾石、生物地被物等。物种优势度根据产量和盖度来确定。植物功能组可依据易于比较的方式划分，如固氮植物、深根或浅根植物、暖季型或冷季型植物、原生种或侵入种等。

3. 在参照区修改评价指标特性　在理想状态，每一个地境单元有一套一致的指标特性，但实际上能够找到的参照区并非都是原始的植物群落（顶级植物群落），因此需要根据实际的参考地境进行指标特征的修正。此外，草地健康评价更多的是关注草地生态系统在时间尺度的变化，因此，利用同地域、同时期的草地调查数据进行比较，也是评价草地健康较好的方式之一。

4. 样地实地调查　返回到选择的评价样地，填写样地特征表格，包括测定样地的盖度、物种优势度、植物功能组等。

5. 确定草地生态系统健康特征的功能状态　根据指标测定结果，把评价样地与参照区（或参照期）样地进行比较，分析获得的数据资料，包括直接量化的数值和定性测定的赋值，对草地健康状态做出评价，确定健康状况，提出管理建议。如若发现草地数据不足或有问题，可以回到现场补测或通过文献校正。

草地灾害调查

草地灾害是地球表层草地孕灾环境、致灾因子和承灾体综合作用的产物。致灾因子是草地灾害产生的充分条件，承灾体是放大或缩小灾害的必要条件，孕灾环境是影响致灾因子和承灾体的背景条件。由草地致灾因子、孕灾环境与承灾体共同组成了区域草地灾害系统，草地灾害是草地灾害系统之间各要素相互作用的产物。

目前，人们对导致草地灾害发生的致灾因子及孕灾环境的认知比较有限，仅能从成因或机理方面分析解释，较难对其发生发展的过程进行控制和改变。近年来，随着自然灾害的深入研究，人们普遍认识到自然灾害形成的根源正是承灾体的脆弱性。因为在同一致灾强度下，灾情因设防能力、经济状况和人类对灾害的反应表现出比较大的差异，脆弱性的高低会起到"放大"或"缩小"灾情的作用。

第一节　草地自然灾害调查

一、草地雪灾调查

草地雪灾是指因大范围积雪掩埋草地植被，对放牧饲养家畜正常行走和采食造成影响，导致放牧家畜大量掉膘和死亡的一种气候灾害［《牧区雪灾等级》（GB/T 20482—2017）］。雪灾是我国牧区冬春季最严重的气象灾害之一，主要危害有：严重影响甚至破坏交通、通信、输电线路等一些基础设施；雪量过大，积雪过深，持续时间过长，对于缺乏饲草料储备且主要依赖于自然放牧的牧区会造成牲畜吃草困难，引起牲畜死亡，导致畜牧业减产，常给农牧民的生活和生命安全造成严重危害，直接威胁和制约牧区生产的发展。据有关资料统计，1956—1996 年，仅青海省就发生 11 次严重雪灾，累计死亡牲畜 854 万头（只），造成直接经济损失 11.87 亿元。1996 年青南牧区发生特大雪灾，牲畜死亡 108 万头（只），死亡率高达 40%，直接经济损失约 1.62 亿元，相当于青海省当年畜牧业生产总值的 1/8。因此，加强研究与制定牧区雪灾国家标准，规范雪灾评价、分级与雪灾调查，对做好防灾、减灾工作意义重大。我国雪灾分布范围极为广泛，主要发生在青藏高原、新疆和内蒙古地区。

（一）雪灾调查内容

雪灾是一种因自然与人为因素综合作用而形成、发展的气象灾害。雪灾的发生，不仅受降雪量、积雪深度和密度、积雪持续时间等气象因素的影响，同时还与区域草地的特征、饲养家畜种类有一定的关系。从以往牧区雪灾资料分析可知，草地草层高矮不同，虽然积雪深度一样，但是否成灾或者受灾程度并不一样，也就是说雪灾的形成与草地类型与特征有关。例如，内蒙古呼伦贝尔的草甸草地牧草高度为 20cm 左右，积雪深度 15cm 以下一般不会成灾；当积雪深度超过 25cm 时，牧草的大部或全部被掩埋，就会影响放牧而形成雪灾。在荒漠半荒漠草地，当积雪深度为 5～10cm 时，可形成轻灾；15cm 以上的积雪，可以大部或全部掩埋牧草而致重灾。拥有高大草本及灌木、半灌木的草地则不易形成雪灾。青藏高原因海拔高，紫外线强烈，草地植被植株矮小，积雪深度超过 3cm 时，牦牛采食就感到困难，藏羊也受影响，可形成轻度雪灾；当积雪深度超过 10cm 时，可发生重度雪灾。各类牲畜的生理特性不同，抵御雪灾能力也不同。草地被积雪覆盖后，牲畜采食的难易程度不仅取决于积雪的深度和密度，也与不同畜种破雪采食的能力有关。我国牧区的调查表明，积雪对不同种类、不同年龄的牲畜影响程度不同。同样的灾情，马的破雪采食能力较强，因而抗雪灾能力最大，损失最小；山羊、骆驼次之，绵羊损失较大；牛的破雪采食能力最差，抗雪灾能力最弱，死亡率也最高。马在积雪深度 20～30cm、绵羊在积雪深度 10～20cm、牛在积雪深度 10cm 以内，都会存在采食困难的问题。

另外，雪灾还受社会经济、生产力发展水平、土地利用方式以及生产方式等因素的制约。各地区由于资源特点、气候条件各异，社会经济和生产力发展水平、土地利用方式以及生产方式的不同，受雪灾的影响以及抗灾能力也存在很大差异。显然，经济发展水平相对落后、生产力水平低的地区最易受灾，一方面这些地区的经济发展更多依赖于自然资源，另一方面它们缺乏抵御雪灾的必备设施和物资，即区域内系统的脆弱性致使灾情放大。

综上所述，形成牧区雪灾的因素比较复杂，有自然因素也有社会经济因素，在本节中，只介绍积雪特征部分的调查内容与方法。

1. 积雪特征的调查　积雪特征是降雪是否可形成灾情的条件：一是冬春季的降雪量；二是积雪掩埋草地牧草的程度；三是积雪持续时间的长短和受灾面积比。积雪能否成灾取决于积雪妨碍牲畜自然采食的程度，所以积雪掩埋草地牧草的深度和积雪密度是形成雪灾的重要标志。

积雪密度是指地面积雪层中单位体积内的含水量。雪的密度变化范围很大，新下的松软雪的密度为 $0.04\sim0.10\mathrm{g/cm^3}$，融雪时雪的密度可达 $0.6\sim0.7\mathrm{g/cm^3}$，雪的平均密度为 $0.20\sim0.25\mathrm{g/cm^3}$。

2. 雪灾等级划分的标准　判定降雪是否成灾及危害程度的标准方式大体可分为两大类：一类是受灾程度，即牲畜死亡数或死亡率；另一类是造成雪灾的主要气象要素变化，一般以积雪深度为主，兼以考虑积雪持续日数、最低气温及大风日数，具体指标各地不一。也有用月降雪量或距平（某一系列数值中的某一个数值与平均值的差）来确定气候监测指标。为便于短期气候预测或中期预报监测使用，不少地方对这些要素进行综合及参数化。

2005 年 9 月 28 日，中国气象局在青海省主持召开了国家标准《牧区雪灾等级》审查会，首次通过了《牧区雪灾等级》国家标准。在此之后，又组织有关专家对本标准进行了修改，并由质量监督检验检疫总局、国家标准化管理委员会于 2017 年 9 月发布新的《牧区雪灾等级》（GB/T 20482—2017）国家标准（表 8-1）。

表 8-1　牧区雪灾等级表

雪灾等级	积雪状态		
	积雪掩埋牧草程度（r）	积雪持续日数（d）	积雪面积比（s）
轻灾	$0.30{\leqslant}r{<}0.50$	$d{\geqslant}10$	$s{\geqslant}20\%$
	$0.50{\leqslant}r{<}0.70$	$d{\geqslant}7$	
	$r{\geqslant}0.70$	$d{\geqslant}5$	

（续）

雪灾等级	积雪状态		
	积雪掩埋牧草程度（r）	积雪持续日数（d）	积雪面积比（s）
中灾	0.50≤r＜0.70	d≥10	s≥40%
	0.70≤r＜0.90	d≥7	
	r≥0.90	d≥5	
重灾	0.50≤r＜0.70	d≥10	s≥60%
	0.70≤r＜0.90	d≥7	
	r≥0.90	d≥5	
特大灾	0.70≤r＜0.90	d≥10	s≥80%
	r≥0.90	d≥7	

（1）轻灾：一般自然灾害，将影响牛的采食，对羊的影响尚小，牲畜死亡一般在 2 万只（羊单位）以上、5 万只（羊单位）以下。

（2）中灾：较大自然灾害，将影响牛、羊的采食，对马影响尚小，牲畜死亡在 5 万只（羊单位）以上、10 万只（羊单位）以下。

（3）重灾：重大自然灾害，将影响各类牲畜的采食，牛、羊损失较大，出现死亡，牲畜死亡在 10 万只（羊单位）以上、20 万只（羊单位）以下。

（4）特大灾：特大自然灾害，将影响各类牲畜的采食，如果防御不当将造成大批牲畜死亡，牲畜死亡在 20 万只（羊单位）以上。

（二）雪灾调查方法

由上面的论述说明，影响牧区雪灾的形成与受灾程度的因素十分复杂，在此处将重点介绍致灾因子气象要素的调查方法。

1. 地面调查

（1）积雪深度与积雪掩埋牧草程度调查：积雪深度，是指从积雪表面到地面的垂直深度。雪被的深度决定了覆盖牧草的厚度，从而影响家畜的采食；而且对于特定的家畜种类，存在一个雪深阈值，决定能否进行放牧。就具体地段而言，可采用地面直尺实测的方法。从宏观尺度而言，估测积雪深度是雪情监测在技术上较为困难的一项内容。气象部门通过云量监测和气象站测定可以掌握平均降雪深度，但气象站的数目毕竟有限，加上风力、地形等因素对降雪的再分配，地区之间气温、土壤条件不同也会造成不同的融化速度，从而难以准确测定不同地点的积雪深度。

积雪掩埋牧草程度，即积雪深度与草群平均高度之比。积雪掩埋牧草程度与两个因素有关，一是积雪深度，二是草地植物的生长高度。积雪深度和草地植物的生长高度可以直接现场测定，草地植物的生长高度也可以通过所属草地类型间接推断。

（2）积雪面积与积雪面积比调查：积雪面积，是指积雪覆盖草地的面积，单位为 hm^2。积雪面积比，是指某地草地积雪面积与实际草地面积之比，用百分数（%）表示。对于它们的调查，应用遥感技术与地理信息技术是一种经济、快速且有效的方法。

（3）积雪持续日数调查：积雪持续日数是指地面积雪稳定维持的连续日数，单位为 d。

可通过气象部门和当地牧民的调访获取。

（4）牲畜死亡数或死亡率调查：受灾后的牲畜死亡数或死亡率，是遭受雪灾危害的直接体现。可以通过灾区的牧户与管理部门调查了解。

2. 遥感技术调查　利用 RS 和 GIS 技术在地面资料的辅助下，进行大面积的积雪灾情调查是可行的，可充分发挥气象卫星时间分辨率高、覆盖范围广的特点，能够快速、准确地了解积雪区域、面积和积雪深度的分布情况及雪灾危害程度。

（1）评价基础数据库的建设：利用 GIS 软件，建立研究区地形、气候、草地、家畜、居民地、道路及卫星影像等方面的空间数据库，并模拟计算栅格结构的数字高程模型及已发生过的重大雪灾的积雪深度、温度、面积等空间分布式数据库。

（2）雪灾遥感监测模型的建立：采用遥感影像处理软件，如地球资源数据分析系统（ERDES）和地球资源制图系统（ERMAPPER）等，对气象卫星 NOAA（美国国家海洋和大气管理局）和雷达卫星接收的数字影像资料，进行几何纠正、配准、植被指数及亮度指数的计算等处理；利用统计分析软件，建立积雪深度与 NOAA 卫星通道 1 和通道 2 反射率之间的数理关系，特别是积雪深度与雷达卫星的后向散射率、雪面温度等因子之间的空间分布式模型，即遥感地学综合监测模型。

（3）雪灾监测与评价信息系统的建设：利用 GIS 软件和草地生物量、雪灾动态监测结果及雪灾评价基础数据库，建立具有针对大型数据库进行空间分布式计量、分析、查询等功能的信息系统，研制牧区雪灾评价的指标体系，综合评价雪灾强度及其危害程度，分析草地合理的载畜量，规划雪灾救援基地的空间布局，从而最大限度地降低受灾地区的损失（图 8-1）。

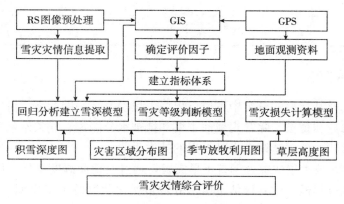

图 8-1　草地雪灾调查与评价信息处理模式

二、草地旱灾调查

草地干旱灾害是农业干旱的一种，是指生长季内因降水短缺，造成大气干旱、土壤缺水，牧草生长发育受抑，进而导致产草量明显减少甚至牲畜采食困难的现象，以土壤含水量不能满足牧草生长的基本需要和牧草生长受到抑制为特征，具体表现为牧草根系土壤有效水分得不到及时补充，造成土壤含水量和地下水位下降，牧草不能正常生长发育，产草量降低，从而影响家畜放牧采食和正常饮水的一类草地灾害。随着全球气候变暖和人类活动对草地的过度干扰，草地旱灾发生的频率越来越高，几乎每年在不同地区都有旱灾发生，给畜牧业生产的发展带来较大的影响。

(一) 旱灾调查内容

1. 干旱指标 干旱指标是确定干旱是否发生以及发生干旱严重程度的一种量度。干旱发生的原因比较复杂,除了降水量持续偏少外,还与植物对水分的需求,人类补充水分亏缺能力以及土壤持水、保水等因素有关。因此,人们从各个方面来定义干旱,确定干旱的指标。

世界气象组织根据各国对干旱指标的研究,一共列出 55 个指标。这些指标可以概括为以下几个类型:①降水;②降水与平均温度比;③土壤水分和作物参数;④气候指标和蒸散量估算;⑤综合指标。

我国农业气象学家在进行干旱分析和预报时,往往使用以下干旱指标:①降水量;②降水相对变率;③土壤水分;④降水蒸发比;⑤土壤水分收支差额。

2. 干旱等级 干旱等级也是旱灾调查的重要指标。我国草地旱灾等级分三等,出现严重夏旱的频率为 10%～20%,春夏连旱的概率基本为 40% 左右。我国草地旱灾总体呈东西分布,有向西部扩展的趋势;近 50 年,旱灾具有面积增大和频率加快的趋势。我国草地干旱等级可参照表 8-2。

表 8-2 我国草地干旱等级

干旱等级	草地蒸散系数 (K)	减产率 (I,%)
轻旱	$0.6 \leqslant K < 0.8$	$25 < I \leqslant 45$
中旱	$0.4 \leqslant K < 0.6$	$45 < I \leqslant 65$
重旱	$K < 0.4$	$I > 65$

(二) 旱灾调查方法

从干旱的定义及其指标的分类中可以看出,干旱没有唯一的标准,可以从各个方面去界定,但都离不开水分和植被。除常规地面土壤和植被水分测定、气象站基础数据收集外,基于土壤水分和植被状况的遥感调查也是新兴的技术手段。

利用 RS 和 GIS 技术集成综合调查干旱灾害,通过对地面温度变化、作物生理参数变化以及云层覆盖等进行建模,建立评估土壤水分含量变化状况的干旱模型,可以快速、客观、大范围实现旱情调查目标。其方法主要有植被指数法、植被供水指数法、距平指数法。

1. 草地土壤及植物生理干旱指标测定 土壤干旱是指土壤水分不能满足植物根系吸收和正常蒸腾所需而造成的干旱,是在长期无雨或少雨的情况下,土壤含水量少,植物根系难以从土壤中吸收足够的水分以补偿蒸腾消耗的现象。此时,植物生长受到抑制,当土壤中速效水分丧失殆尽时,植物会因水分不足而枯死。土壤水分的亏缺与大气干旱、土壤性质、地下水位等密切相关。土壤含水量的测定是基础性、常规性工作,测定方法有传统的土钻取样烘干法、土壤水分速测仪测定法。

植物生理干旱是指土壤水分不能满足植物根系吸收和正常蒸腾所需而造成的生理性干旱。干旱首先导致植物光合作用下降,因为水是光合作用的原料。当叶片接近水分饱和时,光合作用最适宜；当叶片缺水达植株正常含水量的 10%～12% 时，光合作用降低；当叶片缺水达 20% 时，光合作用明显受抑制。其次，干旱影响植物原生质的胶体状况，导致各种物质在植物体内的运输受阻。再次，干旱影响植物的呼吸作用及气孔的开张程度。最后，干旱造成植物生长缓慢或停滞，植株明显矮小、叶片变小、干枯。短时干旱可对植物进行锻炼，有利于植物生长；但长时间干旱，会导致植物受害。

植物生理性干旱常测指标有脯氨酸（Pro）、丙二醛（MDA）、过氧化氢（H_2O_2）、多酚氧化酶（PPO）、过氧化物酶（POD）含量等。

2. 草地旱灾的 RS、GIS 及其综合调查技术　RS 技术能够有效、大面积、实时动态地获取干旱地区旱情资料。随着遥感传感器的发展，利用不同传感器获取的数据，计算各种能直接或间接反映干旱情况的参数或指标，已形成了很多种方法。

①利用可见光和近红外遥感数据提取地面覆盖物植被指数进行旱情调查：归一化植被指数（NDVI）是应用较广的典型植被指数之一，能反映出植物冠层的背景影响，如土壤、潮湿地面、枯叶等，且与植被覆盖有关。因此，NDVI 广泛应用在调查植被生长状态、植被盖度等方面。

②利用热红外波段建立地表温度模型估测土壤湿度：土壤水分含量直接影响植被生长发育，同时也是土壤干旱情况的重要表征指标。利用热红外遥感温度和气象资料来间接反映植被条件下的土壤水分，也是利用遥感调查土壤水分的一个重要方法。同时，利用可见光、近红外和热红外数据进行干旱调查和土壤水分信息提取也是当前广泛应用的方法之一。

③微波遥感：物体的微波发射率主要取决于其介电特性。土壤水分微波遥感的理论基于液态水和干土之间介电常数的强烈反差，由此建立土壤湿度与后向反射系数的统计经验函数，通过遥感数据获取的后向反射系数反演土壤湿度。

GIS 技术具有空间数据管理和空间分析功能，在旱情调查中的应用比较广泛，如综合应用地面数据及评价干旱的指标建立干旱估算模型调查旱情，建立旱情监测管理信息系统等。RS 或 GIS 技术单独使用在旱情调查中都有一定的局限性，但将 RS 与 GIS 技术集成，能够实现优势互补。综合应用 RS 和 RS 集市平台在旱情调查中较广泛。

利用 RS 与 GIS 技术进行干旱调查已经取得了可喜的成果，但仍然存在一些问题，主要表现在：一，需建立完善的基础数据库，实现基础数据的共享。气象数据、旱情遥感调查数据保存在不同的部门，各部门之间数据共享不畅，不能及时获取相关信息是调查、分析滞后的一个主要原因。二，遥感旱情调查技术发展比较成熟，但仍存在一些需要深入研究的问题。例如，在地形复杂地区，海拔对植被、地温等参数的影响非常大，调查该类地区干旱时应更多考虑到地形因素的影响；多源卫星综合应用，资源遥感卫星及高分辨率传感器增多，遥感数据质与量大幅度提高，提供了丰富的资料来源，利用多波段、多影像数据融合是干旱遥感监测的发展方向之一。

3. 草地旱灾评估与预警　干旱是一种十分复杂的现象，既表现在它具有自然属性，也表现在它具有社会属性，因此对旱灾的预警、调查、监测和评估方法要综合考虑其自然表征特点和对社会经济的影响。同时，由于干旱的形成原因非常复杂，影响因素众多，包括气象、水文、地质地貌、人类活动等，因此对旱灾的预警、监测和评估方法要综合考虑多方面的影响因素。

另外，不同行业对干旱的理解有所不同，对干旱的分类也不同。美国气象学会在总结各种干旱定义的基础上将干旱分为 4 种类型：气象干旱（由降水和蒸发不平衡所造成的水分短缺现象）、农业干旱（以土壤含水量和植物生长形态为特征，反映土壤含水量低于植物需水量的程度）、水文干旱（河川径流低于其正常值或含水层水位降落的现象）、社会经济干旱（在自然系统和人类社会经济系统中，由于水分短缺影响生产、消费等社会经济活动的现象）。

三、草地火灾调查

我国草地多数分布在干旱、半干旱的北方地区，由于该地区春秋两季气候干旱、风大、日照时数长、地表枯枝落叶丰厚，草地火灾频繁发生，经常造成突发性的灾害，给草地生态系统及畜牧业生产等造成无法估量的危害和损失。草地火灾导致大面积草地被损坏，过火之处植被地上部所剩无几，植物种类数量以及生物量大减，甚至一些分布区域较窄的植物种濒临灭绝，草地生态平衡遭到破坏，引起房屋烧毁、牲畜死亡、人员伤亡。随着人类社会的发展，人们日益关注森林、草地火灾及季节性火灾对气候和经济的影响，迫切需要对其进行监测。

我国是草地火灾发生比较严重的国家之一。根据农业农村部草地防火指挥部办公室统计，在我国的 4 亿 hm² 草地中，火灾易发区占 1/3，频繁发生火灾区占 1/6。中华人民共和国成立以来，仅牧区发生草地火灾达 5 万多次，累计受灾草地面积 2 亿 hm²，造成经济损失 600 多亿元，平均每年 10 多亿元。另外，我国草地火灾受害面积是同期森林火灾受害面积的 10 倍左右。随着我国草地保护建设工程的实施，草地植被得到有效恢复，火险等级逐步攀升，草地火灾威胁日益加重。北方边境地区草地火灾隐患更多，人为火源所导致的草地火灾占总发生数的 95 % 以上，由于火种繁多，而且极为分散，控制火源、防止火灾的难度很大，加之防扑火手段落后，不能及时扑灭而酿成大灾。

（一）火灾调查内容

对草地火灾关注最多的是"草地火"，主要集中在发生存在规律、火的作用、草地火行为和草地火管理等方面。随着现代信息技术的快速发展，20 世纪 70～80 年代，一些发达国家开始对草地火灾监测和预警技术进行研究。草地火灾监测预警在我国起步较晚，最早的草地火灾监测始于 20 世纪 80 年代后期，当时火灾监测主要在气象部门进行且以监测森林火灾为主。20 世纪 90 年代，我国开始对草地火灾进行实时监测，并开始对草地火灾的预警技术、灾情评估技术展开了全面研究。火灾监测主要包括以下内容。

（1）草地火灾发生因素，包括稳定因子（如地形等）、半稳定因子（如可燃物特征等）和变化因子（气象要素等）。

（2）确定火场位置，计算不同时相过火面积。

（3）结合当地风速、风向、坡度、坡向、有无降水等因素综合分析，掌握火情的发展方向、趋势、推进速度等。

（4）草地火险指数及火险等级预报。

（5）草地火灾灾情损失评价，包括受害草地面积、死伤人口与烧毁饲草、棚舍、帐篷等，死伤牲畜数量、被迫转移牲畜数量和直接经济损失、间接经济损失、生态环境经济损失。

（二）火灾调查方法

1. 人工地面调查 人工地面调查是一项基础性的地面监测方法，就是在防火期根据气象部门提供的实时和未来72h天气预报，确定火险天气和火险区域等级，安排火情巡查员定时巡查，从实地判断火险率。另外，还可通过对植物群落的盖度分析和地上植物净生产量、人员密集（集散）地点、旅游地和扫墓集中期或地域进行地面巡查。巡查的主要工具包括GPS、卫星电话、海拔仪、望远镜、无人机等，但费工、费时、费力，定位定量难度大。

2. 遥感技术调查 利用遥感技术监测火灾在国外始于20世纪60年代初期的航空热红外探测，目前大都是利用对地观测卫星对火灾进行监测，星载扫描幅宽、每天覆盖全球的高温传感器，是对大面积火情调查监测高效、经济的主要手段。

火灾调查实际上是对卫星观测到的下垫面高温目标的识别，地面高温目标通常由卫星携带的扫描辐射仪观测的资料经过一定的加工处理得到。草地火的明显特征是极易形成一条狭长的火带，因此一个像元不一定完全被填充。红外通道的探测值是火和非火地面二者温度的综合值，不同的时空条件、不同的植被类型，草地火的温度探测值有所不同；但任何条件下，有火像元的温度探测值都比背景像元的温度探测值高，这是判别火点的主要依据。燃烧形成的黑灰覆盖了地面，且燃烧使过火处的地面温度升高，使过火地段和未过火地段具有明显不同的光谱特性。

（1）热点信息提取：对遥感信息相关波段数据进行主成分分析，从中提取着火点信息与火敏感波段数据进行对比分析。为保证草地火点信息能被最大可能地提取，需要尽可能地增大火点信息在某一主成分中所占的信息比重。通过在影像中挖取子集方式减少地物的总量，降低总信息量，可以保障草地火点信息在总信息量中的比例。

（2）火点判别：识别真伪火点是确保监测结果准确性的关键，主要依据热红外波段对温度敏感的特征。对于火点面积较小，或者热红外波段响应不明显的情况，还可以通过结合其他波段提取烟雾信息来进行辅助判别。火点可以通过目视的方式在遥感影像上判别出来，也可将草地火点识别软件集成于卫星信息接收站的接收系统中，通过自动判别、识别火点后发出警示信息，在技术人员确认后上报火点。

（3）火点定位：计算NOAA/AVHRR（一种多光谱通道的扫描辐射仪）每条扫描行的每一瞬时视场所观测的地面扫描点的地理经纬度。但由于轨道漂移等干扰因素的影响，在数据应用中往往会出现像元点定位和实际地理定位不符的现象，采用地面已知经纬度值对数据导航、对已处理过的影像做定位平移校正等技术，可提高火点地理定位的精度。

（4）过火面积计算：过火面积是指被火烧过的面积，不论火烧程度如何均属于受害面积，但是它不等同于真正造成实际损失的"成灾面积"。

由于NOAA卫星空间分辨率的限制，由AVHRR数据资料量算出的过火面积精度较粗，但可为大面积调查、监测和分析火情发展动态、估算灾后损失等提供重要依据。

（5）火行为判别：掌握火行为是预防和扑救草地火灾的前提条件。火行为判别包括研究火险发生频率，发生后的扩展速度、扩展方向、能量释放强度、火焰高度和宽度、烟雾散发等行为特征及其与之相关的气象因素和可燃物特征、地形的关联程度，特别是卫星识别各参数的技术。

分析火情的发生原因和发展趋势是火情监测中技术最为复杂的环节，一般需要依靠一些火行为模型。火行为模型描述火情的发展过程，涉及燃烧地点和可能扩散方向上的草地地上生物量和枯落物可燃物构成、数量、高度、含水量和燃点等特性，以及地形、风向和风力等因素，这些因素在一定条件下均可能成为决定因素。利用火行为模型可以判断一定时间内火灾扩散的方向和距离，对于指导灭火、避免火灾损失有着重要的意义。但研制火行为模型所需的试验条件较难配备，特别是较大的火势和风力条件难以达到，因而实践中这方面的应用还较少。

（6）火灾预警系统：根据火点识别，连续调查、监测、判断、分析火情，研究草地火险区划、不同火险区内火灾发生频率及时空规律，结合气象资料研究制定预测预报系统，并研究遥感的预警技术。

（7）火灾损失评估：草地火灾损失评估是受多种因素控制并且复杂而随机性大的工作。草地火灾造成的损失既包括经济损失也包括非经济损失。经济损失包括对地上生物量损失的计算、财产损失的计算、灭火所投入的支出的计算、人员死亡损失的计算等；非经济损失包括受灾区土壤微生物受损、土壤理化性状受损与稀有动、植物消失或植物种类组成发生改变等。

第二节　草地生物灾害调查

一、草地鼠害调查

草地鼠害通常指掘地类小型哺乳动物种群过度增长或暴发，导致植被或土壤的原有过程、结构与功能发生显著改变，进而在很大程度上影响草地生态系统的生物生产过程。鼠害调查是鼠害防治的基础，是制订防治规划及其方案的科学依据。没有科学的调查研究，盲目行动，不但容易造成人力、物力的浪费，有时还可能导致更严重的后果。鼠害调查内容很多，但区系调查、数量调查、害情调查和防治效果调查是最基本和最实用的调查。

（一）鼠害调查内容

1. 害鼠种群特征

（1）害鼠构成：害鼠种类、形态特征、种群数量、生活习性、性别构成、洞穴分布、冬眠性等。

（2）雌鼠繁殖指标：将样地内捕获的雌鼠解剖，观察妊娠情况及胎仔数，计算怀孕率、平均胎仔数和繁殖率。

（3）雄鼠繁殖指标：将样地内捕获的雄鼠解剖，观察性发育特点，计算雄鼠繁殖比例。

（4）年龄结构：鼠类年龄结构是计算各年龄组存活率与繁殖能力的主要参数，通过定面积捕尽法或标志重捕法获得。鼠类年龄依靠去内脏重或臼齿磨损程度或颅骨骨缝愈合程度判断。

2. 害情及危害程度　鼠类引起的植被、土壤和微地形等外貌上的改变，是鼠类种群啃食、掘洞、储藏活动的综合结果。通过系统的调查监测，就可以了解啮齿动物在本区域危害的程度及其趋势。害鼠危害调查包括：害鼠种类、种群数量及密度、发生时间及分布面积、危害程度、土丘（或洞系）覆盖度、牧草损失量和实际经济损失等指标。

（二）害鼠种群调查方法

1. 夹日法　一夹日是指一个鼠夹捕鼠一昼夜，通常以 100 夹日作为统计单位，即以 100 个夹子一昼夜所捕获的鼠数作为鼠类种群密度的相对指标——夹日捕获率，其计算见式(8-1)：

$$P = \frac{n}{N \times h} \times 100\%$$

（8-1）

式中，P 为夹日捕获率；n 为捕获鼠数；N 为鼠夹数；h 为捕鼠昼夜数。

2. 统计洞口法　适于植被稀疏且低矮、鼠洞洞口比较明显的鼠种，是统计鼠类相对密度的一种常用方法。统计洞口时，必须辨别不同鼠类的洞口。辨别的方法是对不同形态的洞口进行捕鼠，观察记录各种鼠洞洞口的特征，然后结合洞群形态、跑道、粪便和栖息环境等特征综合识别。同时，还应识别居住鼠洞和废弃鼠洞。居住鼠洞通常洞口光滑，有鼠的足迹或新鲜粪便，无蛛丝。

（1）方形样方：常作为连续性生态调查样方使用，面积可为 1hm²、0.5hm² 或 0.25hm²。样方四周加以标志，然后统计样方内各种鼠洞洞口数。统计时，可以数人列队前进，保持一定间隔距离（宽度视草丛密度而定，草丛稀可宽些，草丛密可窄些）。注意避免重复统计同一洞口，或漏数洞口。

（2）圆形样方：是实践操作中常采用的方法。在已选好的样方中心插一根长 1m 左右的木桩，在木桩上拴一条可以随意转动的测绳，在测绳上每隔一定距离（依人数而定）拴上一条红布条或树枝。一人扯着绳子缓慢地绕圈走，其他人在红布条之间边走边数洞口（图 8-2）。

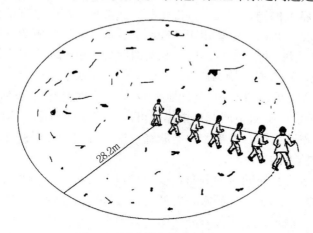

图 8-2　圆形样方统计洞口示意

（3）条带形样方：多应用于生境变化较大的地段。其方法是选定一条调查路线，长一至数千米，要求能通过所要调查的各种生境。在路线上调查时，用计步器统计步数，再折算成长度（m）；行进中按不同生境分别统计 2.5m 或 5m 宽度范围内的各种鼠洞洞口数，用路线长度乘以宽度即为样方面积。

（4）洞口系数调查：洞口系数是鼠数和洞口数的比例关系，表示每一洞口所占有的鼠数。应测得每种鼠不同时期的洞口系数。

洞口系数的调查，必须另选一块与统计洞口样方相同生境的样方，面积为 0.25～1.00

hm²。首先在样方内堵塞所有洞口并计数（洞口数），经过 24h 后，统计被鼠打开的洞数，即为有效洞口数。然后在有效洞口置夹捕鼠，直到捕尽为止。统计捕到的总鼠数（只/hm²）与洞口数或有效洞口数（个/hm²）的比值，即为洞口系数或有效洞口系数，见式（8-2）。

$$洞口（有效洞口）系数 = \frac{捕鼠总数}{洞口数（有效洞口数）} \times 100\% \qquad (8-2)$$

3. 开洞封洞法　开洞封洞法，适于鼢鼠等地下活动的鼠类。其方法是：在样方内沿洞道每隔 10m（视鼠洞土丘分布情况而定）探查洞道，并挖开洞口，经 24h 后，检查并统计封洞数，以单位面积内的封洞数来表示鼠密度的相对数量。

（1）样方捕尽法：选取 0.25 hm² 的样方，用弓箭法或置夹法，将样方内的鼢鼠捕尽。捕鼠时，先将鼠的洞道挖开，即可安置捕鼠器，也可确知洞内有鼠后再置捕鼠器。一般上午（或下午）置夹，下午或翌日凌晨检查，至翌日凌晨或翌日下午复查。每次检查以相隔半日为宜，捕尽为止。

（2）土丘系数法：先在样方内统计土丘数（个/hm²），按土丘挖开洞道，凡封洞的即用捕尽法统计绝对数量（只/hm²），求出土丘系数，见式（8-3）。

$$土丘系数 = \frac{实捕鼢鼠数}{土丘数} \times 100\% \qquad (8-3)$$

求出土丘系数后，即可进行大面积调查，统计样方内的土丘数并乘以土丘系数，则为其相对数量。

4. 实时动态控制测量技术调查法　实时动态控制测量技术（real-time kinematic，RTK）是一种高精度的 GPS 测量方法。它采用了载波相位动态实时差分计数，能够在野外实时得到厘米级定位精度的测量方法，可以实时传送数据，配合地理信息软件可以生成调查点的经纬度和海拔数据。目前，主要用于工程测量、地质灾害监测等方面。

以地下啮齿动物为例，地下鼠推出的土丘有时距离很近或者形成土丘群，土丘之间有时相距 0.1~0.2m，难以用普通手持 GPS 或亚米级 GPS（水平精度＞0.5m）记录土丘的经纬度和海拔信息。RTK 可以准确地调查地下啮齿动物的新旧土丘数量及其分布，结合 ArcGIS 或 MapGIS 软件，针对不同调查指标，可以开展不同地形、不同时间如季节、年际的土丘数量及其分布调查，配合植被、土壤调查数据，可用于分析种群动态变化、动态栖息地分布及选择等调查监测内容。

检测到土丘数量、土丘空间位置分布，以此可以解译地下鼠种群相对密度、空间分布。根据调查需要，可对新、旧土丘（洞穴）类型的划分进行标准制定，进行土丘（洞穴）数量的调查以及绘制土丘（洞道）空间位置分布图。以调查当年的总土丘分布为基础数据，以后每年开展同样的调查。利用代数运算模块进行差值计算得到相对种群密度空间变化图。

5. 无线电追踪技术　无线电追踪技术（radio tracking）是一门新兴技术，即利用无线电波的发射和接收来确定动物的位置并进行追踪的动物学研究方法。由于不需要与目标动物直接接触，无线电追踪技术可以更准确地提供动物在自然状态下的活动状况。对地下啮齿动物而言，由于其取食、交配、育幼等大多数活动都发生在自己建造的洞道系统里，无线电追踪技术可以更好地研究自然状态下地下啮齿动物的活动规律，尤其是空间利用特征和活动节律等，因而被研究者所青睐。加之利用无线电追踪技术研究动物符合国际动物福利法规，因此越来越多的国外学者将无线电追踪技术应用到地上和地下啮齿动物研究中。

6. 无人机调查技术　卫星遥感虽然可以提供大尺度的环境要素的信息，但是由于分辨率太低，无法提供草地害鼠的洞口数量及其分布数据。近几年，小型无人机的成本下降，又因其高时效、高分辨率、全自动化等数据采集性能为草地鼠害调查、监测提供了一种新的有效监测手段。利用无人机低空遥感监测平台对草地鼠害区域进行航拍，应用 ArcGIS 空间分析、空间统计模块，对无人机低空遥感影像进行处理分析，可以获得调查区域地形、面积、草地类型、鼠洞数量及密度等，进而可以换算害鼠种群数量等相关特征指标。

二、草地植物虫害调查

我国草地植物害虫主要为蝗虫和草地毛虫，其他虫类包括叶甲、草地螟等。根据我国农业部统计数据，结合全国草地覆盖遥感数据，利用生态能学方法，评估了 2000—2015 年虫害对我国草地生态系统生物量的危害损失，区域草地虫害强度排序为：中部＞西部＞东部，华北＞西北＞东北＞西南，其中内蒙古自治区年均损失量占全国总量的 1/2。我国草地虫害分布范围广，危害损失巨大，危害动态波动变化，应该加强对重点区域的草地虫害监测和预报，制定草地虫害治理策略。

（一）虫害调查内容

1. 昆虫区系调查　昆虫区系是在一定时间、空间内，昆虫种类生存的总体。区系调查包括害虫调查、天敌昆虫调查和害情调查。主要调查害虫的种类分布、发育阶段、虫口密度等；调查天敌昆虫的种类、寄主和感染率；调查害虫发生的区域和面积、寄主牧草受虫害的损失等。区系调查大量的工作是野外实地调查，包括实地观测和采集标本等工作，调查的重点是种类组成和地理分布。

2. 灾害性种群的重点调查　根据区系调查资料，对优势害虫种群的危害和生物学特性等进行深入调查，为研究、预测预报和防治提供科学依据。

（1）危害调查：查清危害程度和牧草的产量损失。

（2）生物学特性调查：查明害虫危害牧草的种类、植株被害状，调查害虫的生活史和生活习性。

3. 种群发生、发展及防治效果调查

（1）外部条件：即寄主条件、虫源条件、环境条件和人为措施等多种条件下的草地害虫发生情况。

（2）草地害虫变化：即在上述多种条件下草地害虫发生变化的全过程，不仅要做静态评估，还要做动态预测，既要预测主要草地害虫的变化，还要预测次要草地害虫的消长。

（3）草地害虫危害及其防治效果：即草地害虫可能造成的损失、防治效果、防治效益及其副作用。

（4）指导防治：依据调查结果，可以指导防治药物的选择、措施的实施和进行综合防治。

（二）虫害调查方法

1. 调查时间　调查时间尺度的选择根据目的、对象的不同而逐年选择适当时间进行。调查害虫种类组成时，由于植物不同发育阶段与季节发生的种类不同，必须在植物的各个发育阶段进行；调查害虫分布时，应选择发育最盛期进行，尤其是尽量在易于发现和认识的虫期进行；调查害虫发生期与发生量时，也应按虫期和生活习惯不同而异；损失率的调查多在受害已表现时进行。一般在一年中也可分草地害虫出土期、三龄期和成熟期3个时期进行调查，具体时间因区域和害虫种类的不同而有差别。

2. 资料的收集与统计 以一般普查的结果为基础，明确当地昆虫区系、害虫发生的生境、害虫发生的生态因子以及害虫的生物学特性。同时，通过向当地牧民访问，了解草地培育和利用的管理技术水平、虫害发生情况和防治经验等。

3. 地面调查 地面调查采用定点调查法。摸清虫害发生特点的系统资料，如它的初发、盛发和终发与环境条件的关系，系统掌握区域草地虫害的发生发展变化规律。

（1）调查样地的选择：在普查的基础上，选取有代表性的地段，选定调查点，分别对食叶与蛀茎、花和果实，以及根部害虫种类、数量、发生及危害情况进行详细观察与测定。主要包括害虫种类组成、害虫数量及随时间变化的动态监测。

（2）取样方法：

①分级取样：也称巢式抽样，是一种一级级重复多次的随机取样。首先从集团中取得样本，然后再从样本里取得亚样本，以此类推，可以继续取样下去。害虫调查中，在调查样地中获取牧草植株、种子等样本可运用该方法；或每日分检黑光灯下诱集的害虫，如果虫量太多无法全部数点时，可采用此法。

②双重取样：也称间接取样，在较小的样本里，调查与所掌握的这一性状有密切相关的另一简单性状，借着它们的相互关系，对所要掌握的性状做出估计。该方法一般应用于调查某种不易观察，或耗费较大才能观察的性状。

③典型取样：也称主观取样，在全群中主观选定一些能够代表全群的作为样本。一般当熟悉全群内的分布规律时应用，以节省人力和时间。

④分段取样：也称阶层取样或分层取样，当全群中某一部分与另一部分有明显差异时通常采用该方法。从每一段里分别随机取样或顺次取样，如调查苜蓿害虫种类时，可分根、茎、叶、花和果实等不同部位进行。

⑤随机取样：根据全群的大小，按一定间隔选取一个样本。

实际上，无论是分级取样还是双重取样、典型取样、分段取样等，在具体落实到基本单元时，都要采用随机取样法做最后的抽样调查。最常用的随机取样方法有棋盘式、五点式、对角线式、平行线式或Z形式等。

（3）取样单位：取样所用单位，随着昆虫的种类、不同虫期活动栖息的方式，以及各类牧草生长情况不同而灵活运用。

①长度：常用于监测密集条播草地植物害虫，统计一定长度内的害虫数和有虫株数。

②面积：常用于监测统计地面害虫与密集的矮生植物、密植植物的害虫，以及体型小、不活跃且栖居于植物表面的害虫。

③时间：用于监测活动性大的害虫，观察统计单位时间内经过、起飞或捕获的虫数。

④植株或植株上部分器官或部位：统计虫体小、密度大的蚜虫或蓟马等时，常以寄主植物部分如叶片、花蕾、果实等为单位。

4. 测报方法 在实际工作中，人们通常按测报内容进行预测，现以草地蝗虫为例加以说明。

（1）发生期预测：根据害虫发育进度和生态因子的影响，参考历史资料，预测下一虫态或世代出现的初、盛、末期，确定最佳防治时期。各种虫态或世代出现的时间距离，即前一个虫态发育到后一个虫态或前一个世代发育到后一个世代所经历的时间，称为"期距"。根据前一个虫态或世代的发生期加上"期距"推算出下一个虫态或世代。实际工作中，通常采用诱集、饲养、田间调查等方法掌握草地害虫目前的虫态或世代。

①诱集法：利用昆虫的趋光性、趋化性以及取食、潜藏、产卵等习性进行诱测。一般用于能够飞翔、迁飞活动范围较大的草地害虫。如设置黑光灯诱测各种夜蛾、螟蛾、天蛾、金龟子等；设置糖、酒、醋液诱测黏虫、地老虎类等。在草地害虫发生时期经常诱集统计后，便可看出它们在本地区一年中各代出现的初期、盛期、末期的期距。

②饲养法：一般是从草地采集一定数量的卵、幼虫、蛹，在人工饲养下，观察统计其发育变化历期。根据一定数量的个体，计算平均发育期，以这样的平均"历期"作为期距，进行期距预测。人工饲养一般分室内、半野外和野外等方式，观察害虫的发育历期时，控制的条件应尽量接近草地害虫的自然发育条件。

③田间调查法：一般是在某一虫态出现前开始，每隔3～5d（或逐日）在田间取样调查一次，统计出现数量，计算发育进度，直到终期为止。根据田间实际检查的资料，可以看出同一个世代中孵化、化蛹、羽化等进度的期距，以及一年中不同世代同一虫态发育进度的期距。一般以某一虫态出现的百分率表示害虫的发育历期。

（2）物候预测法：物候是指自然界各种生物现象出现的季节规律。例如，燕子飞来、黄莺鸣叫、杏树开花等，都表现了一定的季节性。这些物候现象都代表了大自然的气候已经进入了一定的节令。草地害虫的生长发育受自然界气候的影响，每种草地害虫某一代的某一虫期，在自然界也是在一定的节令才出现的。物候预测法就是根据自然界的生物群落，某些物种对于同一地区内的综合外界环境条件有相同的时间性反应而进行测报。

草地植物一般应选择观察显著易见、分布普遍的多年生牧草，系统观察其生长发育情况，如发芽、出土、开花、结果、枯黄、落叶等不同发育标志的出现期，或者观察当地季节动物的出没、鸣叫、迁飞等生活规律；同时也要观察同一环境中草地害虫孵化、化蛹、羽化、交尾、产卵等不同发育阶段出现的一致性。在进行观察时，必须把观察的首要重点放在草地害虫出现以前的物候上，找出其间的期距，分析其与当地草地害虫的发生的关系（直接或间接）。例如，野外田间苦荬菜孕蕾时，就预示夏蝗即将出土；马齿苋开花时，就知道秋蝗已出土。

（3）有效积温预测法：有效积温预测法就是利用有效积温进行测报的方法。它主要反映了在适温范围内温度与草地害虫发育时间的关系，是草地害虫发生期预测的重要方法。当了解某种害虫的某一虫态的发育起点温度（C），某一草地害虫完成某一发育阶段所要求的有效积温（K），就可根据近期气象预测的日平均温度（T），预测该害虫的某一虫态或下一世代的发生期（D），预测公式为式（8-4）。

$$D = \frac{K}{T-C} \tag{8-4}$$

三、草地植物病害调查

随着我国现代畜牧业的发展和人工草地面积的扩大，草地植物病害常可使牧草产量减少

15%～50%。草地植物病害成为引起草地退化、影响草地健康、限制畜牧业发展的重要因素之一，其导致草地衰败、退化，缩短草地利用年限，改变草地植被组成，从而降低整个草地系统的产出与可持续发展。

（一）病害调查内容

1. 发病率　牧草发病率是指在一定时间内，某种牧草新发生病害出现的频率，是反映病害对牧草健康影响和分布状态的一项测量指标。该指标只能反映发病个体所占的比率，不能反映染病或受害的程度，计算公式为式（8-5）。

$$发病率 = \frac{发病株（或器官）数}{调查总株（或器官）数} \times 100\% \qquad (8-5)$$

2. 病害程度　病害程度是对植物受害程度的记载统计。一般要划分严重度级别，可以用地块、植株、叶片、果实等为单位来分级，分级标准可以用病情指数标志严重度，计算公式为式（8-6）。

$$病情指数 = \frac{\sum[病株（器官）数 \times 分级数值]}{总株（器官）数 \times 最高一级的代表值} \times 100\% \qquad (8-6)$$

3. 病害发生时间　根据定位点动态监测数据，统计年度之间及年度内病害发生程度，绘制病害发生动态曲线，从而掌握病害在一年中的初发病日期和盛行期，以及病害在年度间大致发生的间隔规律。

4. 病害发生面积　根据每年草地病害普查对危害面积调查的结果，逐年绘制发生及危害面积，以及重点危害区域，从而掌握年度间病害发生面积变化。

5. 病害损失计算　运用监测的某种器官发病程度与产量损失关系，计算病害损失；并根据长期监测结果，拟定病害损失估计经验公式，动态测定与预测草地病害损失。

（二）病害调查方法

1. 调查时间及空间尺度　调查时间尺度，应根据不同地区、不同病害的流行时间动态规律，确定草地病害的调查时间和周期，一般随季节流行动态和逐年流行动态进行调查，获取动态调查数据需逐月或旬进行。调查空间尺度，一般以县（市）为单位，在广域范围内查清病害发生与分布情况的基础上，选择有代表性的地点进行定点调查。

2. 资料收集与统计　以草地病害一般普查和重点调查结果为基础，收集以下三方面的资料。一是环境方面的气候和土壤因素，即温度、湿度、降水、土壤肥力和土壤 pH 等；二是牧草方面，主要包括牧草的分布、经济价值、种子来源、栽培历史、利用与牧草发病时的生育时期及感病器官等；三是病害方面，包括主要病害的种类、病害的分布、发病率和发病史、病害发生和消长规律、病害与牧草生育时期及环境间的关系等。从而明确监测地区病害种类、危害程度、发生及分布的时空特点。

3. 地面调查　地面调查采用定点调查法，即定期在具代表性的固定样地上进行病害调查，摸清病害发生特点的系统资料，如它的初发、盛发和终发与环境条件的关系，病菌的生活周期等，系统掌握区域草地病害的发展变化规律。

（1）调查样地的选择：对单播的人工草地病害进行定点监测时，应选择有代表性的田块设立观察样点；对于天然草地、半人工草地或混播草地进行定点调查时，较常用的方法是建立样地，以样方取样，统计测定发病率或病害严重度，同时要特别注意气象资料的观察记载和收集。

（2）取样方法：取样可以采用随机抽样、典型抽样和顺序抽样 3 种方法。随机抽样是采用抽签法和随机数字法抽选田块，在调查范围内任一地块被抽取的机会是均等的，不受人为主观因素的影响。典型抽样是根据调查的目的从所有地块中有意识、有目的地选择有代表性的典型地块。该方法完全依赖调查者的经验和技能，缺少随机性，无法估计抽样误差。顺序抽样是将要进行调查的地块分成若干同样大小的小块，先从第一小块内抽取一个样点，然后隔相同的距离，在第二小块、第三小块……陆续抽取所需样点数。该法简单易行，所得的平均数具有代表性，但无法估计抽样误差。

（3）取样点：人工草地上取样时，应避免在地块边取样，取样点至少距离地块边 5～10m；天然草地上取样时，应避开牧道、畜圈和家畜饮水处。取样点数目的确定应根据允许误差和置信水准、病害种类、危害状况及环境因素等决定。允许误差越小，置信度越高，取样点的数目越多。通常对于田间分布较均匀的病害，取样点数目可少些；而对于病害在田间呈斑块状分布的病害，取样点数目应多些。可以采用双对角线、单对角线、棋盘式、Z 形或其他方式随机取样。一般一个地块至少要取 4～5 个样点，地块越大，样点数目需相应增加，结果才可靠。

（4）样品和样本数目：样品根据所调查病害的特点，可以采取以株或穗、枝、叶、花、果等器官为对象。样本数目可以用单位面积或长度为单位，如以 $1m^2$ 或 $1～2m$ 的长度为单位来取样。另外，也可以用植物器官为单位，通常每一样点穗部病害要调查 200～300 个穗，叶片 20～50 片，植株 100～200 株。

四、草地毒害草调查

草地上除了生长有价值的饲用植物外，往往还混生一些家畜不食或不喜食的植物，有时甚至滋生一些对家畜有害或有毒的植物。这些饲用价值低、妨碍优良牧草生长、直接或间接伤害家畜的植物，统称为草地毒害草。所谓的毒害植物是指该种植物在自然状态下，以青饲料或干草形式被家畜采食后，妨碍了家畜的正常生长发育或引起家畜的生理异常，甚至导致家畜死亡的植物。据资料统计，我国北方草地上毒害植物的数量占植物总数的 5%～7%，其中毒害植物有 200 余种。这些毒害草占据和侵袭着草地面积，与饲用价值优良的牧草竞争水分、养料和空间，从而降低草地的质量和生产能力，因此需要对这些毒害草进行防除。防除的方法有机械防除、生物防除和化学防除等。

（一）毒害草调查内容

1. 毒害草危害的调查 包括毒害草种类、数量、适生环境、形态特征、危害成分、危害部位、危害方式和分布地域、发生规律、防除措施等。

2. 毒害草的防除措施及效果 不同毒害草的防除技术、防除率、再生性及经济效益综合评价。

（二）毒害草调查方法

目前，草地杂草识别调查主要有人工识别、计算机视觉技术识别、绿色技术识别、近红外光谱分析技术识别等方法。另外，大尺度和中小尺度的草地毒害草调查，遥感技术和无人机航拍技术将是发展的方向和技术手段。

1. 人工识别 杂草的人工识别与处理是最基础的调查方法，要具备植物学、植物分类学的基础知识和技能，能够对杂草植物进行识别、分类和鉴定。

人工识别方法主要有感官识别、饲喂试验和实验室分析。感官识别通过望、闻、触、摸等方式，对草地植物的株型、叶片、气味、粗糙度等指标进行识别判断；饲喂试验主要是通过诱饲，判断家畜对饲草的喜食或厌食程度；基本确定了毒害草种类后，要进行实验室分析，以确定其具体的毒害成分和危害程度。

根据有毒有害物质在生长期内所表现的毒害作用，有毒植物分为以下两大类：

（1）长年性毒害植物：这些植物中，绝大多数的植物体内含有生物碱，个别种还含有光效能物质等。生物碱种类很多，毒性极强。家畜采食了含生物碱的植物后，常可引起中枢神经系统和消化系统疾病。生物碱主要存在于大戟科、罂粟科、豆科、茄科、龙胆科、毛茛科等双子叶植物体内，单子叶植物的百合科、禾本科等的一些品种也含有生物碱。光效能物质或称光敏感物质，主要存在于蓼科的一些植物体内，它只对白色家畜或是皮肤具白斑的家畜有影响，使家畜出现中枢神经系统及消化系统疾病，并严重损伤家畜的皮肤。

含有上述毒素的植物，经加工调制（晒干、青贮）后，其毒性也毫不减弱。因此，家畜在任何时候采食，都可能发生中毒。按照有毒物质含量的高低、毒性强弱，可将其划分为两类：烈毒性长年有毒植物，主要有露蕊乌头（*Aconitum gymnandrum*）、毒芹（*Cicuta virosa*）、龙葵（*Solanum nigrum*）、醉马草（*Achnatherum inebrians*）、变异黄耆（*Astragalus variabilis*）等；弱毒性长年有毒植物，主要有问荆（*Equisetum arvense*）、木贼（*Equisetum hyemale*）、节节草（*Equisetum ramosissimum*）、花毛茛（*Ranunculus asiaticus*）、龙胆（*Gentiana scabra*）、獐牙菜（*Swertia bimaculata*）等。

（2）季节性毒害植物：季节性毒害植物是指在一定季节内对家畜有毒害作用，而在其他季节其毒性基本很小或减弱，即使在其有毒季节内，经加工调制，其毒性也会大大降低，植物体内一般含有糖苷、皂苷、植物毒蛋白或者有机酸、挥发油等的植物。糖苷（即糖配体）对家畜有强心等生理作用，毒蛋白也是一种毒性极大的毒素，家畜采食了含有这些毒素的植物以后，就会引起心、肠胃或发疹等疾病。挥发油是一类有特殊毒害作用的物质，对中枢神经系统有强烈的刺激性，常可引起家畜中枢神经系统、肾及消化道等的疾病。对家畜有害的有机酸主要有氢氰酸、酸模酸等。

这类有毒植物的毒性都比较弱，且它们在干燥的过程中，体内的糖苷、皂苷的毒性会迅速下降，氢氰酸逐渐消失，挥发油也因油性散发而失去毒性。这类有毒植物可分为两大类群：烈毒性季节有毒植物，含毒蛋白的有宽叶荨麻（*Urtica laetevirens*）、蝎子草（*Girardinia suborbiculata*）等，含糖苷的有烈香杜鹃（*Rhododendron anthopogonoides*）、鸢尾（*Iris tectorum*）、水麦冬等。弱毒性季节有毒植物，主要有含糖苷的草玉梅（*Anemone rivularis*）、银莲花（*Anemone cathayensis*）等，含氢氰酸的唐松草（*Thalictrum aquilegifolium var. sibiricum*）、酢浆草（*Oxalis corniculata*）等，含皂苷及挥发油的益母草（*Leonurus artemisia*）、黄帚橐吾（*Ligularia virgaurea*）、泽兰（*Eupatorium japonicum*）等。

2. 计算机视觉技术识别 利用计算机视觉技术进行田间杂草识别在国内外已有所发展，

草原上一些有毒有害草类的识别可借鉴。国外早在 1986 年就开始利用计算机视觉技术进行植物的识别研究和应用。加拿大农业研究中心于 1998 年开发出相关仪器——Detectspray，即带杂草识别传感器的除草剂喷洒器。丹麦农业科学院发明的自动除草机，利用一台照相机和一套外观识别软件来扫描地面并发现杂草和记下其位置，使得喷雾除杂的时候有的放矢。澳大利亚推出了一种能识别杂草的喷雾器，它在田野移动时，能借助专门的电子传感器来区分庄稼和杂草，当发现只有杂草时才喷出除草剂。美国加利福尼亚大学戴维斯分校推出了一种精确自动除草装置，这种装置带有摄像头，可拍下植物的叶片图形，通过电脑识别出杂草，然后利用安装在摄像头后的微型农药喷嘴将除草剂准确地喷到杂草上，或用激光枪将杂草直接杀死。日本还推出了草坪除杂草机器人，它能用照相机拍摄图像，经过图像分析，自动识别杂草，找出它的位置和中心，通过控制操作器自动接近杂草并将其除掉，再放入存草器内。

采用计算机视觉技术对农田杂草进行识别，可以实现杂草与作物间、不同杂草种类间以及不同杂草覆盖密度间的区分。然而，由于该技术需要采集的信息量较大，不仅需要作物、杂草等绿色植物的信息，还需要地面、植物阴影等的信息，信息的处理与识别过程耗时较长。因此，该技术不能实现杂草的高效率识别与处理，在草地杂草、毒害草识别及防除方面还没有相关应用报道。

3. 绿色技术识别　杂草的绿色技术识别的原理是通过发射近红外光并照射到田间植物、地面等之上，经反射后由光电二极管接收并放大等处理，形成光电流，并激发控制程序的运行，实现绿色识别，同时驱动喷药阀，喷洒除草剂，实现绿色植物的处理。该技术只能实现绿色植物与非绿色植物的区分，不能实现杂草与作物间、不同杂草种类间的区分。该技术适合作物出苗前的大面积灭草，也适合大行距作物的行间杂草灭除，如玉米、果园等作物田。此时，杂草识别传感器由一个可伸缩罩壳罩住，确保行间杂草能被有效灭除。该技术具有反应迅速、杂草识别准确率高、节省农药等优点，能满足农业机械的作业速度要求。此外，该技术还能有效减少除草剂的使用种类，避免农副产品的农药残留。该技术在草地杂草、毒害草识别及防除方面还没有相关应用报道。

4. 近红外光谱分析技术识别　近红外光是一种波长范围为 750～3 000nm 的电磁波。它不但具有与可见光相似的特性，如反射、折射、干涉等；同时还具有粒子性，即它可以光量子的形式进行发射和吸收。正如不同的物质在可见光区有不同的颜色，不同的物质在近红外区域也有不同的光谱，这就造就了近红外光谱分析技术在诸多领域的应用。其工作原理是由发光二极管发射的近红外光波长应在近红外区 750～3 000nm 内变化，经反射后，反射光经过滤光、接收、放大等处理，转换成光电流，在单位时间内形成杂草或作物的近红外光谱，再激发程序运行，通过与库存的光谱对比并分析判断后，发出指令驱动喷药阀。该技术不仅能实现杂草与作物间的区分，还能区别杂草的种类，有利于杂草的分类灭除。

五、草地外来入侵生物调查

生物入侵（biological invasion）是指生物由原生存地经自然的或人为的途径侵入另一个新环境，对入侵地的生物多样性、农林牧渔业生产以及人类健康造成经济损失或生态灾难的过程。而外来入侵种（alien invasive species，AIS）是指给生态系统、栖境、物种、人类健康带来威胁的外来种。

生物入侵的途径主要有 3 种，即有意引进、无意引进和自然侵入。

有意引进是有目的地把植物作为有益的资源引进。这些植物在原产地是无害的，所以对引进后潜在危险的认识和估计不足，结果造成扩散传播，成为有害植物。从目前的情况看，有意引进是最值得警惕的途径。这是外来生物入侵最主要的渠道，世界各国出于发展农业、林业和渔业的需要，往往会有意识地引进优良的动植物品种。但由于缺乏全面综合的风险评估制度，世界各国在引进优良品种的同时也引进了大量的有害生物，这些入侵种由于被改变了物种的生存环境和食物链，在缺乏天敌制约的情况下泛滥成灾。

无意引进是人员及货物在旅行和流通中把一些植物或繁殖体从境外带到国内，造成传播危害。这种途径的危险性也很大，是受各国政府严格监控的。这种引进方式虽然是人为引进的，但在主观上并没有引进的意图，而是伴随着进出口贸易、海轮或入境旅游在无意间被引入的。如"松材线虫"就是我国贸易商在进口设备时随着木制的包装箱带进来的。航行在世界海域的海轮，其数百万吨的压舱水的释放也成为水生生物无意引进的一种主要渠道。此外，入境旅客携带的果蔬肉类甚至旅客的鞋底，可能都会成为外来生物无意入侵的渠道。

自然侵入主要是植物种子等繁殖体随气流、水流、动物体、人体等进入国内，在良好的栖息条件下，繁衍扩散，形成危害。这种入侵不是人为原因引起的，而是通过风媒、水体流动或由昆虫、鸟类的传带，使得植物种子或动物幼虫、卵或微生物发生自然迁移而引起的外来物种的入侵。如紫茎泽兰（*Ageratina adenophora*）、薇甘菊（*Mikania micranthm*）以及美洲斑潜蝇（*Liriomyza sativae*）都是靠自然因素而入侵我国的。

全球经济一体化使得国际、国内贸易往来越来越频繁，生物成功入侵的概率也大大增加，大多数外来有害生物是通过这种无意识的人类活动而成功入侵的。尽管有较规范的检疫措施与检测技术，但往往是防不胜防，仅依靠海关的检疫还不足以防止威胁本地生物多样性的外来物种的广泛传播。现代先进的交通工具及观光旅游与生态旅游事业的蓬勃发展，也为外来种长距离的迁移与入侵、传播与扩散到新的生境中创造了条件，使得生物成功入侵变得更加容易。

（一）入侵生物调查内容

初步统计，引起较大经济损失的入侵生物包括有害昆虫、软体动物、哺乳动物、有害植物等，如松材线虫（*Bursaphelenchus xylophilus*）、松突圆蚧（*Hemiberlesia pitysophila*）、湿地松粉蚧（*Oracella acuta*）、美洲斑潜蝇、棉红铃虫（*Pectinophora gossypiella*）、烟粉虱（*Bemisia tabaci*）、红脂大小蠹（*Dendroctonus valens*）、日本金龟子（*Popillia japonica*）、麝鼠（*Ondatra zibethicus*）；入侵我国的有害杂草近百种，如豚草（*Ambrosia artemisiifolia*）、空心莲子草（*Alternanthera Philoxeroides*）、水葫芦（*Eichhornia crassipes*）、大米草（*Spartina anglica*）、薇甘菊、假高粱（*Sorghum halepense*）等。

外来入侵生物危害调查内容包括种类与地理分布、数量构成、危害程度、危害方式、繁殖方式、分布规律等方面，具体如下。

（1）繁殖和扩散：繁殖方式、繁殖世代、扩散方式、传播速度等。

（2）遗传特点：遗传稳定性、授粉方式等。

（3）有害特征：有害部位、对环境的负面影响、对其他物种的抑制特征、高密度占领生境等。

（4）适应性能：气候类型、土壤类型、退化环境等。

（5）被控制方式：人工方式、有效天敌、入侵历史等。

（6）入侵原因：生物入侵经历的传播、定居、生长繁衍过程，以及入侵的途径和原因。

（二）入侵生物调查方法

尽管有些外来入侵物种比较容易发现和识别，但大多数外来入侵物种难以被发现，需要专门的调查才能发现。外来入侵物种调查包括普查、特定场地和特定物种调查，包括地理位置、分布区域、发生面积、发生趋势、传播扩散途径、危害影响方式、经济损失程度等，进一步完善外来入侵生物信息数据库，为开展外来入侵生物监测预警、集中灭除提供依据。

现场普查是掌握外来入侵物种基本状况的常见方法，但是耗费人力、物力；特定场地调查，一般以某个重要地点为目标开展调查；特定物种调查一般围绕调查物种，依据调查物种的生物学特征和分布范围制订调查方案，详细掌握目标物种的分布以及入侵危害状况。

入侵生物调查方法等同于草地病、虫、鼠及毒害草调查方法，包括资料调查和野外基础性调查。具体调查方面包括地面调查和大尺度的无人机航拍、3S 技术的应用。

1. 资料收集　查阅调查区社会、经济、地理、气象等资料，了解其生物学特征，提供外来入侵生物发生区域，初步确定调查范围。

2. 野外调查　在野外调查区，使用 GPS 定位，对研究目标的草地和其他生境进行实地调查。按照调查记录表填写发生面积、危害程度、分布区域和地理基本情况，拍摄植株照片，采集植株标本。

危害等级分级可分为 3 类：严重危害，外来入侵生物严重影响其他植物或导致其他植物濒临死亡或致死；一般危害，外来入侵生物明显影响其他植物的生长或其他植物生长状态较差；轻微危害，外来入侵生物较小或不明显影响其他植物的生长。

（三）预警与评估

1. 建立统一协调的管理机构　应成立包括检疫、环保、海洋、农业、林业、草业、贸易等各部门以及科研机构在内的统一协调管理机构。此机构应从国家利益，而不是部门利益出发，全面综合开展外来物种的防治工作。在外来物种引进之前，应由农业或林业、草业或海洋管理部门会同科研机构进行风险评估，由环保部门做出环境评价，再由检疫部门进行严格的口岸把关，多方协调行动共同高效开展外来物种的防治工作。根据我国的国情，建立健全有关预防、管理、防治外来有害生物的国家政策法规和条例，充分执行已有的政策、法令及条例。

2. 完善风险评估跟踪监测及制度　要阻止外来物种的入侵，首要的工作就是防御。外来物种风险评估制度就是力争在第一时间、第一地区将危害性较大的生物坚决拒之门外。对待引进物种的有关信息、生物学特征、繁殖和传播方式以及气候参数等详细情况，建立综合评价系统。

首先应建立引进物种的档案分类制度，对其进入我国的时间、地点都做详细登记；其次应定期对其生长繁殖情况进行监测，掌握其生存发展动态，建立对外来物种的跟踪监测制度。一旦发现问题，就能及时解决，既不会对我国生态安全造成威胁，也无须投入巨额资金进行治理。

3. 建立综合防控制度　对于已经入侵的有害物种，要通过综合治理制度，确保建立可持续的控制与管理技术体系。外来有害物种一旦侵入，要彻底根治难度很大。因此，必须通过生物方法、物理方法、化学方法的综合运用，发挥各种治理方法的优势，实现对外来入侵物种的最佳治理效果。

第九章

天然草地保护与利用规划

天然草地是重要的自然资源之一，它对维护生态安全、保护生物多样性、传承草原文化和实现社会经济可持续发展等具有重要作用。在全球气候变化和人类社会经济活动的双重影响下，人们对天然草地资源的生态服务功能越来越重视。必须在甄别存在的问题、限制因素以及科学分析评价现状等的基础上开展科学合理的规划，才能实现天然草地资源的可持续利用。

第一节　天然草地保护与利用规划概述

一、天然草地保护与利用规划的概念和内涵

天然草地是一种以草本或半灌木、灌木植物为优势植物的自然景观。由于天然草地群落结构和功能不同，草地的属性也不尽相同。从自然资源角度来看，天然草地是自然资源的一种，它包括植物资源、动物资源、微生物资源和土地资源；从社会经济发展角度来看，天然草地既是畜牧业重要的生产资料，也是草原文化传承的重要载体；从生态系统角度来看，天然草地是陆地生态系统的重要组成部分，提供多项生态服务功能。因此，天然草地的保护与利用规划应根据各自属性综合制定总体规划或分项规划内容。

规，法度也，划为戈也。规划是个人或组织有计划地完成某项任务而制订的比较全面、长远的发展计划，是对未来整体性、长期性、基本性问题的思考和考量，设计未来整套行动方案。它包括政策法规、规章制度等软件建设和一系列必要的工程项目等硬件建设。

天然草地保护与利用规划是以草学理论和规划学原理为指导，应用生态学、管理学、遥感学、计算机科学和社会学等学科知识，调查天然草地资源自然和经济属性与社会经济发展的相互作用关系，评价其结构组成、系统承载力以及发展变化趋势，探讨保护与利用对策对草地资源的改善程度，促进草地资源可持续利用的一种区域规划方法。

天然草地保护与利用规划是寻求社会经济发展需求和天然草地资源供给协调平衡的规划，必须要运用生态系统整体优化的观点，实现人与自然的和谐发展。规划内涵体现在以下几个方面。

（一）以人为本的规划理念

人类是草地生态系统的重要组分，也是草地生态系统的干扰者和利用者。天然草地保护与利用规划必须从协调社会经济发展与自然生态系统的相互关系出发，追求草地生态系统的各项生态服务功能整体效益的提高和草地资源的可持续利用。因此，天然草地保护与利用规划必须以人为本，以满足人类对物质生活、精神生活的不断追求。

（二）优化资源再分配的过程

天然草地保护与利用规划追求的是更好利用有限资源的方式。这种资源既包括自然资源，如草地资源，也包括社会、经济和人力资源。天然草地保护与利用规划基于发现天然草地资源利用中存在的问题，通过对资金、技术和人力等资源的再次分配，实现草地资源的可持续利用。

（三）实现目标的重要手段

制定天然草地保护与利用规划，需要在一定的空间和时间尺度内有一个清晰的目标。实现这些目标，就要通过规划内容，如政策措施、工程项目等具体形式来实现。因此，天然草地保护与利用规划是实现目标的具体方式和重要手段。

（四）以资源环境承载力为前提面向未来

天然草地保护与利用规划要立足于时空尺度下的资源环境承载力，要充分了解和掌握天然草地资源的动态变化过程及其环境容量，更要运用可持续发展的理念，预测一定时间尺度内天然草地资源的变化趋势。

二、天然草地保护与利用规划的基本原则

（一）整体性原则

天然草地保护与利用规划以生态学、系统科学和可持续发展理论等为核心，必须从天然草地生态系统的整体和全局出发，准确处理长期和短期、整体与局部的辩证关系，追求系统整体效益的提高，而不是系统各要素效益的最大化。

（二）综合性原则

天然草地保护与利用规划必须考虑社会与自然、植物与动物、经济和文化等综合发展的重要性。因此，在规划的制定上，不能单纯强调植物资源，应该将草牧业整体效益提高、生物多样性保护和牧区社会经济高质量发展作为重点。

（三）可持续性原则

可持续发展理论指出自然资源的利用既要满足当代人的需求，又不能对后代人满足其需求构成威胁。虽然天然草地保护与利用规划有时间范围和空间布局的要求，但这种时间、空间上的规划必须满足天然草地资源可持续利用的要求。

（四）动态性原则

任何规划都是在一定的自然、经济、技术和人力等资源下开展的。因此，规划必定受到这些资源可供给性和支配性的影响。对于天然草地保护与利用规划，不仅自然条件和社会经济发展一直处于动态变化过程中，而且随着规划实施，天然草地资源组成结构、供给能力等也发生着变化。因此，天然草地保护与利用规划具有动态性的特点，不是一成不变。

（五）可行性原则

天然草地保护与利用规划是基于发现天然草地资源利用中存在的问题，通过分析评价其资源承载力，进而提出解决问题和实现目标的具体解决方案。因此，规划中的具体项目要具有较强的可行性，方案具有针对性和可操作性强的特点，要根据识别的问题和规划目标，明确规划任务要求，才能实现所定目标。

三、天然草地保护与利用规划的类型

天然草地保护与利用规划按照其管理层次、时间和要素分为以下几类。

（一）按照规划期限划分

天然草地保护与利用规划按照规划期限可以划分为长期规划、中期规划和短期规划。长期规划一般时间尺度在10年以上，甚至可以到30年，以实现长期生态安全和社会经济发展战略目标为重点。中期规划一般为5~10年。中期规划要与国家制订的5年国民经济和社会发展计划同步，重点是在现有的经济、技术和人力资源下，实现与国民社会经济发展计划相一致的天然草地保护与利用目标。短期规划一般是1~5年，以年度实施的草地保护和建设项目、工程为重点。

（二）按照管理层次划分

天然草地保护与利用规划按照管理层次可以划分为国家、省（自治区、直辖市）以及县（旗、区）3个层次。国家天然草地保护与利用规划范围大、时间长，其目的是从国家整体社会经济发展需求出发，实现国家层面的生态环境保护与发展要求，在全国有重点地开展天然草地资源的保护与利用。省（自治区、直辖市）和县（旗、区）级天然草地保护与利用规划是以解决区域性天然草地资源的合理利用为目的，依据各自的资源状况开展相关规划工作。

（三）按照资源属性划分

天然草地保护与利用规划按照资源属性可划分为草地自然保护区规划、草牧业生产规划、草畜平衡规划、放牧管理规划等。草地自然保护区规划是以保护草地植物和动物等生物多样性为重点的规划。草牧业生产规划是以发展草畜产品生产规模，提高草畜产品经济效益为目标的规划。草畜平衡规划和放牧管理规划是通过合理配置草畜资源、优化放牧管理制度，实现草地资源可持续利用的规划。

第二节　天然草地保护与利用规划的工作内容

天然草地保护与利用规划是以人与草地和谐发展为目标，基于天然草地资源合理利用的整体性、长期性、基本性问题的思考和考量，有组织制订的全面、长远的天然草地可持续发展计划。天然草地保护与利用规划必须从识别问题入手，通过调查分析和确定目标后，制订相应行动方案，并在实施过程中监测评价其效果，改善规划内容最终实现既定目标。天然草地保护与利用规划流程见图 9-1。

图 9-1　天然草地保护与利用规划流程

一、本底调查

天然草地生态系统作为自然生态系统的一种，在其发展中受到气候条件、社会经济发展的影响。因此，天然草地资源本身及其与环境的关系处于动态变化之中。开展天然草地保护与利用规划，首先要对天然草地资源本底情况进行调查，进而为分析保护与利用中出现的问题、限制的因素分析评价服务。因此，在规划工作开展前，需对规划区草地生态系统、自然环境条件以及社会经济状况开展系统的认识与了解工作。

（一）自然环境调查

自然环境调查就是要对规划区的地形、地貌、气候、水文和土壤等非生物因素进行调查。地形、地貌等地理特征可以通过搜集地形图或实地踏查获得。气候因素调查，重点是对降雨、温度、太阳辐射强度等进行调查，规划区极端气候或灾害性气候也是调查内容之一。气候数据需要一定时间尺度的历史数据，才能预测规划区内的气候变化趋势。气候因素调查可以通过国家气象数据服务平台开展。水文调查重点是对规划区水资源供给潜力、利用状况以及存在的问题等进行调查，尤其是对水源及水源地，地表径流、地下水等做重点调查。其结果可以为规划区水利建设和水资源利用服务。土壤调查重点是规划区土壤类型、质地、结构、含水量、持水能力以及营养状况等。水文和土壤调查可以通过查阅规划区水文、土壤资料和现场调查获得。

（二）生物资源调查

天然草地生物资源调查主要包括植物资源、动物资源和微生物资源。

植物资源是天然草地保护与利用规划的重点调查内容之一，包括天然草地的类型、分布、面积、植物群落结构、生产力、优良牧草和毒杂草种类等。天然草地的分布、面积可以利用遥感调查的方式获得。植物群落结构、产草量等数据需通过实地取样调查和遥感数据反演获得。值得注意的是，规划区天然草地的分布、面积、植物群落结构、产草量等数据需要与历史同类数据对比，结合气候变化、社会经济发展等数据，为评价天然草地资源利用现状和分析天然草地资源利用中存在的问题服务。

动物资源调查包括家畜存栏量、出栏率、畜种畜群结构、野生动物种类和数量以及天然草地有害啮齿动物种类、危害面积等的调查。家畜存栏量是评价草畜平衡的主要数据，出栏率、畜种畜群结构可以反映草牧业发展水平和产业优势。野生动物资源，特别是野生草食动物分布、数量等，既是开展草地生物多样性保护规划的需要，也是在规划草畜平衡中必须考虑的因素之一。除此之外，草地有害啮齿动物和昆虫是草地重要的生物干扰因素，因此要对其种类、分布、危害面积和危害程度等情况进行调查。动物资源调查可以采取查阅文献资料和实地调查方式开展。

可以依据微生物资源对人类的影响，从有益和有害微生物两个方面开展调查。有益微生物调查主要是调查土壤或植物中固氮、融磷、促生微生物等资源，调查内容包括微生物种类、结构等。有害微生物调查主要调查对植物生长，特别是对发展人工饲草生产有很大不利影响的微生物种类。此外，在条件允许的情况下，对威胁人畜健康的有害微生物也要一并调查。

（三）草地利用格局和放牧制度调查

草地利用格局变化对天然草地的保护与利用规划有着重要影响。天然草地利用格局调查主要包括调查不同草地类型、不同利用方式以及不同退化草地的地理分布、面积和利用现状等。除此之外，规划区如有自然保护区，也应该对保护区的边界、面积、保护对象，以及核心区、试验区和缓冲区的界线、面积等情况一并调查。调查天然草地利用格局可以为合理规划利用草地资源服务。放牧制度也是规划区开展本底调查的重点内容之一。调查内容包括季节牧场，放牧的主要家畜种类和数量、放牧形式、放牧时间、放牧路线、放牧技术及轮牧技术等。另外，还应对补饲状况进行调查，包括补饲时间、补饲草种类、补饲数量、补饲形式等。这些调查资料可以通过实地调查和遥感影像完成。

（四）社会经济状况调查

社会经济状况与天然草地资源的保护与利用密切相关，它不仅可以反映出规划区的社会经济发展水平，而且对分析天然草地资源动态变化有着重要作用。社会经济状况主要调查规划区民族组成、人口数量和密度、劳动力数量、受教育程度、产业构成及比例、国民生产总值、牧民主要收入、主要生产成本、生活费用、贫困人口比例等。调查主要采用查阅统计资料和实地参与式调查相结合的方法。

二、分析评价

分析评价是规划的核心内容之一。基于前期本底调查，借助生态学、系统科学、生态经济等理论和技术，对规划区天然草地资源的生态过程、环境敏感性和草地生态系统稳定性等方面进行综合分析与评价，充分认识和了解规划区草地资源的生态、生产潜力和制约因素，预测规划期内不同措施对草地资源所产生的效果。天然草地保护与利用规划的分析与评价主要包括草地退化分析、草地资源环境容量分析、草地生态系统服务功能分析、草地健康评价等。

（一）草地退化分析

草地退化分析主要从草地面积和质量两个方面开展。草地面积变化主要是对天然草地总面积、各种类型天然草地面积进行时间尺度上的对比。结合气候和社会经济发展数据，重点分析天然草地面积变化的驱动因子。草地退化的质量分析较为复杂，概括起来可以从产草量、植物群落结构和物种多样性 3 个层次开展。产草量分析主要包括草地总产量、单位面积产草量、可食牧草比例分析等。产草量分析时要注意不同草地利用制度和不同草地类型的差异。植物群落结构分析包括盖度、高度、频度、优势种等变化情况分析。植物群落结构分析可以看出规划区内天然草地群落演替的状况。物种多样性也是分析草地退化的重要组成部分，包括物种的丰富度和均匀度。物种多样性分析对于保护规划区草地植物多样性有着重要意义。

（二）草地资源环境容量分析

环境容量指某一区域对该区域人类发展规模及各种活动的最大容纳量。对于天然草地资源环境容量而言，草地资源所能供给的家畜数量、野生草食动物数量以及能为旅游休憩服务的容量是重点内容。

1. 草地放牧家畜合理载畜量计算　我国已经颁布了《天然草地合理载畜量的计算》（NY/T 635—2015）。依据本底调查时获取的天然草地可利用面积、草地类型、草地利用方式等数据，可以计算出不同时间、不同区域的天然草地合理载畜量。

2. 草地野生草食动物环境容量计算　随着我国对野生动物保护力度的不断加强，目前天然草地栖息的野生动物，特别是我国西部地区的野生草食动物数量逐渐增多。在分析天然草地环境容量时，野生草食动物是必须考虑的一个因素。但是，野生草食动物的种类和数量，尤其是其采食量是计算野生草食动物环境容量的挑战因素。可以借助野生动物资源的调查方法，首先摸清野生草食动物的数量，然后参考体重相近的草食反刍家畜计算其食草量。这些数据进而为分析规划区草地资源环境容量服务。

3. 草地旅游休憩环境容量计算　尽管国家旅游局在 2003 年出台了《旅游规划通则》，通过日空间容量和日设施容量来评价休憩地环境容量，但是由于休憩使用、休憩体验和环境影响之间的复杂关系，旅游休憩的基础研究工作量大且复杂艰巨，导致天然草地旅游休憩的环境容量计算遇到很大挑战。目前，可接受改变限度规划（limits of acceptable change，LAC）方法在测算休憩地环境容量中得以运用。LAC 是指在承认休憩使用对自然环境和休憩体验的质量具有负面影响的前提下，通过监测管理将环境变化控制在某个可接受的破坏限度内。LAC 方法主要包括指标筛选、问卷调查、指标标准的额界定和休憩影响监测，具体内容可以参考相关文献。

（三）草地生态系统服务功能分析

天然草地具有多种生态系统服务功能并对人类产生极大的价值，准确认识这些价值并对其进行数量上的评估，可以更好地管理天然草地资源为人类服务。生态服务功能的价值包括直接价值、间接价值、选择价值、遗产价值和存在价值。直接价值是指生态系统服务功能中可直接计算的价值，是生态系统中生物资源的价值，如畜牧业生产价值、旅游业收入等。间接价值是指生态系统给人类提供的生命支持系统的价值，如二氧化碳固定、氧气释放、水土保持等。选择价值是指个人和社会为了将来能利用生态系统服务功能的支付意愿。遗产价值是指当代人将某种自然物品或服务留给子孙后代而自愿支付的费用或价格。存在价值是指人们为确保生态系统服务功能的继续存在而自愿支付的费用。

目前，生态系统服务功能评估尚处于探索研究阶段。根据生态学、环境经济学和资源经济学等研究成果，对生态系统服务功能评估主要采用以下方法（表9-1）。

表9-1　生态系统服务功能经济价值评估常用方法

（刘康，生态规划：理论、方法和应用，2011）

类　别	具体方法	备　注
市场价格法	市场价值法	以生态系统提供的商品价值为依据，较为直观，可直接反映在国家收益账目上，受到国家和地方重视
	费用支出法	常用于评价环境或生态系统的服务价值，以人们对某种环境效益的支出费用来表示该效益的经济价值，包括总支出法、区内支出法和部分费用法3种形式
替代法		通过估算替代品的花费而代替某些环境效益或服务的价值的一种方法，以使用技术手段获得与生态系统功能相同的结果所需的生产费用为依据；其缺点在于生态系统的许多功能无法用技术手段代替
生产成本法	机会成本法	任何资源都存在许多互相排斥的待选方案，必须找出生态经济效益或社会效益最优的方案，从而把失去使用机会的方案中能获得的最大收益称为该资源选择方案的机会成本
	恢复和保护费用法	一种资源被破坏，可把恢复它或保护它不受破坏所需的费用作为该环境资源被破坏所带来的经济损失
	影子工程法	是恢复费用技术的一种特殊形式，即生态环境被破坏后，人工建造一个工程来代替原来的环境功能所需的费用
环境偏好显示法	旅行费用法（TCM）	是评估非市场物品最早的技术；寻求利用相关市场的消费行为来评估环境物品的价值；通过旅行费明细（交通费、门票费和旅游点的花费等）代替某项生态系统服务的价值
	享乐价格法（HPM）	其原理是人们赋予环境质量的价值可通过他们为优质环境物品享受所支付的价格来计算，常用于房地产价值评估
	规避行为和防护费用法	当人们面临可能的环境变化，试图用各种方法来补偿；如当周围环境正被或可能被破坏，人们将购买一些商品或服务来帮助保护周围环境，并保护自己免受其害的费用
条件价值评估法（CVM）		也称意愿调查法，即直接向调查对象询问对减少环境危害的不同选择所愿意支付的价值，适于那些缺乏实际市场和替代市场交换的生态系统服务的价值评估

三、确定规划目标

规划目标是规划工作的核心内容之一，也是制定规划的单位或部门对规划期内草地资源发展状况和发展水平的规定。因此，规划目标是人力、物力和财力等资源投入的依据。规划目标要通过一系列指标体系来体现，具体包括生态指标、社会指标和经济指标。

1. 生态指标　包括保护或改良的天然草地的面积、生产力、草畜平衡状况；沙化、退化和盐渍化治理面积，植被盖度和产草量；植物群落优势种比例及鼠害草地治理面积；水源及水源保护；生物多样性变化；草地健康指数的提高等。

2. 社会指标　包括规划区人口数量、劳动力数量、受教育程度、出生率、死亡率等；天然草地保护与利用新技术的覆盖范围、比例等；社会福利指标和社会发展指标等。

3. 经济指标 包括规划制定的项目或工程实施前后的经济产值、利润、税收、人均收入、产业结构等。

四、规划实施

根据分析与评价制定天然草地保护与利用规划的工程、项目等措施是实现规划目标的具体体现。在天然草地保护与利用规划中，一般要设计禁牧、休牧、补播、水资源利用、家畜改良、防灾减灾等生态保护和资源利用的工程或项目。工程或项目需考虑实施过程中的可操作性和时效性。

五、监测评价

在规划的实施过程中和实施结束后，必须采用第三方评估的方式对规划实施内容进行监测评价。规划期内的监测评价可以为动态调整规划内容、提高规划质量服务。规划期结束后开展监测评价，可以为再次规划奠定基础。监测评价的方法、指标体系应与规划前期本底调查和评价分析过程中采用的方法和指标一致，这样才能比较发现规划中存在的问题和提出改进的措施。

六、再次规划

在一个规划期结束后，基于监测评价的基础，依据新的规划目标和社会经济发展的需要，再次对天然草地资源保护与利用实施规划。

第三节　天然草地保护与利用规划编制的程序

天然草地保护与利用规划编制是一项复杂的系统工程，应当遵守国家有关标准和技术规范，按照一定的程序和方法，将规划通过文字、图表等形式展现出来。

规划编制程序主要从准备阶段、编制阶段和实施阶段3个方面完成。

（一）准备阶段

1. 成立组织 天然草地保护与利用规划是一个科学决策的过程，应当坚持政府组织、专家领衔、部门合作、公众参与、科学决策的原则。因此，制定规划首先要成立相应的组织和机构。成立组织包括规划制定的领导小组和工作小组。领导小组主要负责人员构成、部门协调、目标确定和方案审查等内容。工作小组主要负责制订规划的技术工作方案、实施以及具体编制工作。

2. 确定规划范围和规划总体目标 根据天然草地资源生态现状、社会经济发展需要以及对草地资源的生态服务功能提升预期，规划领导小组要明确规划的空间和时间范围，并提出规划实施后实现的预期目标。

3. 制订工作计划和规划编制大纲草案 规划工作主要包括实地调查和室内编制两部分，工作内容繁杂、涉及面广，必须有一个详细的工作计划才能保证规划的研究任务和编制顺利进行。工作计划必须从承担者、工作内容、经费筹措和使用以及完成时间节点等方面做出详细的组织和安排。除此之外，应根据规划目标，拟定一个规划编制大纲。拟定的编制大纲需要与工作计划相一致，才能保证拟定编制大纲的合理性和完整性。

4. 开展本底调查和评价分析　规划的工作计划制订后，首先要对规划区的草地资源、社会经济发展等情况进行调查。本底调查是规划工作的前期保障，只有认真开展相关调查，才能实现后期的科学评价分析。评价与分析要利用生态学、经济学和社会学等理论和技术，对规划区草地资源利用现状、存在的问题以及通过规划项目、工程的实施预期产生的效果进行科学预测。

（二）编制阶段

1. 制定具体目标　在准备阶段已初步确定了规划的总体目标。但是，为了保证规划的可操作性，必须在编制阶段初期，根据规划区草地资源科学评价分析的结果，将总体目标分解为具体目标。具体目标既包括草地资源的社会、生态和经济目标，也包括达到规划总体目标的进度目标。

2. 编制和论证规划报告　规划报告是规划的文字体现形式。规划报告没有一个统一或固定的格式，但是要符合一定的编制规范。规划报告主要包括前言、基本概况、指导思想等内容。详细介绍如下。

（1）前言：主要介绍编制规划的目的和依据，有时也对规划工作计划和人员做一个简单介绍。

（2）规划区基本概况：较为概略地介绍规划区的地理位置、地形地貌、气候条件、生物资源以及社会经济发展状况。

（3）存在的问题和制约因素：较为详细地介绍规划区草地资源在保护与利用过程中存在的问题和制约因素。重点从自然环境和社会环境两方面开展科学描述。

（4）指导思想和基本原则：指导思想是依据我国生态文明建设、环境保护等方针、政策等，立足规划区草地资源和社会经济发展状况提出的。基本原则一般要体现规划制定的统筹性、协调性、科学性、效益性等几个方面。

（5）规划目标：目标任务是规划报告的主要内容。目标分为规划总目标和具体目标。总目标可以从草地资源的生态功能、生产能力以及其他生态服务功能总体确定。具体目标一般是通过规划任务实施而达到的预期目标。

（6）规划项目：以规划具体目标为依据，详细规定规划区内草地资源保护与利用的各项预期指标和其他规划管理要求，为规划区内一切草地保护和建设活动提供指导。在草地资源保护与利用规划中，规划任务必须明确涉及草地资源保护与利用的管理措施、建设项目、工程实施的地理范围、投资规模和时间进度等信息。例如，①县、乡、村级草原管理制度（包括放牧时间、草畜平衡措施等）；②×××地水源地保护和人畜饮水点改造工程；③×××地沙化草地恢复工程；④×××退化草地恢复工程；⑤×××鼠害地治理工程；⑥×××旅游点基础建设工程；⑦×××乡（村）定居点建设工程；⑧×××乡（村）文化室建设工程等。

（7）保障措施：主要是指保障规划工作顺利实施的组织保障、政策保障、法律保障和资金保障等措施。

（8）效益评价：主要是对规划期内预期产生的社会效益、经济效益和生态效益进行评价。效益评价需要描述具体的指标数值，切忌泛泛而谈。

（9）规划附录：主要包括规划区的行政图、作业图、资金筹措表、投资预算表等内容。

3. 规划报告的论证和报批　　对编制提出的初步方案进行评价，常常可能提出几个初步方案，再运用生态学、经济学等相关学科知识，以及有关政策、法规，对方案进行分析、评价，筛选出最佳方案，并根据评价中提出的问题，做必要的补充修正，形成最终方案。最终方案报经有关部门批准后组织实施。

（三）实施阶段

依据批准后的天然草地保护与利用规划，各级政府或部门组织各方面力量，按照规划所确定的目标、任务逐步实施。在规划实施过程中，要及时开展规划任务的监测评价工作，一是监督检查规划工作的落实情况和工作进度；二是根据自然条件和社会经济发展的变化，为实时调整规划内容提出科学依据。规划的监测评价工作不仅可以在规划期内开展，在规划结束后也要对规划任务所产生的效益进行评价。规划结束后的监测评价可为开展新一轮的规划奠定基础。

第四节　参与式草地管理规划

一、参与式草地管理规划的内涵

参与式规划是一种新型规划方式。它强调在规划的制定和实施过程中，规划利益相关方全程参与，以规划对象为主体，重视乡土知识在规划中的作用，最终通过规划者与规划利益相关方相互理解并达成共识。自 20 世纪 90 年代以来，参与式规划的理论和方法不断趋于成熟。从全球农业发展项目实施的经验来看，运用参与式理论规划和实施项目，特别是涉及农业发展、扶贫项目和草地、森林等自然资源管理取得了很好的成效。目前，参与式规划在我国城乡规划、流域治理、生态保护和农村脱贫等领域已广泛运用。

传统的草地管理规划往往采用"统一规划、统一设计、统一实施"的规划思路，具有同标准、成规模、大范围等特点。然而这种规划往往忽视了千差万别的牧区自然、社会和经济条件，也忽视了规划利益相关方之一的农牧民积极主动参与规划，并聆听他们的意见。参与式草地管理规划往往是以社区（乡或村）为规划范围，将规划作为社区发展的一种手段，在规划过程中尊重社区农牧民以及他们的本土知识，将项目投资方需求和社区农牧民需求，通过平等协商、共同决策的方法协调统一为规划目标，通过协议约定规划利益相关方的责任和义务，并在实施中通过监测来评估规划效果，发现新问题进而重新再规划的一个循环过程。因此，参与式草地管理规划是一种以解决问题为导向的决策过程和行动过程。

二、参与式草地管理规划的特点

（一）以农牧民为主体

草地管理规划的目的是让草地直接使用者——广大农牧民受益，进而才能使草地生态、生产效益扩大到社会其他层面。因此，草地管理规划的主体应该是农牧民，应首先保障他们的利益得到满足。参与式草地管理规划是基于利益相关方在信息对称的基础上，实现各方的平等交流和共同参与。并且，参与式草地管理规划重视乡土知识在草地保护和建设中的应用，特别是传承千年的草原文化对草地保护与利用的影响。因此，将农牧民作为主体，让他们从规划之初就参与进来，尊重他们以及他们的本土知识，这是参与式草地管理规划的一个显著特点。

（二）全过程参与规划

传统的草地管理规划并不是没有了解基层的社情民意，很多规划也是采取调研和分析后做出的。但是，传统规划中当调查获得的信息自下而上流动时，途径十分有限，而且信息往往被人为整合而重新表达，这中间易造成信息的严重失真。并且，传统草地管理规划一旦付诸实施，受项目财务管理等规定，项目实施者多是一些"外来"的企业。直至项目建成验收时，也是项目管理者与监理和施工方之间的联系。这种草地管理规划项目几乎未让"当地者"参与进来。参与式草地管理规划不仅仅是在农牧民需求调查时需要农牧民参加，更重要的是，在社区问题、项目活动筛选，乃至在实施和监测等过程中，都需要农牧民的高度参与。这样就会让农牧民找到自尊感和归属感，从被动参与变为主动参与和全程参与。

（三）平等对话和互相理解的过程

信息对称在参与式规划中有着重要作用。从制定规划的背景、过程和目标等方面，参与规划的利益相关方有权利知道全部的信息。因此，采取平等对话是获得所有信息的重要手段。因此，参与式草地管理规划中，项目投资方、决策者和农牧民的地位平等，没有主次之分。通过各种研讨会来实现信息的分享和交流是参与式规划的关键措施。

（四）由中而上而下的参与模式

自上而下和自下而上是两种不同的组织模式。传统规划以自上而下为主，即决策权掌握在管理层，由他们配置资源。现代的参与式规划多采取自下而上的组织模式，即将决策权下放给下层，管理者只负责组织的长远战略目标实现。这两种组织模式各有利弊，适于不同的情形。但在参与式草地管理规划中，由于草地资源公益属性、生态属性等特殊性，并且目前草地保护与建设的投资方依然是以国家为主、社会为辅，因此，参与式草地管理规划既要考虑项目投资方，特别是各级政府对草地生态的需求，也要考虑基层农牧民对草地保护和生计的需求。

（五）以问题为导向

以问题为导向设计规划是参与式草地管理规划的一个显著特点。草地生态系统退化的原因有很多，既有气候变化造成，也有人为干扰加剧导致。参与式草地管理规划通过科学的问题分析方法，如问题树，以及社区农牧民的广泛和积极参与，识别导致草地退化的核心问题，以及逐级剖析导致该问题的各层原因。从最底层的原因入手转变为解决问题的手段，最终实现核心问题的解决。

三、参与式草地管理规划的内容和步骤

（一）社区基础资料的准备

任何规划前期都要求基础资料准备完善，参与式草地管理规划也不例外。社区基础资料

准备要依据规划的目标而定，一般包括规划区的社会、经济和农牧民发展的年鉴、统计资料；当地的地形图或遥感图，草地资源图以及草地利用现状图等。此外，草牧业基础设施、生产经营水平、水资源状况等资料也要提前准备。

（二）需求分析

需求分析是指规划者调查项目投资方、基层干部和农牧民等利益相关方对拟开展的规划项目活动、目标等方面的需求，并分析出他们的期望、担心和兴趣所在。需求分析的目的是通过分析规划利益相关方各自关注的需求，特别是调查获得核心需求后，可以发现他们的共同需求，为后期共同达成的项目活动奠定基础；或者是他们的需求差异较大，规划者可以分析差异较大的原因及采取何种措施可以使他们需求的重合度提高。需求分析的方法因调查对象而异，一般通过问卷调查、半结构访谈、小组访谈等获得调查内容，然后根据机遇风险分析法（SWOT 分析法，即 strength-weakness-opportunity-threat）、问题树分析法等方法获得利益相关方的真实需求。在开展需求分析的利益相关方中，项目投资方和农牧民是核心群体，应在时间、人力和方法等方面给予高度重视。

（三）问题、潜力和目标分析

问题分析是参与式草地管理规划中至关重要的一项内容。后期规划目标、项目活动、实施方案等都建立在问题分析基础之上。问题分析的目的是在前期的实地考察、需求分析的基础上，列举规划区出现的生态问题、管理问题以及其他问题，并通过对利益相关方的共同且系统的分析，找出一系列问题中处于中心位置的问题，即"核心"问题。然后，逆向挖掘产生核心问题的原因及其可能造成的现实或潜在后果，最终建立能反映问题间因果关系的问题框架，称作"问题树"。

任何问题的背后都存在可能解决该问题的潜力。潜力包括内部潜力和外部潜力。内部潜力主要是指自然资源的潜力、劳动力的潜力以及意愿的潜力等。如规划区超载过牧导致草地退化很严重，但通过问题分析发现有闲置土地资源可以开发为高产人工草地，而且该规划区闲置在家的青年劳动力较多，且有强烈的致富意愿。外部潜力主要是政策、气候等方面的因素，也可以看作机遇。如当前国家高度重视草地生态功能，加大了草地保护与建设的投资力度。尽管全球气候变化导致一系列的环境问题，但科学家预测北半球降雨逐年增加，这就为开展适应性的草地管理提供了可能。

目标分析就是通过前述的问题分析、潜力分析后，通过解决这些问题进而达到的将来的状况，也就是拟定的规划目标。这些目标包括生态目标、经济目标和社会目标。目标分析的方法是把所有负面状况描述的问题转化为正面描述的目标，并按问题树的相同结构建立起能够反映出手段与结果关系的目标树。

（四）活动方案选择分析

活动方案是规划最终付诸实施的依据。活动方案建立在规划利益相关方的共同需求、同一目标和可用资源之上。在开展参与式草地管理规划时，由于参与式以农牧民为主体的特点，在完成问题分析、目标分析等内容后，会发现为实现目标列举的项目活动很多。但是，受制于时间、财力、物力等资源以及草地生态系统自身特点，列举的项目活动不可能全部、无优先次序地执行。因此，筛选活动方案也是参与式草地管理规划中重要的一环。活动方案筛选一般基于目标的优先顺序、资源的可行性以及与项目投资方的需求共同分析，找出可行的项目活动内容作为规划最终选择的活动方案。

（五）规划报告的完成

参与式草地管理规划报告没有统一、固定的格式，既可以参考本书所列的天然草地保护与利用规划报告格式，也可以参考其他参与式规划报告的格式。但是，有两点必须要在规划报告中体现：一是规划的逻辑框架，即每项项目活动的目标，实现该目标的具体措施，这些措施的实施地点、负责实施的人员组成，以及实施这些措施存在潜在的风险，等等。二是规划必须要有一个利益相关方签订的项目协议。这个协议既约定了各自的责任和义务，也约定了项目活动起止的时间节点等，对保证规划的具体实施具有重要意义。

（六）规划实施

参与式草地管理规划的实施必须符合国家对项目管理的各项规定。对于草地生态保护和建设项目，引导、鼓励规划区农牧民参与项目活动也是参与式的具体体现。如草地鼠虫害控制项目，虽然国家投资项目必须采取招标制，但是可以鼓励中标公司将当地人纳入实施队伍中，利用他们对当地情况的熟悉，并使他们可以清楚了解项目活动的内容以及实施进度、存在的问题等。

（七）参与式监测与评估

传统的草地管理规划实施一般采用第三方监理和监测。在参与式草地管理规划中，鼓励在第三方选择时，将当地的农牧民作为草地生态恢复的重要监测成员之一。规划区的农牧民经过科学的监测手段培训后，利用自身的优势参与监测、评估项目活动效果，并在社区宣传项目活动的实施效果。这种参与式监测对于提高规划质量、督促项目活动正常进行以及帮助解决项目出现的问题等具有重要作用。

（八）再规划

在参与式草地管理规划中，通过参与式监测与评估发现当前规划中存在的问题并加以改进，就是再规划。再规划包括两个内容：一是在当前规划实施过程中，基于参与式监测评估结果或者规划所需的资源变化，对规划的部分内容进行调整，以符合实际情况。二是当前规划完成后，规划区又面临新问题，出现一些新情况。这也需要根据上述步骤再次开展相关规划，因此参与式草地管理规划是一个持续不断的过程。

四、参与式草地管理规划运用的工具

（一）访谈类工具

1. 半结构访谈　在访谈过程中采用对话式的、非正规的、访谈者和被访谈者就某一主题进行轻松交流的形式，这就是半结构访谈。半结构访谈之前应设计一个主题，但不同于问卷调查。半结构访谈采用开放性的框架，访谈时应始终围绕一个主题。半结构访谈并不是提前设计好所有问题,大多数问题是在访谈中提出来的,并且允许访谈者和被访谈者探讨细节。因而可以提前准备一些用于访谈的表格、访谈框架或访谈大纲,以用来指导访谈的进行。

2. 个体访谈　个体访谈是选择不同性别、年龄、职业等个体进行抽样调查的一种方式。在社会学调查中,不同性别、年龄、职业的调查对象对同一个问题有各自不同的看法,也被称为社会多样性的一个体现。但是,对参与式草地管理规划来讲,尽可能获得真实、客观的信息是必须和必要的。因此,调查对象的全面性和代表性对于了解实际情况非常重要。个体访谈作为半结构访谈的一种主要形式,具有开放性、对话式和双向交流式的特点。不需要提前准备详细问卷,但需有一个指南式的提纲。

3. 小组访谈　小组访谈是参与式草地管理规划中最常用的方法之一。小组访谈是邀请规划区的乡村农牧民就准备的问题公开讨论、交流,最终获得信息的一种方式。首先,小组访谈人数不宜太多,否则发言太多、耗时较长很难控制访谈场面。其次,小组访谈最好邀请当地德高望重的人来主持,并且,对研讨会的议程、经费以及白板、图、纸等资料,规划者要与主持人提前商议确定。

4. 关键人物访谈　关键人物主要指乡村的领导、年长者和致富带头人等。这些关键人物参与更多的社区管理,有着丰富的知识和阅历以及掌握更多的资源。一般来讲,相比普通的农牧民,关键人物对于理解规划目标,特别是涉及草地保护的生态和社会目标有更好的理解。因此,与关键人物访谈可以获取特定的知识和信息。但是,访谈过程及结果也存在受关键人物主观偏见所误导的危险。因此,还要通过小组访谈、个体访谈等校正所获得的信息。

(二)问卷调查类工具

问卷调查是通过设计问卷,要求调查对象根据问题回答获得信息的一种调查方式。问卷调查在社会学调查中使用很多,也是参与式规划中常用的一种方法。问卷调查包括 3 个步骤:设计问卷、抽取样本和调查过程。问卷需要由经验的调查者设计,一般根据调查目的,采用选项式、对错式和简单式等方式设计问卷。如果针对农牧民,特别是少数民族调查,问卷设计要注意使用当地的语言和文字,提问的语句浅显易懂,尽量少用专业性的词汇。问卷设计结束,要邀请几位与调查对象同类型的人模拟填写,根据他们的反馈意见修订调查问卷以更加符合实际情况。抽样样本关系到调查数据的科学性和准确性。对于某些调查来说,抽样样本直接关系到社会学统计方法的应用。因此,抽样样本对于问卷调查非常重要。抽样样本的数量要根据调查目的和取样方法确定。在参与式草地管理规划中,一般牧区农牧民抽样采取调查村的 1/3 的样本户数,这些户数还要根据不同富裕程度再抽样 1/3。

(三)分析类工具

参与式规划设计中有两个最常用的分析类工具:发展的优势劣势——SWOT 分析法和问题分析法。

1. SWOT 分析法　是矩阵分析类方法中的一种,主要应用在社区发展的动员阶段,即发展目标、发展途径、发展内容的界定阶段。其具体方法是以一个四列多行的矩阵表为框架,对发展面临的内部和外部条件、可控和不可控因素进行系统的分析,为制订社区发展(包括机构能力建设)计划、行动方案提供分析依据。SWOT 分析法以矩阵表为直观表达手段,可以配合文字或图画说明，步骤简洁，适合在社区及农户调查中，特别是对贫困人口的调查中使用，也便于不同文化水平的对象参与。

2. 问题分析法 是一种常用的系统分析方法，主要用于社区调查阶段、农牧民讨论会和项目规划阶段对发展现状的参与式分析。问题分析法的特点是有较强的系统性和逻辑性，便于目标群体的参与，为目标群体提供了参与决策、利益谈判、个体及团体间相互沟通的机会。问题分析一般采用问题树的方法，并对导致问题的原因和产生的可能后果一并进行分析。问题树首先是确定核心问题。从问题分析研讨会分类整理的问题中选出一个能概括草原利用现状的卡片，作为反映现状的核心问题。然后是分析核心问题的因果关系。问题树结构示意图如图9-2所示。问题树分析可以帮助规划者快速理清思路，避免进行重复和无关的思考。

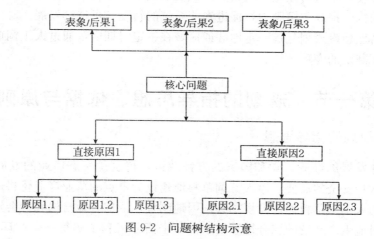

图 9-2 问题树结构示意

（四）排序类工具

排序主要表现在对评价对象的排序、打分。排序类工具被广泛应用于对问题的优先选择、活动方案的优先选择、技术选择的评价等快速评价活动中。排序类工具主要包括简单排序、矩阵排序、农牧民富裕程度排序等。

1. 简单排序 是通过参与者的排序、投票或打分快速地综合所有参与者的看法，从而将被排序对象按优先性排列起来的过程。被排序的事物可以是调查处理的问题，规划项目活动选择等。简单排序一般采用投票法与打分法进行。

2. 矩阵排序 与简单排序不同，比简单排序操作起来复杂得多，但它可以获得用简单排序无法获得的综合且复杂的信息。进行矩阵排序的假设前提是人们对某一事物的选择不是靠单一指标或单一目标导向进行的，而是一个综合和交叉比较的结果。

人工饲草料地建设规划

　　饲草料作物是畜牧业生产的物质基础。人工饲草料地的建设，会在短期内改变草地或土地原有的生产状况而达到高产、稳产和优质，产量一般是天然草地的 5～10 倍。在牧区建设人工饲草料地，可以解决牲畜冬、春饲草缺乏及应急救灾的难题。在半农半牧区及农区加大人工饲草料地建设，不仅可以生产大量高产优质的饲草料作物发展畜牧业，还可通过草田轮作、调整种植结构，提高土壤肥力，促进农业系统的转型与可持续发展。

　　人工饲草料地建设规划是指一定地区或区域在一定时期内，通过人工饲草料地建设，组织饲草料生产而制定的专项规划。

第一节　规划的指导思想、依据与原则

一、编制规划的指导思想

　　根据国内外发展的经验，党和国家的方针政策，特别是生态产业的发展、生态文明建设，以及国家食物安全的需要，以人工饲草料地建设为重点的草业产业化将迎来前所未有的发展机遇。编制人工饲草料地建设规划必须因地制宜，依据各地自然和社会经济条件，充分考虑人工饲草料地生产经营的综合性和复杂性，全面分析和了解每一生产环节和构成要素；推进和实行人工饲草料生产适度规模经营，采用先进的生产技术，充分发挥土地和农用物资的生产潜力；要符合社会发展的趋势，规划要适应自然、有益社会、经济有利、技术可行；以集约化经营为目标，力争获得高产优质的饲草料作物，改进饲草料加工水平，提高饲草料生产质量，是编制人工饲草料地建设规划的重要指导思想。

二、编制规划的依据与原则

　　人工饲草料地的建设体现的是科学的、先进的农业生产理念和技术措施，如果方法不得当，不仅会浪费人力和财力，事倍功半，还会导致生态失调，造成土地的退化。因此，人工饲草料地建设规划一定要追求经济效益和生态效益的统一，要依据自然条件、国家发展要求及社会需求进行人工饲草料地建设规划。其规划应遵循以下原则。

（一）科学开发饲草料用地资源

　　可开垦土地是粮、油和饲草料作物的基本生产资料，在规划时一定要遵守合法和科学的原则。我国天然草地禁止开垦，因此，在原有的人工饲草料地引进良种、强化田间管理和改善加工调制水平是人工饲草料地建设的重要方向。对于可以开发的人工饲草料地，规划必须对其宜垦性做出评价，选择好适宜开垦的对象，确定出开垦面积和分布范围。此外，在耕地中引草入田，藏粮于草，进而改变农业的产业结构。

（二）因地制宜和分类规划

各地自然和社会经济条件复杂多样，使土地利用呈现出明显的地域差异性。因此，建设人工饲草料地不能一个模式，必须遵守因地制宜的原则才能成功。同时，根据自然和经济特征的相似性划分类别，在同一类中采取相同的措施。

在牧区，在局部水、土资源较好的地段建设人工饲草料地，生产和经营方向以牧草为主，以饲料作物为辅，主要供家畜冬春补饲之用。在半农半牧区，依据自然条件宜农则农，宜牧则牧，人工饲草料地和农田的比例应依据需要和可能而有所不同，生产和经营方向以饲草料作物为主；或以粮食作物为主，粮、料、草相结合。在以农作物副产品和部分饲草料作物为基础的畜牧业的农区，主要推行粮草料轮作，通过间、混、套作和复种，既可获得饲草，又能肥田。

（三）生态保护与可持续发展

建植人工饲草料地是一个将自然生态转化为人工生态的过程，必须遵守生态平衡的法则建立高产优质的人工生态系统。人工饲草料地生产和利用系统向着良性循环的方向发展，不仅提供大量优质的饲草料作物，而且提高土壤肥力、保持水土，同时还可以减轻天然草地的放牧压力，改善草地生态环境，使草地资源得以可持续利用，从而实现土地的持续利用和综合效益最优。

（四）集约化生产与经济效益最大化

要充分考虑人工饲草料地生产经营的综合性和复杂性，全面了解、分析每一生产环节和构成要素，挖掘土地潜力，一定要以集约化经营为目标，力争获得高产、优质的饲草料作物，使经济效益最大化，实现产业结构调整。

（五）规划应保证先进性和可行性

人工饲草料地建设规划要紧跟科学技术发展，符合社会发展的趋势，坚持适应自然、有益社会、经济有利、技术可行的原则。

第二节　规划的目标与建设规模

一、规划目标

人工饲草料地建设是现代化畜牧业生产体系中的一个关键组成部分。一方面，它可以弥补天然草地产草量低的不足，有效缓解草地放牧压力；另一方面，它又可以源源不断地为家畜提供量多、质优的饲草料作物。此外，人工饲草料地还具有防风固沙、保持水土、培肥地力与改良土壤、缓解温室效应、调节小气候、净化水体、空气及降低噪声、保护生物多样性等多方面的生态环保作用。因此，人工饲草料地建设规划目标是：保护和改善生态环境，获得高产优质的饲草料作物，减轻天然草地的放牧压力，不断提高畜牧业生产水平。通过实现规划目标从而达到：①解决牧区牲畜冬、春饲草料作物缺乏及应急救灾的问题；②为发展农区畜牧业提供大量高产优质的饲草料作物，还可通过草田轮作、调整种植结构，提高土壤肥力，促进农业系统的转型与可持续发展；③获得安全健康、绿色环保产品；④有利于规模化、集约化和专业化生产，提高产业化水平；⑤增加土地植被覆盖，保持水土，改善生态环境。

在明确了人工饲草料地建设规划目标与任务后，需进一步确定人工饲草料地生产和经营方向、生产和发展目标，这既是规划目标的内容，也是实现规划目标的保障。

（一）确定生产和经营方向

生产和经营方向主要体现在饲草料生产的配置上，也就是在一定的时期阶段，主要生产哪一类别和品种的饲草料作物。生产和经营方向确定了，也就决定了劳动力分配、投资分配和水土资源利用分配等，因此要慎重决定。确定人工饲草料地生产和经营方向的依据如下。

1. 适合当地的自然资源　有利于饲草料作物生长发育的水分、热量及土壤条件。

2. 较大的市场需求　满足生产需求，以市场为导向，通过优质、低价产品在市场竞争中取胜。

3. 高产、稳产、优质，经济效益高　饲草料生产要具有一定的抗风险能力，如抗旱灾、寒灾、病虫害能力。能够获得较高的经济效益，使产业得以持续发展。

4. 符合当地社会经济条件　只有充分利用原有的生产基础，才能获得最佳的经济效益。

5. 符合草畜产业发展的区域布局　既能得到社会发展的支持，同时也拥有了较大的市场。

（二）确定生产和发展目标

人工饲草料地生产和经营方向确定以后，紧接着就是确定人工饲草料地生产和发展目标，也就是在一定的时期阶段饲草料作物的产量和产值，需进一步分析生产和经营方向确定的依据，并对相关经济指标及定额进行必要的计算才能合理确定。

饲草料作物的产量和产值体现了规划年度内生产发展的速度和规模，与规划成果的质量有着密切关系，要求既先进积极，又要有科学依据和切实可靠。

二、建设规模

目前，人工饲草料地建设和生产的形式多样，如农牧场、种植专业户或专业联户、家庭牧场等，不同形式的存在也就决定了饲草料生产规模大小不一。例如，家庭牧场多以天然草地放牧为主，在居住地附近或地形较平坦的地段种植少量饲草料作物，主要用作补饲；而农牧场、种植专业户或专业联户专营饲草料生产与加工，种植面积大，生产设备齐全，机械化程度高。无论何种生产形式、多大种植面积，规划和确定人工饲草料地建设规模都要遵循和依据适度规模经营原理。农业适度规模经营是在一定适合的自然环境和适合的社会经济条件下，各生产要素（土地、劳动力、资金、设备、经营管理、信息等）最优组合和有效运行，取得最佳的经济效益。人工饲草料地建设规模也应遵循这一原理，不断推进和实行人工饲草料生产适度规模经营。

（一）人工饲草料生产适度规模经营的标准

人工饲草料地建设规模可以从不同角度来考察。从生产条件方面看，包括劳动力、饲草料用地、农具与机械、肥料、种子、灌溉设施、围栏等投入量；从生产成果方面看，包括产量、产值和利润等。这些指标都可以从某一角度说明一个生产单位的经营规模。

适度规模是一个动态意义上的概念，主要点是从当时当地的实际条件出发，有适量的土地阈值。一般来说，土地面积最低限度是要满足饲养家畜对饲草料作物数量的需求，或生产经营者可以赢利。但也不是饲草料地面积越大越好，其最高限度是不要超出经营者人力、物力的能力范围，超过最高限度就有可能导致粗放经营，增加投入产出比。

衡量人工饲草料地经营规模的标准如下。

（1）饲草料地的数量和经营总额：饲草料地经营量可以反映土地集中经营的规模，但它还不能完全反映经销活动的规模。相同数量的饲草料地，经营总额常常相差很大。商品经济越发展，这种差距就越大，也就越需要考虑经营总额。

（2）劳动生产率：它可以反映两方面情况，一是资金的集约程度和技术水平，二是饲草料地经营的数量。可以通过增加饲草料地来提高劳动生产率；在不增加饲草料地的情况下，可以通过增加投资和提高技术水平来提高劳动生产率。

（3）饲草料地产出率：指单位面积饲草料地产量，可以充分反映集约（劳动、资金、技术）经营的情况和经营的效果。一般在各种生产要素实行最佳组合时，才能提高饲草料地产出率，是衡量饲草料地规模上限的最好标准。

（4）资金产出率：它既能反映经营情况和投资效益，也能在一定程度上反映经营规模的情况。在规模适当时，投资的效益最佳。饲草料地规模过小，投资超过经营规模的限度，资金产出率就低；饲草料地规模过大，投资不足，在粗放经营的情况下，短期内资金产出率不稳定，从中长期来看，一旦土地退化或生产条件恶化，资金产出率就会越来越低。

（5）商品生产率：这是衡量商品经济发展程度的标准。一般来说，劳动生产率高，商品生产率就高；经营的饲草料地面积大，经营额大，商品生产率就高。它与劳动生产率一样，容易掩盖饲草料地粗放经营的情况。

由此可见，劳动生产率和商品生产率，是衡量饲草料地生产规模经营下限的重要标准；而饲草料地产出率，则是衡量饲草料地生产规模经营上限的重要标准。我国人均占有土地资源少，因此必须强调饲草料地产出率，提高集约经营水平，增加饲草料地产出。同时，在提高饲草料地产出率的基础上，提高劳动生产率和商品生产率。

（二）影响人工饲草料生产适度规模经营的因素

1. 生产目标　在商品经济条件下，农牧场、种植专业户或专业联户的生产目的是追求利润最大化。这时，生产规模总是向提高资源利用效率的方向运动。衡量饲草料生产单位的经营规模，既要考虑饲草料地面积和劳动力数量，还应看到资金、产量、产值和利润的增长情况。

2. 生产环境　作为经济生产过程，人工饲草料生产规模受经济发展水平、人口、市场、交通运输、国家政策、社会意识和传统文化的影响。作为自然生产过程，人工饲草料生产规模还受地理位置、气候、土壤、地形、水源的影响。在经济发达地区，市场、交通设施好，自然条件优越，则有利于适度规模经营的形成和发展。

3. 经营者的素质　规模的客体、环境和目标都要通过对主体的认识和实践来实现，所以规模主体的素质直接影响着规模的形成。主要表现如下。

（1）经营者对规模目标的认识程度：对于不同的经营者来说，同样的经营目标可以表现为不同的内容和形式。例如，同样是追求利润，有人会把注意力放在外延扩大方向，有人重视提高生产效率，这就会导致不同的规模。

（2）经营者对各种生产要素的认识程度：经营者所掌握的有关生产要素的数量、质量、技术特点、经济性能、配合比例等方面的知识和信息对形成合理的规模有较大影响。

（3）经营者对规模环境的认识程度和分析能力：对现有的自然经济条件利弊的认识，对自然因素及经济形势、市场动态和政策的预测和信任程度，会使不同的规模经营者做出不同的决策。

（4）经营者的组织管理能力：经营者在形成规模的过程中要从环境中取得资源，并把它们组织在一起，通过管理使它们各自发挥效率，这就要求其具备组织管理的能力。经营者的组织管理能力和风险多样性决定了现实规模的差异性。

4. 建设年限　人工饲草料地建设规划是一个较长时期的阶段性规划，规划的期限一般为 10 年或 10 年以上。因此，需要对社会经济发展较长远的要求做出正确预测，把握较长时期草业生产发展的趋势。在每一规划内容具体实施时，依据饲草料生产特点及国家常用近期规划的期限（5 年），可考虑以 3～6 年为一个实施和落实阶段，组织和经营饲草料生产。

第三节　规划的内容与方法

一、人工饲草料地的类型规划

（一）饲草料地建植草种规划

人工饲草料地的建植中，种、品种的适宜性一直是生产者十分关注的问题。种、品种的选择是否适宜，直接关系到人工饲草料地建植的成败或经济效益的发挥。因此，在人工饲草料地建植的规划中，草种的选择应引起高度重视。

种和品种的选择原则：适应当地气候条件和栽培条件；符合建植人工饲草料地的目的和要求；选择适应性强的优良高产牧草和饲料作物。我国一直比较重视对草种的地域适宜性研究。20 世纪 80 年代中期，洪绂曾先生就组织国内相关学者撰写了《中国多年生栽培草种区划》。之后，辛晓平等通过对我国主要栽培牧草和饲料作物的生态适宜性的研究，编制了我国主要栽培牧草适宜性区划方案与牧草适宜性分布图，共涉及 36 种（属）多年生栽培牧草和 10 种一、二年生牧草，并于 2015 年出版了《中国主要栽培牧草适宜性区划》，将我国栽培草种植区域划分为 9 个牧草栽培一级区和 42 个牧草栽培亚区，同时还对 9 个一级区的自然条件、草地资源、农牧业生产、牧草种植现状以及 42 个亚区适宜栽培的牧草和饲料作物品种进行了论述。现就各区适宜栽培的牧草、饲料作物介绍如下。

1. 东北牧草栽培区　分 7 个亚区：大兴安岭亚区，适宜栽培的牧草主要有羊草、披碱草、老芒麦、苜蓿、野豌豆、沙打旺、草木樨等；小兴安岭亚区，适宜栽培的牧草有羊草、无芒雀麦、老芒麦、苜蓿等；东部山区亚区，适宜栽培的牧草有无芒雀麦、披碱草、老芒麦、猫尾草、苜蓿、胡枝子、沙打旺、三叶草等；三江平原亚区，适宜栽培的牧草有无芒雀麦、苜蓿、山野豌豆；松嫩平原亚区，适宜栽培的牧草有羊草、披碱草、老芒麦、冰草、苜蓿、沙打旺等；松辽平原亚区，适宜栽培的牧草有无芒雀麦、苜蓿等；辽西低山丘陵亚区，适宜栽培的牧草有羊草、沙打旺、苜蓿等。

2. 内蒙古牧草栽培区 分 5 个亚区：东北部大兴安岭岭北呼伦贝尔草原亚区，适宜栽培的牧草和饲料作物有无芒雀麦、箭筈豌豆、杂种冰草、蒙古冰草、老芒麦、披碱草、黄花苜蓿、杂花苜蓿、沙打旺、羊柴、柠条、燕麦等；东部西辽河—嫩江流域平原丘陵亚区，适宜栽培的牧草和饲料作物有无芒雀麦、箭筈豌豆、杂种冰草、冰草、老芒麦、披碱草、苜蓿、沙打旺、草木樨、羊柴、柠条、沙蒿、青贮玉米、苏丹草、燕麦等；中北部锡林郭勒及周边草原与农牧交错亚区，适宜栽培的牧草和饲料作物有无芒雀麦、羊草、披碱草、黄花苜蓿、杂花苜蓿、沙打旺、胡枝子、扁蓿豆、羊柴、沙蒿、驼绒藜、玉米、谷子、燕麦等；中西部黄河流域平原丘陵亚区，适宜栽培的牧草和饲料作物有无芒雀麦、箭筈豌豆、蒙古冰草、杂种冰草、赖草、老芒麦、新麦草、披碱草、苜蓿、沙打旺、草木樨状黄芪、胡枝子、羊柴、柠条、沙蒿、扁蓿豆、毛苕子、草木樨、青贮玉米、苏丹草、燕麦等；西北部干旱荒漠草原亚区，适宜栽培的牧草和饲料作物有冰草、披碱草、梭梭、沙拐枣、细枝岩黄芪、羊柴、中间锦鸡儿、柠条锦鸡儿、胡枝子、苜蓿、沙打旺、草木樨、驼绒藜、青贮玉米、谷子、燕麦等。

3. 西北牧草栽培区 分 4 个亚区：北疆高山盆地亚区，适宜栽培的牧草有无芒雀麦、鸭茅、猫尾草、苜蓿、红豆草等；南疆高山盆地亚区，适宜栽培的牧草有苜蓿、红豆草、沙打旺、沙蒿、木地肤、驼绒藜、沙拐枣、柽柳等；河西走廊山地平原亚区，适宜栽培的牧草和饲料作物有垂穗披碱草、老芒麦、早熟禾、无芒雀麦、苜蓿、红豆草、草木樨、柠条锦鸡儿、细枝岩黄芪、燕麦等；中宁北山地平原亚区，适宜栽培的牧草有垂穗披碱草、老芒麦、冰草、苜蓿、红豆草、小冠花、沙打旺、柠条锦鸡儿、细枝岩黄芪等。

4. 青藏高原牧草栽培区 分 5 个亚区：藏南高原河谷亚区，适宜栽培的牧草和饲料作物有无芒雀麦、多花黑麦草、苜蓿、红豆草、箭筈豌豆、毛苕子、燕麦等；藏东川西河谷山地亚区，适宜栽培的牧草有无芒雀麦、鸭茅、黑麦草、多花黑麦草、老芒麦、垂穗披碱草、扁穗冰草、苜蓿、红豆草、白三叶、红三叶等；藏北青南亚区，适宜栽培的牧草和饲料作物有老芒麦、垂穗披碱草、冷地早熟禾、中华羊茅、箭筈豌豆、毛苕子、燕麦等；环湖甘南亚区，适宜栽培的牧草和饲料作物有老芒麦、垂穗披碱草、冷地早熟禾、中华羊茅、无芒雀麦、箭筈豌豆、毛苕子、燕麦等；柴达木盆地亚区，适宜栽培的牧草有苜蓿、沙打旺等。

5. 黄土高原牧草栽培区 分 5 个亚区：晋东豫西丘陵山地亚区，适宜栽培的牧草有无芒雀麦、苇状羊茅、苜蓿、小冠花、沙打旺等；汾渭河谷亚区，适宜栽培的牧草和饲料作物有无芒雀麦、鸭茅、苇状羊茅、苜蓿、红豆草、小冠花、沙打旺、草木樨、饲用玉米等；晋陕甘宁高原丘陵沟壑亚区，适宜栽培的牧草有无芒雀麦、扁穗冰草、箭筈豌豆、老芒麦、苜蓿、沙打旺、红豆草、小冠花等；陇中黄土丘陵沟壑亚区，适宜栽培的牧草和饲料作物有扁穗冰草、无芒雀麦、猫尾草、苜蓿、沙打旺、红豆草、草木樨、草高粱、草谷子等；海东河谷山地亚区，适宜栽培的牧草和饲料作物有老芒麦、垂穗披碱草、无芒雀麦、中华羊茅、早熟禾、杂花苜蓿、红豆草、沙打旺、箭筈豌豆、毛苕子、燕麦等。

6. 华北牧草栽培区 分 5 个亚区：北部、西部高原山地亚区，在坝上高原适宜栽培的牧草和饲料作物有无芒雀麦、披碱草、老芒麦、新麦草、杂花苜蓿、沙打旺、草木樨、箭筈豌豆、燕麦、黑麦等，在燕山山地适宜栽培的牧草有无芒雀麦、苜蓿、沙打旺、白花草木樨等，在太行山山地适宜栽培的牧草有无芒雀麦、苇状羊茅、苜蓿、沙打旺、葛藤等；华北平原亚区，适宜栽培的牧草和饲料作物有苇状羊茅、无芒雀麦、苜蓿、沙打旺、饲用高粱、苏丹草等；黄淮海平原亚区，适宜栽培的牧草有苇状羊茅、苜蓿、沙打旺、草木樨等；鲁中南山地丘陵亚区，适宜栽培的牧草有苇状羊茅、沙打旺、苜蓿、小冠花等；胶东低山丘陵亚区，适宜栽培的牧草有多年生黑麦草、鸭茅、苇状羊茅、苜蓿、红三叶等。

7. 长江中下游牧草栽培区 分 3 个亚区：中、高山亚区，适宜栽培的牧草和饲料作物有多年生黑麦草、苇状羊茅、鸭茅、鹅观草、白三叶、红三叶、苜蓿、箭筈豌豆、百脉根、燕麦、黑麦、大麦、青饲玉米等；中、低山丘陵亚区，适宜栽培的牧草和饲料作物有鸭茅、苇状羊茅、多年生黑麦草、多花黑麦草、牛鞭草、狗牙根、巴哈雀稗、象草、杂交狼尾草、扁穗雀麦、鹅观草、白三叶、红三叶、杂三叶、苜蓿、多花木蓝、胡枝子、野葛、决明、黑麦草、燕麦、苏丹草、高粱等；冲积平原及沿海滩涂亚区，适宜栽培的牧草和饲料作物有鸭茅、苇状羊茅、狼尾草、象草、雀稗、多花木蓝、胡枝子、决明、多花黑麦草、黑麦草、燕麦草、苏丹草、高粱、青饲玉米等。

8. 西南牧草栽培区 分 4 个亚区：四川盆地丘陵平原亚区，适宜栽培的牧草有黑麦草、扁穗牛鞭草、苇状羊茅、鸭茅、白三叶等；云贵高原亚区，适宜栽培的牧草有黑麦草、鸭茅、白三叶、红三叶、苜蓿等；秦巴山地亚区，适宜栽培的牧草有黑麦草、鸭茅、白三叶、红三叶、苜蓿等；滇南热带河谷亚区，适宜栽培的牧草有象草、柱花草、银合欢等。

9. 华南牧草栽培区 分 4 个亚区：桂、粤、闽南部低山丘陵亚区，适宜栽培的牧草有各类象草、杂交狼尾草、非洲狗尾草、黑麦草、巴哈雀稗、山毛豆、圆叶舞草、拉巴豆、银合欢、柱花草、大翼豆、圆叶决明等；桂、粤、闽北部中山亚区，适宜栽培的牧草有各类象草、杂交狼尾草、非洲狗尾草、黑麦草、多年生黑麦草、巴哈雀稗、山毛豆、圆叶舞草、银合欢、柱花草、大翼豆、圆叶决明等；海南亚区，适宜栽培的牧草有各类象草、杂交狼尾草、非洲狗尾草、宽叶雀稗、巴哈雀稗、坚尼草、山毛豆、圆叶舞草、银合欢、柱花草、大翼豆、圆叶决明、拉巴豆、合萌等；台湾亚区，适宜栽培的牧草有各类象草、杂交狼尾草、非洲狗尾草、宽叶雀稗、巴哈雀稗、坚尼草、山毛豆、圆叶舞草、银合欢、柱花草、大翼豆、圆叶决明、拉巴豆、合萌等。

（二）饲草料地建植类型规划

饲草料地建植类型的规划，一般是根据规划使用部门或草地用户的要求确定，同时也要考虑规划对象的基础条件、草地利用目的以及饲养家畜饲用要求。生产中饲草料地建植类型主要有以下几种。

1. 根据利用目的和方式划分

（1）刈割型：作为割草利用的人工饲草料地，利用年限较长，一般 4～7 年，甚至更长。选择的牧草应该是发育一致的中等寿命的上繁草，豆科牧草有紫花苜蓿、沙打旺、红三叶等，禾本科牧草主要有黑麦草、羊草、披碱草等。

（2）放牧型：作为放牧利用的人工饲草料地，以种植下繁草为主，利用年限可达 7 年以上。选择的牧草要以长寿命的下繁禾本科和豆科为主，如禾本科的早熟禾、苇状羊茅、冰草等，豆科的白三叶、根蘖型紫花苜蓿等。

（3）刈牧兼用型：割草和放牧混合利用，利用年限 4～7 年或以上。除采用中等寿命和二年生上繁草外，还包括长寿命放牧型下繁草。

（4）饲料型：主要生产青饲料、青贮饲料和精饲料。主要种植各类饲料作物，如玉米、燕麦、甜菜、胡萝卜、大豆、高粱、马铃薯等。

2. 根据生产结构划分

（1）粮草型人工饲草料地：牧草或饲料作物与粮食作物间作、套作，形成二元或三元种植结构型的饲草料地。草田轮作就是这种结合的形式，其特点是粮食作物和牧草或饲料作物在时间上的结合。

（2）林草型人工饲草料地：在林带、林网空地中间种植牧草或饲料作物，形成林网化的人工饲草料地。林草型人工饲草料地是与林业生产相结合的饲草料地，其特点是森林和饲草料地在空间上的结合。

（3）灌草型人工饲草料地：牧草或饲料作物和灌木隔带种植，形成草、灌结合的人工饲草料地。在风蚀沙化和干旱严重地区，建立这种类型的人工饲草料地很适合。

（4）果草型人工饲草料地：果草型人工饲草料地是在果园果树的空地中间种植高产优质的牧草或饲料作物，以选择种植豆科牧草为宜，是现代复合农业的一种重要形式，其特点是果树和牧草的结合。

3. 根据建植方式划分

（1）单播人工饲草料地：单播人工饲草料地是指在同一块土地上由一个牧草种（或品种）建植而成的饲草料地。单播人工饲草料地主要为豆科单播饲草料地和禾本科单播饲草料地。

（2）混播人工饲草料地：混播人工饲草料地是指将两种或两种以上的草种播种在同一块土地上而形成的饲草料地。

4. 根据利用年限划分

（1）短期人工饲草料地：利用年限 2~3 年。这类饲草料地一般是在实行粮草轮作的土地上建立的人工饲草料地。

（2）中期人工饲草料地：利用年限 4~7 年。主要作为割草基地，以生产高产优质饲草为目标。

（3）长期人工饲草料地：利用年限 8~10 年或更长。在地广人稀的牧区，应以建立长期人工饲草料地为主。

（三）饲草料地轮作规划

饲草料地轮作是根据各类牧草和作物的茬口特性，将计划种植的不同牧草和作物按种植时间的先后排成一定顺序，在同一地块上轮换种植的种植制度。饲草料地轮作有利于农牧结合，提高农业系统的生产效率，有利于充分利用光、热、水和土地资源；有利于减轻水土流失，改善土壤团粒结构，提高土壤肥力；有利于退化土壤的改良；有利于提高种植系统的经济效益，减轻杂草和病虫的危害；是实现土地持续利用的重要措施，也是草地农业发展的主要途径。

要做好饲草料地轮作规划工作，首先应对以下问题有深入了解，以保证规划中所建轮作组合、轮作方式及轮作制度科学合理。

1. 牧草及各类作物的茬口特性　　各种牧草和作物生物学特性不同，则具不同的茬口特性。不同牧草和作物的茬口适合种植不同的牧草和作物。同一牧草和作物茬口在不同条件下，对接茬种植牧草和作物的影响也不同。在前茬牧草和作物收获时间相同的条件下，不同牧草和作物的茬口因对土壤中各种养分元素吸收的数量、比例和对土壤水分的消耗状况不同，而对后茬牧草和作物种类与品种的选择及其水、肥管理产生较大的影响，是安排后茬牧草和作物需要考虑的重要因素。因此，茬口特性是轮作规划的前提，只有充分了解各类牧草和作物的茬口特性，才能规划和设计出科学合理的轮作方式。

（1）牧草：大多牧草的茬口特性为有机质含量高，土壤结构好，是大多数作物的良好前作。豆科牧草共生固氮能力较强，土壤中氮素含量较为丰富；根系入土较深，可利用较深层的土壤养分；根系分泌较多酸性物质，可溶解难溶的磷酸盐，活化土壤中的钾、钙，土壤中有效养分含量较高，土壤熟化层深，是禾谷类作物和一些经济作物的优良前作，如小麦、玉米和棉花等。禾本科牧草庞大的须根系和对土壤的切碎作用使茬口土壤结构得到改良，茬口特性为有机质含量高，土壤结构好，也是大多数作物的良好前作，如玉米、高粱、甜菜和马铃薯等。

在饲草料作物轮作中，牧草利用4～8年，翻耕后栽培一年生作物3～5年。在大田轮作中引入牧草，既肥地又收草，一般利用2～4年，其茬口效应可维持4～8年。

（2）禾谷类作物：包括小麦、大麦、玉米、高粱、糜谷、荞麦等。禾谷类作物根系入土较浅，数量较多，对土壤的要求一般，在生长期需要较多的氮肥和磷肥，对病虫害的抵抗能力较强，耐连作，要求前作没有杂草，有充足的水、肥，播前精细整地。它们最好的前作是多年生牧草、豆类和根块类作物，其次是禾谷类。如将它们与豆类作物混作，可以提高产量和质量。

燕麦和苏丹草为饲料作物，在大田轮作中多安排在春作物之后，在饲料轮作中多安排在牧草翻耕后的翌年之后。由于苏丹草根系吸收水肥能力强，消耗氮素多，其茬口只能安排瓜类和根茎类作物，或者是休闲。

（3）豆类作物：包括大豆、豌豆、蚕豆、绿豆、花生等，是轮作系统中不可缺少的组成部分。豆科作物具有与豆科牧草同样培肥土壤的作用，土壤中氮素含量较为丰富，为后作提供可利用养分迅速。

豆类作物是许多禾谷类作物和经济作物，如玉米、高粱、小麦、谷子、棉花、水稻等的良好前作。不宜种植高氮作物接茬。有寄生杂草菟丝子危害的地块不宜接茬种植豆科、茄科、菊科、蓼科、苋科植物和饲草，如马铃薯、甜菜、向日葵、亚麻、苦荬菜和苋菜等。

豆科作物易发生土壤病虫害，尤其是线虫病；且根系会分泌对自身具有不利影响的有机酸，故不宜连作。大豆能耐短期连作，豌豆最不耐连作。豆科作物与禾谷类作物、禾本科牧草轮作可有效控制线虫病等诸多病虫害，能减轻寄生杂草菟丝子的危害。

（4）绿肥作物：绝大多数绿肥作物为一、二年生豆科牧草及豆类作物，包括紫云英、毛苕子和草木樨等。茬口特性与多年生豆科牧草相似，后作应种植需要氮素较多的作物，如玉米、小麦、水稻等，不宜安排忌高氮作物。

（5）根茎类及叶菜类作物：包括芜菁、胡萝卜、甜菜、马铃薯、甘薯、甘蓝、莴苣等。茬口特性为土壤深层疏松，易腐解而速效肥多，但还原的有机质少，不能满足后茬作物的需要。其为禾谷类作物、禾本科牧草的良好前作。根茎类作物与禾谷类作物、禾本科牧草轮作效果好。该类作物极易患病虫害，不宜连作。

2. 饲草料地轮作的主要类型

（1）草田轮作：草田轮作适于农区和农牧交错区，是以生产粮食、棉花和油料作物等为主要任务的轮作中加入牧草的轮作方式。农作物的种植比例大、年限相对较长，种植饲草及绿肥的目的是恢复土壤肥力，为畜牧业生产提供一定数量的饲草料，其比例宜小、年限宜短，一般以 2～4 年为宜，作为绿肥仅种植 1 年。西北地区的草田轮作方式有：苜蓿（6～8 年）→谷子或胡麻→冬小麦（3～4 年），苜蓿（3～5 年）→玉米（套大豆）→冬小麦，苜蓿（5～8 年）→糜→马铃薯或豌豆→小麦（3 年），冬小麦间套作苜蓿→苜蓿（2 年）→玉米→小麦（2 年）→玉米→油菜和夏季绿肥。华北地区的草田轮作方式有：冬小麦（间作苜蓿）→苜蓿（2 年）→玉米→油菜和夏季绿肥→小麦。东北地区的草田轮作方式有：紫花苜蓿（2～3 年）→玉米→高粱→大豆→春小麦→冬麦带种多年生牧草。南方水田的草田轮作方式有：多花黑麦草→水稻→紫云英→水稻。

（2）草料轮作：草料轮作适于牧区和农牧交错区，以生产饲草料作物为主，兼种禾谷类作物或其他经济作物。其核心目的是满足畜牧业生产全年对饲料的均衡需要，是巩固人工饲草料地的轮作方式。草料轮作以生产高产优质饲草料作物为主要目标，多年生牧草的种植比例大、利用年限长。土壤中富含氮素，故可短期（1～2 年）种植需氮较多的禾谷类作物或其他经济作物。

3. 饲草料地轮作规划的编制原则　饲草料地轮作规划的编制是否合理，对于生产者的资源和土地的利用，地力的维持和发掘，生产的稳定和高效都具有极其重要的决定作用。为此，在编制饲草料地轮作规划时，应遵循如下原则。

（1）市场需求原则：即首先要考虑市场需要哪些产品，只有存在市场需求的草种和农作物才可列入选择范围。在市场经济不够发达的自然和半自然经济地区，家庭或企业自身的需求也是草种和农作物选择的重要依据。

（2）生态适应性原则：选择适应当地生态环境条件的草种和农作物。只有适应当地生态环境条件的草种和农作物，才能正常生长发育，并获得较高的产量。

（3）经济效益原则：设计组合时，应把经济效益作为一个重要因素予以考虑。整个系统的经济效益是轮作组合的设计目标。应尽量选择经济效益高的草种和农作物，并科学合理地进行搭配，以实现整个轮作系统经济效益的最大化。

（4）主栽牧草和作物原则：专业化、规模化是提高生产效率、形成市场竞争力的基础。因此，轮作体系中一定要有明确的主栽牧草和作物。应根据主栽牧草和作物的生产计划和生物学、生态学特征，以有利主栽牧草和作物的生产为原则进行规划。

（5）简单化原则：设计轮作组合时，应力求简单化。越复杂，执行起来难度越大，也越容易出现问题。在满足草田轮作目标的前提下，轮作组合越简单越好。

（6）充分利用自然资源原则：设计轮作组合及轮作方式时，应力求充分利用当地的光、热、水和土地等自然资源，使系统的生产潜力最大限度地得以实现。

（7）可持续发展原则：只有坚持可持续发展原则，才能不断进步。调节地力、改良土壤、保持水土等是草田轮作的重要意义，也与可持续发展相吻合，在轮作设计中应充分体现这些功能。

（8）茬口适宜性原则：茬口特性是轮作设计的前提。茬口适宜，后作病虫草害少，水、肥管理容易，产量高。因此，应充分了解各类草种和作物的茬口特性，设计出科学合理的轮作方式。

4. 饲草料地轮作规划的步骤与方法

（1）深入调查研究，掌握当地相关资料：调查研究可通过查阅资料、走访、座谈和现场勘察等方式进行。调查研究的内容包括各种农、草产品市场供需状况；经济、社会发展水平及社会发展规划；自然条件、农牧业生产条件；种植的主要牧草和作物种类；种植和耕作制度等。

（2）筛选主栽、辅栽牧草和作物种类，确定轮作组合及轮作方式：这是饲草料地轮作方案设计的关键环节。

分析研究相关资料，得出基本结论。对调查所获得的相关资料进行全面、系统、深入、细致的分析研究，并得出基本结论。如在当地从事种植业，在社会、经济、自然等方面存在的优势和劣势；适宜种植牧草和作物的种类等。

初步筛选出备选主栽、辅栽牧草和作物。依据在当地种植的生长情况、表现出的优势及经济效益等条件，进行初步筛选。

选定最优轮作组合及轮作方式。以备选主栽牧草和作物为核心，结合备选辅栽牧草和作物，设计出若干种轮作组合及轮作方式，并依据轮作规划的原则，进行综合比较分析并选定。同时，确定主栽、辅栽牧草和作物种类。

（3）划分轮作区：轮作通常要通过对耕地进行分区种植来实现。轮作区的数量根据轮作体系中牧草和作物的种类、种植比例来确定。假定某轮作体系含有甲、乙、丙 3 种牧草和作物，甲、乙、丙种植比例为 5∶2∶1，则轮作区的数量应为 8（5＋2＋1）。

（4）制作轮作周期表：一个轮作体系在一个完整的轮作周期中，将各个轮作分区、各年（或茬）种植的牧草或作物，按照一定格式制成汇总表，即为轮作周期表。

（5）编写轮作计划书：内容包括生产单位的基本情况、经营方向、轮作组合中牧草和作物的种类、各种牧草和作物的种植面积与预计产量、轮作分区数目和面积、轮作方式、轮作周期、轮作周期表与生产资源配置计划及经济效益估算等。

二、人工饲草料地基础建设规划

人工饲草料地基础建设是指为保障人工饲草料生产和持续发展所必需的基本建设，主要包括人工饲草料用地、水电、灌溉、道路、围栏设施及防护林带。

（一）建设用地规划

在一个区域内，不仅要做好农、林、草、牧等各业的生产布局和土地利用规划，而且还要对国民经济其他各个部门所需要的土地做出统一的规划和安排。

1. 原则 在我国牧区、半农半牧区和农区，人工饲草料地生产经营方向、发展规模和建立途径都不相同。

在牧区，由于自然条件的限制，一般以经营放牧畜牧业为主。依赖天然草地的饲草，在数量和质量上都不能均衡地满足家畜的营养需要，必须在局部水、土等自然条件较好的地段建立人工饲草料地，经营方向以草为主、以料为辅，少量种植自给蔬菜和粮油。其规模视局部宜农面积和畜牧业生产规模而定。

在半农半牧区，土地利用应依据自然条件，宜农则农，宜牧则牧。人工饲草料地和农田的比例也可根据需要和可能而有所不同。经营方向以生产饲草料作物为主，根据条件做到粮、油自给或半自给，或以粮食为主，粮、料、草相结合。

在农区，以农作物副产品和部分饲草料作物为基础的畜牧业，人工饲草料种植应纳入作物轮作制度。

人工饲草料地生产经营方向、发展规模和建立途径是确定饲草料作物种植计划与种植比例的依据，在拟定种植计划与种植比例时，还应考虑以下几项具体要求。

（1）饲草料的市场需求：只有种植有较大市场需求的饲草料作物，才能产生经济效益，才能开发和发挥土地潜力，使饲草料生产和经营持续发展。

（2）各种牲畜对青草、干草、青贮饲料等各种饲草料作物数量和品质的需求。

（3）家庭牧场或畜牧企业自身的需求。

（4）便利组织合理的轮作，以及有利于多种经济的发展。

2. 地段选择　　地段选择是直接影响人工饲草料地建设成功的关键，也是决定饲草料产量和品质的重要因素之一。地段的选择要根据该地区人工饲草料地用地规划，有计划、有步骤地进行，原则上要尽量满足牧草和饲料作物对自然条件和生产条件的要求，一般应考虑以下几个因素。

（1）地势平坦开阔，便于机械化作业。

（2）土壤质地良好，土层深厚，有机质含量高，土壤肥沃。

（3）有较丰富的水源，且水质优良，能满足灌溉的需要，并具备良好的排水条件。旱作的人工饲草料地，要求地下水位较高或天然降水较为充沛。

（4）距离牲畜棚圈、饲草料调制加工点及冬春营地要近，便于饲草料运输、储藏和管理。

（5）建设必要的配套设施，一般应有围栏、运输道路、防护林带等。

（二）水电、灌溉设施规划

人工饲草料地建设是一个较长时期的规划，也是人口较为集中从事生产和生活的地方。因此，水电布局要合理，尤其是要满足规模化、集约化和专业化生产对于水电的需求。

人工饲草料地建设水利配套工程主要包括井灌配套工程、河灌配套工程、引洪蓄水灌溉配套工程、集水储水配套工程等。根据当地条件，因地制宜建设水利配套工程。在有河流、湖泊、水库、洪水、截伏流等地表灌溉水源的地方，可在附近兴修蓄水池、小型水库、引洪渠道等进行灌溉；在含水量高的浅层潜水区，可采取打筒井或大口井的措施；在地下水位为30～200m 的深水区，可采取打机井的措施。为了充分利用水资源，必须建立水源、渠系配套系统，渠系规划要合理，主渠道必须有防渗设施。在水资源开发利用中，要因地制宜地推广各种节水技术措施，如渠道防渗、低压管道、软管输水、地埋管输水、喷灌等，以达到节约用水、提高水源利用率、扩大灌溉效益的目的。

灌溉有多种方式，如地面灌、喷灌、渗灌、滴灌等。喷灌有固定式、移动式和自动式 3种类型。固定式喷灌系统由埋藏在地下、遍布整个饲草料地、依喷水半径确定出水口间距的许多喷头组成，适于用在面积不大的饲草料地；移动式喷灌系统是由一组或多组可移动的地面软管附带许多间距一定的喷头构成的网状喷灌系统，一次可控制相当大面积，适于各种类型的饲草料地，投资相对比较小，是目前建植人工饲草料地的主要喷灌方式；自动式喷灌系统是由固定式和移动式结合构成的一种由电脑自动控制何时灌溉、每次喷灌的时间、每次的灌水量等的技术操作程序，是现代最先进的喷灌系统。

美国、澳大利亚、新西兰等发达国家草地灌溉趋于使用软管卷盘式自动喷灌机、平移

（包括中心支轴）式自动喷灌机和人工移管式喷灌机，控制面积往往很大，少则几十公顷，多者达 100hm²。在人工饲草料地建设中，水是最重要的制约因素之一，因此灌溉是人工饲草料地建设的核心内容之一。应在条件适合的地区，借鉴美国、澳大利亚等国家先进经验，大力发展节水灌溉。

（三）道路、围栏设施规划

1. 道路建设 人工饲草料地道路包括运输道路、作业道路及辅助道路。

（1）人工饲草料地道路规划的原则：①人工饲草料地道路是现有公路和居民点道路的补充，配置时不应改变总体规划的道路网和标准，确因生产和生活需要改变，应征得相关部门同意。②人工饲草料地道路主要是为了生产，因此道路布局和标准要符合技术要求，能够最大限度地满足机械、机具的运行和作业，便于人、畜的通行。③在一般情况下，道路不应切断网格，而且应与其他边界相一致。④道路的配置应当与防护林带、基本生产点、灌溉渠道相结合。⑤要求投资最小，尽可能充分利用现有的道路，必要时可适当改建后利用。

（2）道路配置设计的具体要求：①运输道路尽可能设计为直线，并考虑使其能为大多数草田网格服务。当与其他草田道路交叉时，不要形成锐角，以便利交通。②集约化程度高或单位面积运输量大的饲草料地，则需要设计较密的道路网。按照机械、机具类型，运输量的多少和使用强度的大小，道路的宽度一般为 8～10m。③在道路的一旁设计防护林带，道路应设计在向阳干燥的方向。从地形条件看，道路应尽可能配置在较高处。

2. 围栏设施 人工饲草料地建植后，所种牧草和饲料作物极易引诱畜禽啃食，尤其是幼苗和返青芽，所以建设防护设施非常必要。围栏是人工饲草料地的一项基本设施建设。依据建筑材料种类及其性质，围栏设施规划和设计有以下类型。

（1）筑墙围栏：主要有石砌围墙和土筑围墙两种建造方式，都是就地取材，造价低，但费工费时。石砌围墙多用在多石的地方；土筑围墙容易被雨水冲刷损毁，在气候干燥的黄土地区比较适用。

（2）网围栏和刺丝围栏：指钢丝或钢丝制品、混凝土、角钢立柱及构件架设后形成的拦隔防护设施，根据围栏所用材料可分为刺钢丝围栏、编结网围栏、编结网和刺钢丝混合型围栏等。网围栏和刺丝围栏建造快，不破坏草皮，可重复利用；但一次性投资大，且易被大家畜破坏，尽管如此，仍是目前建植人工饲草料地围栏设施主要应用的方式。

（3）电网围栏：是在刺丝围栏的基础上，采用低压通电方式建成的一种围栏。其围栏保护效果优于刺丝围栏，电源来自风力或太阳能，是一种先进的围栏建设方式。

（4）生物围栏：是由乔木、灌木或者乔灌结合所构成的围篱。它可以防风沙、护牧草，改变小气候，使用期长。但建造必须为宜林地段。

生物围篱的设计和防护林带一样，应采用窄行、少树种、疏透结构。一般生物围篱适宜的宽度：乔木或灌木结合为 6m（5 行，行距 1.5m）；灌木为 4m。

人工饲草料地围栏规划设计需要注意的问题：①要根据当地条件及人工饲草料地建植需要，因地制宜选择筑墙围栏、网围栏、刺丝围栏、电网围栏和生物围栏等保护设施。②对选定的围栏，要了解和掌握其建筑特点和设计要求。③工程设计、材料规格和质量、架设方法等要按照相关技术规程或标准执行。

(四) 防护林带规划

防护林带是通过在农田或草地周围植树造林、营造林网来实现防风目的。林带除有降低风速的效果外，还能减弱湍流交换，可减少林带后面的土壤蒸发及防止土壤吹失；林带对地表径流有截流作用，对降水量和降水分配有重要影响；林带还有对冷空气的阻碍作用，能增加林网内空气湿度，以及防止环境污染、净化空气等效果。根据当地地形、土壤、气候条件及饲草料地建设需要（种子田），规划设计防护林带，确定林带的树种、类型、结构及位置。

1. 树种选择　它对林带形成的时间和防护作用有很大影响。首先考虑主要树种，它主要形成林带上层林冠，并起主要防风作用，故要求树形大、寿命长，在一条林带内通常只选择一种乔木作为主要树种。伴生树种形成林带第二层林冠，一般要耐荫，其根系与主要树种的根系不可分布在同一土层。伴生树种一般也选乔木，树种可选两种以上。灌木构成林带的下层。

2. 造林类型　有单纯林及混交林两种类型。单纯林由一种树种构成林带；混交林由两种以上树种组成林带。混交林一般具有郁闭度大、防风作用强、易于更新等优点，因此防护林通常都采用混交林。

3. 林带设计　林带结构以上稠下疏、孔隙度为 30% 的透风林效果最好。防护林具体配置应根据当地自然条件与实际需要来确定，其位置常与田区边界、道路、渠道等相结合，具体规划设计应考虑以下问题。

（1）林带的方向：一般要求主林带垂直于当地主要害风方向，沿着轮作田区或耕作田块的长边配置；副林带应垂直于主林带，沿田区短边配置。但是，有时为了照顾田区或田块的方向，主林带也可以与主要害风的方向呈 30°左右的交角。

（2）林带的间距：林带的间距取决于林带的有效防风范围。一般要求主林带的有效防风范围为树高的 20~30 倍，以林带形成后的高度乘以 20~30 来确定林带的间距。副林带间距可根据道路、渠道和机械作业需要因地制宜进行设置。

（3）林带的宽度：林带的宽度必须根据害风风力的大小、植树的行数和行距来确定。通常按以下公式计算：林带宽度＝（植树行数－1）×行距＋2 倍由田边到林缘距离。

三、人工饲草料地管理规划

(一) 人工饲草料地水、肥管理规划

1. 施肥管理及技术规划　合理施肥既能满足牧草生长发育对养分的需求，又能避免肥料过量或流失。人工饲草料地建植和利用管理过程中，基肥的施用应以腐熟有机肥为主，深施，施肥量可根据牧草的种类、肥料的质量等因素确定，一般施 15 000~30 000kg/hm^2。因地制宜、适时适量地追施各种肥料，不仅可以大幅度提高人工饲草料地产草量，而且还能显著改善饲草料品质，延长草地的使用年限。追肥的施用种类、数量及施用时间视牧草品种、生育时期、土壤肥力、播种方式、生产需要等不同而异。

（1）氮肥：对禾本科牧草的增产作用显著，禾本科牧草应以氮肥为主，配合施用磷肥、钾肥。施用氮肥可维持禾本科牧草在混播草地中的比例。豆科牧草根瘤菌具有固氮能力，应以磷肥、钾肥为主，配以少量的氮肥。豆科牧草在幼苗期根瘤尚未形成，必须施少量氮肥以

促进幼苗生长和根瘤形成。

（2）磷肥：对豆科牧草的增产作用非常显著，对禾本科牧草也有重要作用，尤其在混播草地中对饲草产量和品质都有显著作用。但磷肥的作用效果取决于磷肥的利用率，所以掌握磷肥施用方法和施用时期对提高磷肥利用率特别重要。

（3）钾肥：对豆科牧草的增产作用远大于禾本科牧草，因而在混播草地中施用钾肥可维持豆科牧草应有的株丛比例。钾在土壤中容易被淋溶，所以在潮湿多雨地区应采取分期少量施用的方法，以尽量减少流失。

此外，施肥效果在很大程度上取决于施肥时间。禾本科牧草养分需要量最多时期是分蘖期至抽穗开花期，豆科牧草是分枝期至现蕾期。一般分蘖（分枝）期和拔节（抽茎）期是牧草对养分最敏感时期，也是养分的最大效率期。刈割人工饲草料地在每次刈割后施肥 1 次。一般情况下，氮、磷、钾的追施比例豆科牧草为 0：1：（2~3），禾本科牧草为（4~5）：1：2。不过，应在每年冬季和早春施用一定数量的有机肥，对于长期稳定人工饲草料地的高产具有极其重要的作用。有时秋季给豆科牧草施用磷肥，可明显增强抗寒能力。

2. 灌溉管理及技术规划　水对人工饲草料地建植及生产有着重要意义，因此灌溉是提高饲草料作物产量的重要措施。灌溉时间和灌溉定额是人工饲草料地灌溉管理的两个重要方面。

（1）灌溉时间：根据牧草种类、生育时期和利用目的确定。一般放牧或刈割用的多年生饲草地，饲草返青之后可以灌水 1 次。禾本科牧草从分蘖至开花甚至到乳熟期，豆科牧草从分枝后期至现蕾期，可灌水 1~2 次。通常，每次刈割后和施肥后进行灌溉，有利于饲草的再生及施肥效果的提升。

（2）灌溉定额：是单位面积饲草料地在生长期间各次灌水量的总和，每次灌水量依据牧草生育时期所需水量与土壤耕层供水量的差额来确定。一般每年的灌溉定额约为 3 750m³/hm²，而每次灌水量约为 1 200m³/hm²，平均灌溉 2~4 次。由于各地的气候、土地条件、种植牧草种类差异较大，在具体规划设计中，可根据当地条件确定灌溉定额。如在新疆平原区、甘肃河西走廊，以苜蓿干草生产为目的，采取滴灌技术，一般每年的灌溉定额不低于 9 000m³/hm²，方能发挥苜蓿生产的最大效益。

（二）人工饲草料地利用制度管理规划

1. 刈割利用　这是人工饲草料地主要的利用方式，需要从以下几个方面做好管理和技术规划。

（1）刈割时期：为了增加饲草料作物的收获量和提高饲草料作物品质，在确定饲草料作物的最佳刈割期时，需要考虑饲草料作物种类、生长发育规律、再生和越冬、外界环境条件、饲养畜禽的种类和市场需要的变化等因素。

①饲草料作物适时刈割的一般原则：

a. 最适刈割期收获的牧草，单位面积内的营养物质总量或总消化养分（TDN）应该最高。

b. 有利于牧草的再生，有利于多年生或越年生牧草的安全越冬和翌年的产量。

c. 依据饲草料的利用目的确定刈割期。

d. 气候条件有利于饲草料的收获、加工和安全储藏。

②各种饲草料作物的最适刈割期：

a. 禾本科牧草的最适刈割期。禾本科牧草在拔节至抽穗以前，叶多茎少，纤维素含量较低，质地柔软，蛋白质含量较高；但到后期茎叶比显著增大，蛋白质含量减少，纤维素含量增加，消化率降低。

多年生禾本科牧草粗蛋白质、粗灰分的含量在抽穗前期较高，开花期开始下降，成熟期最低；而粗纤维的含量，从抽穗期至成熟期逐渐增加。一般产量高峰出现在抽穗期至开花期，而在孕穗期至抽穗期内饲用价值最高。根据多年生禾本科牧草的营养动态，同时兼顾产量、再生性以及翌年的产草量等多种因素，大多数多年生禾本科牧草在用于调制干草或青贮时，应在抽穗期至开花期刈割。秋季在停止生长以前 30d 刈割。

一年生禾本科牧草的最佳刈割期是在抽穗期至开花期，既可获得较高的生物产量，又可获得较高的营养价值。

b. 豆科牧草的最适刈割期。豆科牧草幼嫩时，粗蛋白质含量较高，在现蕾期粗蛋白质收获量较高，而后期逐渐减少，粗纤维含量逐渐增加。豆科牧草生长发育过程中，所含人类必需氨基酸从孕蕾始期至盛期几乎无变化，而后期逐渐降低。衰老后，赖氨酸、蛋氨酸、精氨酸和色氨酸等减少 1/3～1/2。

在早春，收割幼嫩的豆科牧草对其生长是有害的，会严重影响当年的产草量。在我国北方地区，豆科牧草最后一茬的刈割期，应在当年早霜来临的 1 个月前，且留茬高度 10cm 以上，以保证在越冬前使其根部能积累足够的养分，保证安全越冬。

豆科牧草叶片中的粗蛋白质含量占整个植株蛋白质含量的 60%～80%，因此叶片的含量直接影响豆科牧草的营养价值。豆科牧草的茎叶比随生育时期而变化，在现蕾期叶片重量要比茎秆重量大，而至开花末期则相反。收获越晚，叶片损失越多，品质就越差。

综上所述，从豆科牧草产量、营养价值和有利于再生等情况综合考虑，豆科牧草的最适刈割期应为现蕾盛期至始花期。

c. 饲料作物的最适刈割期。禾本科一年生饲料作物，多为一次性收获。因此，一般只根据当年的营养动态和产量两个因素来确定。如果有两次或多次刈割，一般根据草层高度来确定，即 50cm 左右时就可刈割。

青饲玉米的适宜刈割期在抽雄期前后，但仍要根据实际需要，因地制宜通过试验确定适宜刈割期。专用青贮玉米即带穗全株青贮玉米，最适宜刈割期应在乳熟末期至蜡熟中期。籽粒作粮食或精饲料、秸秆作青贮原料的兼用玉米，多选用在籽粒成熟时其茎秆和叶片大部分仍然呈绿色的玉米品种，在蜡熟末期采摘果穗后，及时抢收茎秆进行青贮或青饲。

饲用高粱在快速营养生长的拔节期，粗蛋白质含量高达 16% 左右，粗纤维含量较低，营养丰富，适口性好；而在乳熟末期至蜡熟期，粗蛋白质含量降低至 7% 以下，粗纤维含量增高，营养价值降低，适口性下降。为避免饲用高粱的品质降低，应在其高度达 1.0～1.5m 时及时收割。

（2）刈割高度：每次刈割的留茬高度取决于牧草的再生部位。禾本科牧草的再生枝发生于茎基部分蘖节或地下根茎节，所以留茬比较低，一般为 5cm。而豆科牧草的再生枝发生于根颈和叶腋芽二处，以根颈为主的牧草（如苜蓿、白三叶、红三叶、沙打旺等）则可低些，留茬 5cm 左右为宜；以叶腋芽处再生为主的牧草（如草木樨、红豆草等）留茬必须要高，一般为 10～15cm 或以上，至少保证留茬保留 2～3 个再生芽。

（3）刈割次数：刈割次数取决于牧草再生特性、土壤肥力、气候条件和栽培条件。在生长季长的地方，只要水肥条件可以满足，对于再生性强的牧草，一般可刈割多次，南方一年可达 4～6 次，北方至少 2 次。

2. 放牧利用   建植人工饲草料地多数以刈割利用为主，但可在生长季结束之后的秋末和冬季进行放牧，或是在刈割利用不便的地块进行放牧，通过返还粪便对维持地力和促进牧草生长具有积极的作用。生长季期间的放牧利用，应根据载畜能力实行科学的划区轮牧，以减少浪费，提高草地利用率。每年返青期间的禁牧是非常必要的，这对维持草地生机特别重要。

（三）人工饲草料地生物侵害管理规划

生物侵害不仅影响饲草料作物的生长发育，而且还影响饲草料作物的品质，尤其是当年建植的人工饲草料地。防除杂草是建植和维持人工饲草料地高产、优质的关键，因此要科学、合理规划和管理饲草料地生物侵害。

1. 杂草防除规划

（1）农业措施：合理规划和运用种植制度、种植时间、土壤耕作及预防措施防除杂草。

（2）生物防治：利用某些草食动物、昆虫、植物和真菌防除杂草。例如，放牧山羊消除飞燕草，轮作不同牧草和饲料作物来减少杂草危害等。

（3）机械防除：利用人力和简单的工具以及各种机械防除杂草。机械防除杂草费工费时，不适宜大面积操作。

（4）化学防除：利用化学药剂杀死杂草，因高效、省工得到普遍应用。但会污染土壤和环境，应重视对饲草和家畜的二次污染。使用前一定要掌握除草剂的施用对象、施用时期、施用剂量、施用方法及安全注意事项，严格按照使用说明和规程操作。

2. 害虫防治规划   人工饲草料地所栽培的饲草料作物种类较多，其害虫也是各种各样，应贯彻"以防为主，综合防治"的方针。首先加强植物检疫，使用无害虫的种子，播种前进行药剂处理，杀死虫卵或病菌；其次采取正确的耕作技术，消灭杂草，预防病虫害的发生。人工饲草料地害虫防治规划的步骤如下。

（1）害虫的预测预报：在害虫调查的基础上，结合当地的气候和饲草料作物生长发育状况，加以综合分析，预测害虫的种类、种群数量变化及其危害程度，为害虫防治提供科学依据。

（2）害虫的防治方法与策略：

①植物检疫：采用各种检疫措施，禁止或限制危险性害虫（杂草）人为地从外国或外地传入或传出。

②农业防治：在饲草料作物耕作栽培过程中，通过耕作制度、合理施肥、调整播种期及收获方法、抗虫品种的选育与利用等技术措施，抑制害虫的发生或减轻害虫为害。农业防治可预防和抑制害虫，不污染环境，经济简便，但对暴发性的害虫为害不能有效控制。

③生物防治：利用有益生物及其产物控制有害生物种群数量，主要通过病原微生物的应用、天敌昆虫的应用、天敌动物的利用及生物产物的利用，控制或消灭害虫。生物防治对人、畜、植物安全，不污染环境，有持久控制有害生物种群的作用；缺点是作用效果慢，防治有害生物的范围较窄，易受气候及其他生物条件和非生物条件的影响等。

④物理机械防治：利用各种物理因子、人工和器械防治害虫。常用方法有人工和简单机械捕杀、温度控制、诱杀、阻隔分离、微波辐射等。物理机械防治迅速易行，不污染环境；

但不能控制大面积的有害生物，费工费时，效率较低。

⑤化学防治：利用化学药剂防治有害生物，主要是通过开发适宜的农药品种，并加工成适当的剂型，利用适当的机械和方法处理植物植株、种子、土壤等，以杀死有害生物或阻止其侵染危害。化学防治速度快，效果显著，使用方便，适应性广，便于大面积消灭有害生物；但易污染环境，产生抗药性，杀伤天敌，破坏生态系统。

现代农业应以"综合防治"作为害虫的主导防治策略，指导草地害虫防治理论体系的构建和防治措施的制定。综合防治强调发挥自然因素的控制作用，不污染环境，在有害生物超过经济允许受害水平时，才使用化学药剂，采用多种防治措施，使各种防治方法取长补短，经济、安全、简便、有效地控制有害生物，获得最佳的经济效益、生态效益和社会效益。

3. 鼠害防治规划　害鼠对人工饲草料地的主要危害是啮食饲草，盗食播下的饲草料作物的种子，将饲草地作为其临时栖息地和觅食地，挖掘活动导致土壤肥料流失和水分蒸发，影响饲草料作物的生长。人工饲草料地鼠害防治规划的步骤如下。

（1）害鼠与鼠害的预测预报：通过一定的调查方法和资料情报的分析，预测人工饲草料地害鼠的种类、种群数量变化及其危害程度，在此基础上提出害鼠与鼠害防治预案。开展预测预报，采取预防措施防止鼠害发生，这是鼠害综合治理应当首先遵循的原则，也是最佳的害鼠与鼠害防治对策。

（2）害鼠与鼠害防治方法与决策：目前，国内外鼠害防治方法有物理方法、化学方法、生物方法和生态防治法。

物理灭鼠法费时耗力、效率低，不宜大面积使用；化学灭鼠法具有成本低、灭效高、简便易行等优点，但同时存在污染环境、威胁其他生物安全等隐患；生态治理为最符合客观规律的一种方法，但见效周期长、无法及时解决害情。为了防止饲草料地害鼠与鼠害发生或治理鼠害，在决策时，采用一定的方法灭杀或将害鼠数量迅速降至无害化水平是十分必要的。根据饲草料地及害鼠与鼠害的实际情况，为了保证饲草料的品质和安全，应首先考虑使用物理方法，除非发生较严重的鼠害时，方可考虑使用化学方法。

（3）组织实施与时间：预防饲草料地害鼠与鼠害发生或治理鼠害是保证饲草料生产的措施之一，也是人工饲草料地管理规划内容之一。因此，应在技术部门的指导下有计划地开展工作，包括组织措施、技术措施和物质准备。

治理鼠害时间既要考虑灭鼠效果，还要考虑饲草料作物生长发育情况，建植人工饲草料地之前，如果建植地或附近区域存在害鼠，可采用一定方法灭鼠后再进行人工饲草料地的建植。

（4）害鼠与鼠害防治效果评价：对于人工饲草料地害鼠与鼠害防治效果要及时检查，既要看灭鼠率、灭鼠数量，更要调查和观察饲草料地是否还有害鼠活动的迹象或活动程度，在评估害鼠对牧草及饲料作物生产影响的基础上做出下一步决策。

四、人工饲草料地机械配套规划

机械化生产是一个国家科学技术发展水平和生产力发展水平的重要标志。解决饲草料生产机械化种植、收获、打捆和运输等问题，是有效利用饲草料资源和将其转化为饲草料商品的关键。由于我国饲草料生产区域广大，自然条件及生产方式各异，因此在人工饲草料地机械配套规划时，要因地制宜依据生产需要合理规划。

（一）机械数量与结构规划

1. 饲草料地建植与管理机械

（1）土壤耕作及播种机具：主要有铧犁、无壁犁、齿形犁、旋耕机、圆盘耙、钉齿耙、镇压器、联结器、种子清选机、种子包衣机、拌种机、牧草专用播种机或适宜的谷物播种机等。

（2）田间管理机具：主要有喷粉机、喷雾机、追肥机及喷灌系统等。根据药剂不同及病虫害或杂草特点，选用喷粉机、喷雾机、弥雾机及喷烟机等相应的机具，要求作业中应无漏液、漏粉现象，喷洒均匀。喷灌有固定式、移动式和自动式3种类型，移动式喷灌系统是目前建植饲草料地的主要喷灌方式。机引追肥机用于田间追肥。

2. 饲草料地收获与加工机械　饲草料地收获与加工机械主要有割草机、搂草机、捆草机、草粉机、草饼机、颗粒机、青贮及作物秸秆处理设备、草籽采集机或联合收割机等。

（1）割草机：割草机在饲草料生产机械化中具有重要的作用。动力割草机分为牵引式、悬挂式、半悬挂式和自走式。按切割器工作原理分为往复式割草机和旋转式割草机。

①往复式割草机。往复式割草机是按剪切原理切割牧草的。一般的往复式割草机由动刀片和护刃器上的定刀片组成切割幅，定刀片起切割支撑作用，在动刀片平行往复运动时，牧草被切断。无护刃器（双动刀）割草机由上下同时相反运动的刀片组成切割幅，在上下刀片刃口的合拢过程中饲草被切断。

②旋转式割草机。旋转式割草机采用水平或垂直旋转的切割器。水平旋转式割草机包括圆盘式和转镰式两种；垂直旋转式割草机包括卧式滚筒式割草机和甩刀式割草机。

（2）搂草机：搂草机可分为横向搂草机、侧向指盘式搂草机和旋转搂草机，应根据实际情况选用。

（3）捆草机：捆草机按草捆形状分为方捆机和圆捆机，按作业方式分为固定式和自走式捆草机，要求机动性能好、质量可靠、生产效率高、价格低。

（二）机械动力配置规划

动力机械主要是各种规格和型号的拖拉机及农用运输车。大型拖拉机主要为饲草料地作业提供充足的动力，小型拖拉机主要为田间辅助作业提供动力。

机械动力配置要满足牧草及饲料作物播种、管理、收获和运输等方面对动力机械的要求。在规划中，应根据草地面积与机器的工作效率确定好机械的配置。现代草业机械化发展基本思路、建设模式是在草业生产的各个环节中实现全程机械化。

五、人工饲草料地收获与加工规划

（一）人工饲草料地收获及技术规划

规划的内容包括：收获方式和收获时间。

1. 收获方式　有人工收割和机械化收割。

（1）人工收割：人工收割通常用的工具是镰刀和钐刀。钐刀割草效率比镰刀高，在黑龙江、吉林、辽宁、内蒙古、新疆等省份广泛使用。

（2）机械化收割：主要有割草机、草籽采集机或联合收割机等。割草机主要有往复式和旋转式两种类型，旋转式割草机切割速度快，可实现高速作业，适于高产饲草的收获。联合收割机用于收获牧草种子和饲用玉米。

2. 收获时间　确定饲草料作物的最适刈割期，需要考虑多方面的因素，如饲草料作物种类、饲草料作物的生长发育规律、牧草的再生和越冬、外界环境条件、饲养畜禽的种类和市场需要的变化等。只有对上述各方面进行综合考虑，才能确定最佳收获时间。

（二）人工饲草料地加工及技术规划

1. 干草的调制与加工　干草的调制与加工方法简单、成本低，便于长期大量储藏。同时，优质的干草含有家畜所必需的各种营养物质，具有较高的消化率与适口性，有利于养殖业的集约化、规模化和科学化发展。因此，干草的调制与加工在畜牧业生产中具有重要意义。

在规划中，要明确干草的特点及其调制的技术要求，包括适时刈割的时期、适宜的含水量、调制与储藏方法与注意事项技术要点。

2. 鲜草青贮　青贮饲料能有效地保存营养成分。牧草及饲料作物经过青贮后可以保持鲜嫩多汁，质地柔软，气味芳香，适口性好。

规划内容包括青贮方式及设备、场址选择与装填青贮饲料的建筑物要求、青贮饲料的调制技术等。

3. 其他草产品的加工　草粉的加工与草颗粒的加工。规划内容包括加工设备、工艺技术与产品要求、生产量等。

六、人工饲草料地效益分析与环境影响评价

（一）人工饲草料地建设效益分析

饲草料生产从生产资料（土地、种子、肥料等）投入开始，通过运用科学技术手段（耕作、种植、收获等），生产出产品（青草、干草、草粉、青贮饲料等），再进入市场流通或自用转化成畜产品，从而实现经济、生态和社会效益。通过系列效益指标来对效益进行分析，是目前常用的有效的方法。

1. 经济效益分析　饲草料生产中的经济要素由生产资料报酬（C）、劳动报酬（V）及剩余劳动创造出的产品数量（M）3 部分内容构成，由此 3 个内容的组合可构成成本（$C+V$）、净产值（$V+M$）、盈利（M）及产值（$C+V+M$）。它们各自占土地、劳动和资金等投入的百分比（即产出/投入×100%）就构成了饲草料生产经济学的指标体系。

（1）土地生产率指标组：是指土地面积与饲草料产量或产值间的关系，常用的指标如下。

①单位土地面积产量（kg/hm²）：能反映饲草料作物直接的有效使用价值。计算见式（10-1）。

$$单位土地面积产量 = \frac{饲草料作物产量}{土地面积} \tag{10-1}$$

②单位土地面积产值（元/hm²）：不同地区比较要用单位价格计算，不同年度比较要用

不变价格计算，以保证单位产品价格的可比性。计算见式（10-2）。

$$单位土地面积产值 = \frac{饲草料作物产值}{土地面积} \qquad (10\text{-}2)$$

③土地净产率（元/hm²）：排除了转移过来的生产资料价值的影响，用于说明劳动利用单位土地资源所新创造的价值。计算见式（10-3）。

$$土地净产率 = \frac{产品产值 - 消耗生产资料的价值}{土地面积} \qquad (10\text{-}3)$$

④土地盈利率（元/hm²）：排除了物化劳动转移部分和补偿必要劳动的劳动报酬，用于反映劳动利用土地转移所创造的纯收入。计算见式（10-4）。

$$土地盈利率 = \frac{产品产值 - 生产成本}{土地面积} \qquad (10\text{-}4)$$

（2）劳动生产率指标组：是指投入活劳动消耗与其创造的产品数量或产值间的关系，常用的指标如下。

①劳动生产率：单位人工日活劳动消耗所创造的产品产量或产值，反映了劳动力生产水平和效率。计算见式（10-5）。

$$劳动生产率 = \frac{产品产量或产值}{活劳动消耗量} \qquad (10\text{-}5)$$

②劳动净产率：排除了物化劳动转移过来的价值对饲草料生产的影响，反映了活劳动所新创造的价值。计算见式（10-6）。

$$劳动净产率 = \frac{产品产值 - 消耗生产资料的价值}{活劳动消耗量} \qquad (10\text{-}6)$$

③劳动盈利率：排除了成本转移过来的价值影响，反映了单位活劳动所创造的盈利。计算见式（10-7）。

$$劳动盈利率 = \frac{产品产值 - 生产成本}{活劳动消耗量} \qquad (10\text{-}7)$$

（3）资金产品率指标组：是指资金投入与产品产值间的效益关系，常用的指标如下。

①投资回收期：生产过程中投资所期望的回收年限，实际上是投资平均年盈利率的倒数。计算见式（10-8）。

$$投资回收期 = \frac{投资总额}{年利润增加额} \qquad (10\text{-}8)$$

②单位产品成本：反映了活劳动消耗和物化劳动消耗的经济效益。计算见式（10-9）。

$$单位产品成本 = \frac{产品成本}{产品产值} \qquad (10\text{-}9)$$

③边际产量：实施某项作业追加单位资金或资源所增加的饲草料产量。计算见式（10-10）。

$$边际产量 = \frac{总产量的增加量}{劳动的增加量} \qquad (10\text{-}10)$$

④成本盈利率：排除产值中的成本成分。计算见式（10-11）、式（10-12）。

$$成本盈利率 = \frac{产品产值 - 产品成本 - 税金 - 利息}{产品成本} \times 100\% \qquad (10\text{-}11)$$

$$成本盈利率 = \frac{产品产值 - 产品成本}{产品成本} \times 100\% \qquad (10\text{-}12)$$

2. 生态效益分析　从饲草料生产的实际出发，人工饲草料地建设生态效益分析可选用光能利用率、土壤有机质含量、0～20cm 土层土壤有效养分含量 3 个指标。每一指标均采用规划执行期与规划前相比较转换成指数，生态效益用综合生态效益指数评价，具体计算见式（10-13）、式（10-14）。

$$E_i = \frac{A_i}{A_{0i}} \qquad (10\text{-}13)$$

$$ELI(t) = \sum_{i=1}^{n} W_i E_i \qquad (10\text{-}14)$$

式中，E_i 为第 i 个生态指标的指数；A_i 为执行期第 i 个生态指标的数值；A_{0i} 为规划前第 i 个生态指标的数值；$ELI(t)$ 为执行期综合生态效益指数；W_i 为第 i 个生态指标的权重，由专家评定。

如果 $ELI(t+1) > ELI(t)$，则说明生态效益逐年不断改善，人工饲草料地生态系统朝良性方向发展。

3. 社会效益分析　在经济效益指标中通常包含人均收入，这是重要的社会效益体现。通过饲草料的生产可以充分利用水土资源，应分析当地水土保持及水土资源利用情况，分析从业生产和管理人员增加的数量，分析和获得人工饲草料地建设对区域社会发展贡献的力度。

（二）人工饲草料地建设环境影响评价

1. 环境影响评价的内容与原则　环境影响评价是指在进行某项人为活动之前，对实施该活动可能给环境质量造成的影响进行调查、预测和评估，并提出相应的处理意见和对策。环境影响评价作为一项有效的环境管理工具，具有 4 种基本的功能：判断功能、预测功能、选择功能及导向功能。其中，最为重要的、处于核心地位的功能是导向功能。环境影响评价的目的是鼓励在规划和决策中考虑环境因素，最终使人类活动达到环境相容性。

（1）人工饲草料地建设环境影响评价的内容：一，建设项目的基本情况。二，建设项目周围地区的环境现状。三，建设项目对周围地区的环境可能造成影响的分析和预测。四，环境保护措施及其经济、技术论证。五，环境影响经济效益损失分析。六，对建设项目实施环境监测的建议。七，环境影响评价结论，包括下列问题：对环境质量的影响；建设规模、性质；选址是否合理，是否符合环保要求；采取的防治措施经济上是否合理，技术上是否可行；是否需要再做进一步评价等。

（2）人工饲草料地建设环境影响评价遵循的原则：

①目的性：任何形式的环境影响评价都必须有明确的目的性，并根据目的性确定环境影响评价的内容和任务。

②整体性：注意各种政策及项目建设对区域人类-生态系统的整体影响，分析综合效应。

③相关性：考虑人类-生态系统中各子系统之间的联系和关系，判别环境影响的传递性。

④主导性：抓住各种政策或项目建设可能引起的主要环境问题。

⑤等衡性：充分注意各子系统和要素之间的协调和均衡，特别关注某些具有"阈值效应"的要素。

⑥动态性：环境影响是一个不断变化的动态过程，评价中要研究其历史过程，研究环境影响特征，注意影响的叠加性和累积性特点。

⑦随机性：环境评价是个涉及多因素、复杂多变的随机系统，评价中要根据具体情况，随时增加必要的研究内容，特别是环境风险评价。

⑧社会经济性：环境评价应从环境的系统性和整体性方面对环境的价值做出评价，并以社会、经济和环境可持续发展理论为基础对环境开发行为做出合理的判断。

⑨公众参与：环境评价过程要公开、透明，公众有权了解评价的相关信息。

2. 环境影响评价程序与方法

(1) 人工饲草料地建设环境影响评价程序：

①准备阶段：研究有关文件，进行初步的工程分析和环境现状调查，筛选重点评价项目，确定各单项环境影响评价的工作等级，编制评价工作大纲。

②正式工作阶段：进行工程分析和环境现状调查，进行环境影响预测和评价环境影响。

③报告书编制阶段：汇总、分析各种资料和数据，得出结论，完成环境影响报告书的编制。

(2) 人工饲草料地建设环境影响评价方法与步骤：

①环境影响识别：将可能受影响的环境因子和可能产生的影响性质，通过核查在一张表上一一列出（核查表法），找出所有受影响（特别是不利影响）的环境因素。

人工饲草料地建植的土壤环境影响主要包括区域环境条件改变可能引发的土壤退化和破坏；化肥及农药施用可能对土壤环境的污染。

②环境影响预测：经过环境影响识别后，主要环境影响因子已经确定。这些环境因子在人类活动开展以后受到多大影响，需进行环境影响预测。目前，常规的预测方法可归纳为：以专家经验为主的主观预测方法；以数学模式为主的客观预测方法；以实验手段为主的实验模拟方法。

人工饲草料地土壤环境影响预测内容包括土壤中污染物的运动及其变化趋势预测；土壤退化趋势预测；土壤资源破坏和损失预测。预测污染物在土壤中累积和污染趋势，包括计算土壤污染物的输入量，计算土壤污染物的输出量，计算污染物的残留率，预测土壤污染趋势。预测农药、重金属污染物在土壤中累积和污染趋势的一般方法如下。

a. 农药残留模式，见式（10-15）。

$$R = Ce^{-kt} \qquad (10\text{-}15)$$

式中，R 为农药残留量；C 为农药施用量，mg/kg；k 为常数；t 为时间。

b. 重金属污染物累积模式，见式（10-16）。

$$W = K(B + E) \qquad (10\text{-}16)$$

式中，W 为污染物在土壤中的年积累量，mg/kg；K 为污染物在土壤中的年残留率；B 为区域土壤背景值，mg/kg；E 为污染物的年输入量，mg/kg。

③环境影响综合评价：按照一定的评价目的，把人类活动对环境的影响从总体上综合起来，对环境影响进行定性或定量的评定，常用以下几种评定方法。

a. 指数法。包括单因子指数［式（10-17）］、多因子指数和环境影响综合指数［式（10-17）］评价。

$$P = C/C_s \qquad (10\text{-}17)$$

式中，P 为环境影响单因子指数；C 为实测值（或预测值）；C_s 为标准值。

$$P = \sum_{i=1}^{n} \sum_{j=1}^{m} P_{ij} \tag{10-18}$$

式中，P 为环境影响综合指数；i 为第 i 个环境要素；n 为环境要素总数；j 为第 i 环境要素中的第 j 个环境因子；m 为第 i 环境要素中的环境因子总数；P_{ij} 为第 i 个环境要素中的第 j 个环境因子的影响指数，$P_{ij} = C_{ij}/C_{s_{ij}}$，$C_{ij}$ 为第 i 个环境要素中的第 j 个环境因子的实测值（或预测值），$C_{s_{ij}}$ 为第 i 个环境要素中的第 j 个环境因子的标准值。

b. 矩阵法。矩阵法将清单中所列内容，按其因果关系，进行系统排列。并把开发行为和受影响的环境要素组一个矩阵，在开发行为和环境影响之间建立起直接的因果关系，以定量或半定量地说明拟议的工程行动对环境的影响。

c. 图形叠置法。准备一张包含项目位置的区域透明图片和一张可能受影响的当地环境因素一览表，对每种要评价的因素都准备一张透明图片，每种因素受影响的程度可以用一种专门的黑白色码的阴影的深浅来表示。把各种色码的透明图片叠置到基片图上就可看出一项工程的综合影响。不同地区的综合影响差别通过阴影的相对深度来表示。

d. 网络法。即利用关系树或影响树表示一项社会活动的原发性影响和继发性影响。

人工饲草料地土壤环境影响综合评价内容为：一，调查和监测人工饲草料地建设对土壤侵蚀和污染的状况；二，根据污染物进入土壤的种类、数量、方式、区域环境特点、土壤理化特性、净化能力以及污染物在土壤环境中的迁移、转化和累积规律，分析污染物累积趋势，预测土壤环境质量的变化和发展；三，运用土壤侵蚀和沉积模型预测人工饲草料地建设可能造成的侵蚀和沉积；四，评价人工饲草料地建设对土壤环境影响的重大性，并提出消除和减轻负面影响的对策以及监测措施。

七、人工饲草料地规划成果与资料管理

完成人工饲草料地建设规划，成果一般应包括规划文本及规划图件。

（一）规划文本

规划文本由人工饲草料地建设规划报告及附件两部分组成。

1. 人工饲草料地建设规划报告 内容如下。

（1）规划地区地理位置与行政界线。

（2）规划的目的及期限。

（3）编制规划的依据与工作过程。

（4）规划地区自然、社会条件特征，经济发展状况，优势与问题分析。

（5）规划内容及其规划结果，规划的效益分析及环境影响评价。

（6）实施建设规划的措施与应注意问题。

2. 附件 主要是指人工饲草料地建设的可行性分析论证、规划中搜集及测算的资料、设备购置及资金计划等文字说明。它是规划报告的详细说明、补充说明或论证依据资料。

（二）规划图件

主要包括人工饲草料地分布与建设现状图、人工饲草料地建设规划图及区域土地资源图

等。规划图的比例尺要根据规划面积与制图内容及其精度来选择和确定。一般全国性的规划图采用 1∶100 万比例尺；省和地区级规划图采用（1∶50 万）～（1∶20 万）比例尺；县级规划图采用（1∶10 万）～（1∶5 万）比例尺；乡级规划图采用 1∶1 万或更大的比例尺。

（三）资料管理

重视人工饲草料地建设规划成果的重要性，提高认识，保证人员、资金、场地和其他设施硬件的投入，合理安排，规范资料管理。建立专人负责制，对规划资料及时收集和整理，确保资料的完整性、真实性。加强和逐步推行规划成果与资料的信息化管理。

第十一章

牧场规划

第一节 牧场规划概述

一、牧场、牧场规划的概念

（一）牧场的概念

牧场是经济生产中的常用名词，但鉴于历史文化背景、生产经营水平、适用范围及涉及领域的差异，国内外目前尚无较为明确的定义。通常认为，牧场是指专门用于牛、羊、马等家畜繁育和饲养的生产场所。而现代意义上的牧场中不仅进行着作物种植，也进行着家畜的舍饲圈养，甚至放牧饲养，不同于仅依赖天然草地的传统放牧型畜牧业。因此，牧场可认为是与畜牧业生产相关实体的总称，即各类养畜场的统称。

国内外关于牧场认识的相似之处在于将牧场作为一个小尺度的生态系统或生产系统，而不同之处则是尺度（规模）或利用方式的区别。牧场起源于欧洲的大范围开放草地畜牧养殖业，后期为北美地区在草地开垦和森林砍伐的基础上，采用草地改良和引入家畜放牧的方式逐渐形成了现有的牧场形式。几千年以来，草原和放牧一直是牧民生活的组成部分。我国牧民长期从事传统的草地畜牧业生产，没有或很少涉入其他产业。广大草原地区的牧场以家庭牧场为主要表现形式，其可以有效地促进牧区畜牧业增长方式和经济体制的转变，将市场机制引入草地畜牧业生产中，把延续几千年从事传统放牧的普通牧民从"生产者"变成了懂科技、懂经营、会管理的"管理者"角色，成为了现代牧场主。道尔吉帕拉木（1996）给出的牧场定义是：以草场和牲畜的家庭经营为基础，以畜产品生产为目的，具有一定基础设施和畜群规模，能够获得稳定收入的畜牧业生产单位。丁勇等（2008）认为，牧场是一个以草地资源为基础，高度人为调节的、活跃的生产单元，一般以户为单位，通过土地承包和土地流转，获得草地使用权，主要用于饲养牲畜，具有自主经营决策、调控权。其具有小尺度、低等级层次但又高度人为调控的特性，在缓解草地退化、加快草地保护建设、增强草地气候变化适应能力等方面，都将成为重要的和最有效的实践主体。在我国现阶段环境状况和生产力水平的基础上，家庭牧场是以一定规模草地为基础，以维护草地生态系统、提高家畜生产力和保持稳定增长的经济收入为基本原则，能够采用精细化系统管理方式抵抗外来风险（自然灾害和市场风险）的自主生产经营的适应性经营管理单元。

（二）牧场的种类

20世纪80年代初，在借鉴农耕区"家庭联产承包责任制"的基础上，广大草原牧区开展实施土地所有权归国家和集体所有，牧民通过签订承包合同，获取土地（草地）经营权的土地制度，即"双权一制"。这一制度的实施，改变了长期以来草地公有共用、牲畜私有的牧区畜牧业生产局面，形成了以家庭牧场为基本单元的格局。近年来，我国对于肉、禽产品需求的不断增加，畜产品价格的上涨，积极推动了各类牧场的飞速发展，同时也催生出不同形式、不同种类的牧场。

通常意义上讲，我国现阶段的牧场按照所有制形式，可划分为国有牧场、合营牧场和私人牧场；按照养畜种类，可划分为牛场、羊场、马场……按照生产经营地区，可划分为牧区牧场、半农半牧区牧场、农区牧场和城镇牧场；按照牧场的经营类型，可划分为单户型牧场、联户型牧场和联合型牧场；按照放牧场的有无，则可划分为有放牧地的现代化牧场和无放牧地的养殖场。有放牧地的现代化牧场指以一定规模草地为基础，以恢复草地生态系统、提高家畜生产力和保持稳定增长的经济收入为基本原则，能够采用精细化系统管理方式抵抗外来风险（自然灾害和市场风险）的自主生产经营的适应性经营管理单元。无放牧地的养殖场是以种畜或肉畜的商品生产为目的，在具有一定基础设施和畜群规模的基础上，能够获得稳定经济收入的畜牧业生产单位。

1. 单户型牧场　该类牧场也可称家庭牧场，是由牧场所有者或经营者独立经营或以血缘和姻亲关系为纽带形成的，是当前国内外草牧业发展的基本形式，在我国具有普遍性和代表性。这类牧场具有较长的牧场经营传承，基础生产设施简陋，经营方式传统落后，牧场投入较低，相对回报较高，具有比较持久的稳定性、经营管理的易操作性、物质利益的趋同性，在生产要素利用上较为自主与灵活，牧场经营管理决策的随机性和经验依赖性较强；但多因其规模较小，抗风险能力较差。

2. 联户型牧场　该类牧场是在单户经营的基础上，由于资源限制如草场面积小、人员限制、管理限制或资金限制等原因，由两个或两个以上牧户按照自愿、平等、互惠互利的原则，采取合作、合资、入股等形式组成的牧场。这类牧场通常是由地理位置相近的牧场联合组成，通过选举或按入股份额，选举一名懂技术、会管理、威信高的人进行总体负责。

联户型牧场是资源整合的必然产物，其已经具备了企业化经营管理的雏形；但其仍受到传统单户型牧场经营惯性的影响。

3. 联合型牧场　该类牧场按照专业化协作或经济合作原理。一种方式是由若干个有一定经济技术联系的单户型牧场进行联合，其有一定的技术、管理和经营分工，规模要大于联户型牧场；另一种方式是由牧场与畜产品加工企业按一定方式联合，各司其职，分工明确，产品销售渠道较为畅通。具体的表现形式包括联合公司、联营公司、企业集团或企业加基地等。

联合型牧场具有较高的组织管理性，分工明确，经营水平较单户型和联户型牧场高。主要联合方式包括生产要素、生产环节或加工流通环节的联合，而其生产效率取决于牧场联合的紧密性和利益分配机制的健全性。

（三）牧场规划的概念

牧场规划始于 20 世纪 50 年代的澳大利亚，主要针对土壤侵蚀问题，并利用美国农业部 8 级土地能力分类指标进行操作。其由政府推广官员与土地持有人参与共同编制，侧重于控制侵蚀工程、牧场管理布局、节水灌溉、耕作方式改变、牧草和作物开发以及植树计划等方面。20 世纪 80 年代，开始将生态保护纳入牧场规划之中，以提高土地生产力和缓解土地退化为目标，开展全牧场尺度的整体规划。

牧场规划是一个基于牧场自然资源和经济因素的规划，是包含资源利用设计和管理的全过程。具体是指：在一定规划期间和牧场范围内，在进行草地、家畜、饲料、经济水平等背景调查的基础上，根据自身资源条件和生产经营水平现状，以及未来牧场发展的需要，在符合国家相关政策法规要求的前提下，通过整合草畜资源，以生态保护和效益优先为基础，遵循系统论和生态学原理，应用草业和畜牧业科学成果和规划科学理论与方法，制订草畜资源潜力开发总体方案，并提出具体规划期内的实施计划。

牧场规划从空间尺度上是反映牧场草地生产、家畜生产和经营管理的资源开发利用技术集成系统，是草地规划体系的最小规划单元；从时间尺度上则是根据任务下达单位的要求进行短期、中期和长期规划的方案制订；从规划对象上体现为单项规划和整体规划的层次。

二、牧场规划的原则与目标

(一) 牧场规划的原则

牧场是一个多元的、动态的复杂系统。牧场规划既要保证牧场生态系统的可持续性，也要系统、客观、真实地反映牧场中背景资源因素与牧场经济效益最大化之间的必然联系。2013 年修订的《中华人民共和国草原法》中提及，草地规划应当"依据国民经济和社会发展规划"，并遵循 4 条原则：①改善生态环境，维护生物多样性，促进草地的可持续利用；②以现有草地为基础，因地制宜，统筹规划，分类指导；③保护为主、加强建设、分批改良、合理利用；④生态效益、经济效益、社会效益相结合。因此，在国家宏观规划的基础上，牧场规划需要在符合相关法律法规和本地区相关规划的前提下，遵循如下原则。

1. 可持续性原则 牧场资源的开发利用所要达到的最终目标就是在人类内部及人类与自然之间建立起一种互惠共生的和谐关系。牧场规划的要求就是草地经济和社会发展不能超越已有资源与环境的承载能力，要根据自身草畜资源和环境系统可持续的条件加以调整，保持牧场系统相对稳定和持久。如养殖场建设需要注重环境保护，合理选择建设地点，重视粪尿和污水处理，充分利用畜产品废弃物；放牧牧场需要控制家畜数量，减缓草地放牧压力，提高单位家畜生产性能，实现草畜平衡，防止草地出现退化、沙化现象。

2. 因地制宜原则 我国各地自然环境和生产条件差异性较大，在复杂多变的环境条件和经营规模差异较大的情况下，牧场的综合开发利用需建立在合理和充分利用当地自然资源和自然条件的基础上。如若保证植被的生长，饲草料的配给，家畜的生产、繁殖等各方面在牧场尺度上最大限度发挥生产性能，所谓的"普适模式""通用模式"是行不通的，因地制宜是最佳选择。在不同地区范围内，只有对当地条件进行全面调查和分析，才能建立最佳的牧场。

3. 科学性与系统性原则 科学性是牧场规划体系最基本的原则。牧场规划需要客观和真实地反映牧场生产系统发展的状态、本质和要求，并明确牧场中各个子系统间的相互联系，既要反映资源、社会经济、生态等总量指标，又要符合草牧业的可持续发展。如科学化的牧场建筑物设计既需要具备基本房屋功能，还需要有适宜动物饲养、管理的作用，发挥其在舍饲圈养、防疫、防寒、废弃物处理等方面的作用；先进的草畜生产管理技术和牧场经济管理集成，有助于在牧场中改变传统的低技术、低投入、低产出、长周期、高消耗的生产经营模式，从而获得高产、优质、高效的产品。

牧场的管理是一个小尺度的复杂系统工程。在规划过程中，需要对该系统的背景和发展有充分的认识和预测，寻求合理的生产布局和产品结构，使牧场在生态、经济和社会 3 个方面发挥出最佳的整体效益。而且，牧场系统中的家畜生产和牧草生产有着相对严格的生产规律，这与外界环境和市场需求紧密联系。因此，在进行牧场规划时需要充分考虑牧场产品生产周期、草畜生产规律和市场动态变化，立足于当前经济发展和牧场资源利用现状，较好地描述、刻画与量度未来的发展趋势。

（二）确定牧场规划目标

1. 确定规划目标的意义　牧场规划目标是指牧场最终的生产目的和标准，或者说是牧场生产预期的实现程度。现代牧场的目标是制定科学规划并得以实施的前提和保障，其最终体现在牧场效益层面。牧场生产系统涉及资源利用、产品生产、系统管理等多个方面，并进而将其转变为经济效益的全过程，是实现各个子系统所要达到的社会、经济、生态、科技的水平和境地。确定牧场规划目标，是因地制宜、实事求是开发利用草地资源的基础，也是实现牧场朝着规范化、标准化、现代化、信息化发展的主要动力，还是实现生态、经济和社会效益共赢局面的集中体现。

2. 确定规划目标注意的问题　牧场的规划目标首先需要与牧场生产经营目标和规模相适应，在贯彻党、国家和地方总体经济发展目标的基础上，因地制宜以牧场运行客观实际出发，调动各方力量，促进牧场向经济的专业化、商品化、规范化、现代化方向发展。牧场规划目标制定的原则如下。

（1）目标的适宜性：牧场规划目标的确定需要在现有草畜资源的基础上进行，在充分了解国家、地方、市场需求后，根据牧场现有生产规模制定合理的规划目标，既不可冒进，也不可满足现状、固步不前；牧场的各个生产环节需要与其所处的自然、经济和社会环境相协调。

（2）时间性：制定好的牧场规划目标，依据草畜资源、牧场生产基础、经济状况、科技水平等条件提出具体的时间表和定量化考核系统，并划分不同阶段的目标。针对未完成的目标需要进行系统分析，明确目标设置的可行性，为下一步目标实现提供依据。

（3）环节的衔接性：牧场的各个生产环节需要相互协调，并按照严格的生产规律和生产计划进行资源、资金、人力等方面的分配，实现牧场组间的紧密衔接，发挥牧场生产的最优效能。

3. 规划目标的制定程序
（1）确定牧场整体发展目标。
（2）根据牧场规划主要内容，确定牧场运行子系统的目标体系。
（3）构建子目标经济结构，建立关系网络。
（4）优化规划目标，分析目标实现对策，并形成反馈机制。
（5）综合论证，明确牧场整体规划目标及子系统运行目标。

三、牧场规划的内容与程序

（一）牧场规划的内容

牧场规划涉及草畜资源、环境条件、设施建设和社会经济发展状况等内容，是一个多学科关联的复杂系统。根据牧场规划的目标，分别对各个子项进行具体规划。

1. 草畜资源生产规划　草畜资源的合理开发利用是牧场规划的核心，针对牧场的主要生产资料——草畜资源，在规划年度内进行生产设计，在短期内根据家畜资源进行饲草料供需平衡及营养平衡规划，在中长期时间尺度上对家畜进行提纯复壮、优化畜群结构和畜产品生产规划。主要包括：放牧场利用规划、打草场利用规划、人工草地建设及利用规划、饲草料供需规划、家畜品种管理规划、家畜繁育规划、家畜生产规划等。

2. 基础设施建设规划　牧场各种基础设施的高效使用是牧场规划的基本要求。牧场基础设施需要不断配合草畜生产规模的发展进行升级改造，以满足生产需要和提升管理质量。主要包括：基本棚圈设施改造规划、机械规划、道路规划、生产环境设施监测建设规划、废弃物处理装置建设规划等。

3. 经营管理规划　经营管理措施是牧场规划的必要手段。经营管理规划需要不断纳入新技术、新手段，并将科技教育、社会服务等纳入经营管理规划之中。主要包括：牧场短期规划和中长期规划、牧场生产经营规划、产品市场开发规划、牧场信息化管理规划等。

（二）牧场规划的程序与步骤

牧场规划是一个对牧场系统渐进认识和开发的过程，也是促进牧场各个子系统之间协调运行的过程，主要在对现有资源和未来资源的持续供给的充分认识下，以经营效能和可持续性为目标，以草畜资源优化配置为核心，以基础设施为辅助，以经营管理为手段，进行不断调整和优选。

就详细的牧场规划程序而言，所有的规划程序必须以规划目标为主体，体现出资源优化利用下的生产经济效能。首先需要摸清规划牧场的草畜资源及其所处的自然条件特征、利用现状；其次分析开发利用存在的问题及潜力，并在此基础上确定资源配给的需求和可能性；最终提出草畜资源的优化配置方案。牧场规划的程序大致如下。

1. 明确任务与目标　根据牧场的种类和生产经营主导方向，明确牧场规划的任务和范围，在数量、内容、发展潜力和发展方向等方面进行组织规划工作。

2. 组织队伍　在规划目标确定后，根据目标涉及的领域，吸纳相关专业技术人员、管理人员和主管部门人员参加，统一进行组织分工，开展资料收集、整理、分析、规划等具体工作。

3. 资料收集　牧场规划所需要的基本资料包括以下几个方面。

（1）资源条件资料：包括土地资源、生产设施资源、劳动力资源、家畜资源、市场资源、信息资源、技术资源等。

（2）自然条件资料：包括土壤、地形、水文、植被、气象等。

（3）规划相关资料：包括农业区划、土地调查、区域规划、国土规划、部门发展规划等。

以上资料可通过现场调查、座谈访问和专家咨询等方式获得。

4. 发现问题　通过资料的收集和分析，明确牧场当前生产经营存在的问题和未来发展可能出现的屏障，并对其逐一进行分析排序，制定详细的解决预案。

5. 系统分析　针对解决预案实施的可能性、科学性和先进性论证，保证规划的适宜性和可操作性。最终进行预案整合，从牧场生产经营的目标出发，提出最优方案。

6. 系统运行及反馈　将系统分析后的方案按照牧场需求程度先后实施，根据具体实施过程的效果对规划进行评价、反馈，对于不适宜或不合理的内容需要及时修正。

第二节　牧场草畜资源配置规划

随着全球人口不断增长，人类对于资源需求的数量不断增加，质量不断提高。从牧场角度而言，可利用草地面积随着家畜数量的增长而减少，畜产品贸易和生产效率参差不齐，其复杂性可以通过利用更好的管理方式来寻求解决。草牧业生产主要从载畜率控制、放牧方式调整，季节性补饲、放牧草地和割草地利用等方面进行管理。关键在于从草地植被生产与家畜生产两个关键环节进行衡量，也就是从牧场草地资源承载力的角度对牧场草、畜资源进行综合优化配置。

现代牧场草地经营管理的目的在于保证生态环境良性、健康发展的同时寻求经济利益的最大化。若实现家庭牧场资源优化配置，应具备如下条件：有适度规模的、草地生产力持续稳定的天然放牧草地和打草地；与草地生产状况相匹配的结构合理的畜群；科学的经营管理水平；优质的畜产品和较高的经济效益。

一、牧场草畜配置的基本原则

（一）草畜平衡原则

牧场中的牧草资源（包括天然草地牧草资源、人工草地收获的牧草资源）是有限的，其在时间和空间上的分配也处于不均衡和不稳定的状态。实现牧场生产经营的可持续性的前提就是需要根据已有的牧草资源状况合理安排家畜生产。牧场中生产的饲草料是在土地资源有限的基础上，植物体通过光合作用合成有机体，并供应给家畜采食，最终形成畜产品。这一过程伴随着饲草料的"供"和家畜的"需"之间的矛盾。这两者之间的平衡过去仅仅从"量"的角度考虑，但其并不能真实反映两者之间的本质上的"供需关系"，需要从"质"的角度，也就是从可被家畜利用的能量角度出发，实现真正的草畜平衡。如果牧场中的牧草资源出现"供"大于家畜的"需"，就会造成牧草的过剩和浪费，草地生产潜力将得不到充分发挥；相反，则会使家畜处于饥饿状态，草地过牧，生态环境变劣，家畜生产性能得不到充分发挥。因此，草畜平衡原则是牧场资源配置过程中的基本原则。

（二）生态、社会和经济效益相统一原则

在牧场生产经营过程中，草畜资源配置应在统筹生态效益和社会效益的基础上获取最大经济效益。牧场草畜资源利用的良性循环是基于生态效益优先情况下的可持续发展。在牧场资源经营过程中，由于牧场产品既是最终的、也是牧场经营者能够看到的直接经济效益来源，势必会致使生产经营者盲目追求经济效益而忽略其他方面。

从21世纪初，我国将生态保护和脱贫作为同等重要的任务来抓，由此可见，在进行草畜资源配置时生态效益和经济效益均是牧场经营中的重要目的。然而，社会效益的重要性也不能忽视。改善牧场生产、生活和文教、卫生条件，提高牧民文化素质，转变牧区生产方式，加快牧民定居步伐，促进牧区社会进步、社会稳定和经济发展等均是牧场社会效益的具

体体现，也是牧场经济效益和社会效益实现的根本保障。

（三）因地制宜原则

牧场草畜资源配置不能够按照"普适模式"或"通用模式"进行操作，而是需要因地制宜根据牧场的自然条件、经济条件、资源配给条件等因素，在合理开发利用资源的基础上进行优化配置。如北方人工草地建植时，牧草产量并不是唯一的衡量标准，越冬性能不能忽视；水分条件短缺地区，抗旱性能十分重要。国外引入的高生产性能家畜，在我国北方冬季产仔需要酌情考虑，其适宜于暖棚养殖，野外放牧则会造成巨大损失。在放牧状态下，家畜种类也需要遵循当地生产习惯。例如，在水草条件较好的地区可饲养肉牛、奶牛等家畜；干旱地区可放牧骆驼；牦牛适应于高寒地区的自然环境和生存条件；绵羊和山羊的放牧相对适应的范围较广。在资源条件和管理条件允许的情况下，牧场可配置多种家畜，以实现牧场草畜资源的开发利用最大化。

二、牧场家畜配置规划

家畜结构的配置是牧场经营管理的重要内容，也是牧场天然草地合理利用和饲草料合理配置的基础。牧场家畜结构的配置规划主要包括畜种结构、品种结构和畜群结构3个方面的合理配置。

（一）畜种结构配置

在牧场尺度上，动物产品的最大化产出是最终目的之一。以放牧为主的牧场中，草食家畜是其主要饲养的畜种。不同种类草食动物的食性和生态适应性相差较大，在生态系统中具有特定的生态位要求。牧场畜种结构的调整是以草地类型和饲草料生产力为基础，利用不同畜种生态位的重叠或分异特性，使各种家畜在草地中处于互相协调、补充的状态，充分利用不同区域、不同种类的草地植物，提高草地利用率，实现畜产品最大化生产。试验证明，如果将草地上不同动物的生态位适当组合，动物生产水平可能提高 40%～150%。另外，多畜种的饲养，在多变的市场背景下，可以降低因某种家畜价格的波动而造成牧场整体效益获取的风险。

同时，牧场畜种结构需根据市场基本经济规律和地方经济发展需要进行布局，结合牧场地域特点、自身规模、基础设施状况和管理水平进行合理配置。如草甸草原区的牧场，由于植物种类丰富，植被高度、盖度和生产力高，且牧草中富含糖类，适宜奶牛、肉牛饲养；在典型草原和荒漠草原区，草地生产力较低，但牧草中蛋白质含量较高，干旱的自然气候条件下，适宜发展肉用羊和毛用羊；在荒漠或草原化荒漠区，自然条件恶劣，植被盖度较低，灌木、半灌木分布较广，牧草适口性差，营养价值低，耐粗饲的山羊、骆驼等家畜是最适宜畜种；各地带性草地类分布区中，隐域性草地类型如山地草甸、沼泽，可在发展主要畜种外，饲养一定数量的其他畜种，便于草地放牧家畜的优势互补。

在牧场实际生产中，并不是畜种越多越好。种类过多会使牧场基本设施要求多样，增加固定投入；同时会加大对管理水平的要求，增加牧场的管理成本。过多的畜种致使牧场畜产品生产不集中和标准化控制较难，降低牧场整体效益。通常情况下，从经济可行性的角度出发，牧场饲养基础种类应不高于3种。

(二)品种结构配置

优良家畜品种是牧场增收的重要途径之一。通过改良家畜品种，提高饲料报酬，增加单位草地畜产品产量，保证草地畜牧业的高效、优质。通常情况下，牧场中使用的优良家畜品种主要来源于两个方面，即优良地方品种的选育和优良外来品种的引入。

地方品种是自然选择的结果，其对于当地条件具有较强的适应性，主要表现为对生存环境的适应，并在生理和行为上有着显著的表征。我国北方家畜地方品种耐寒、耐粗饲、管理粗放、疾病较少，如温性草原的苏尼特羊、乌珠穆沁羊，高寒草原的藏系家畜，荒漠地区的双峰驼和山羊，山地草原的滩羊等；南方家畜地方品种耐潮湿、喜热。放牧家畜在不同地域对相应环境下发育的草地植被具有独特的采食喜好。但是，地方品种的生产性能对于牧场经营者而言，往往不能满足其对于产品生产的期望。因此，需要通过外来品种进行改良，以提高家畜生产性能。

引入品种具有生长速率快、饲料报酬高、产仔性能高、畜产品品质及产量高等特点，但其适应性较地方品种差。如小尾寒羊的多胎率较高，在广大农牧交错区被广泛引用；南美杜泊羊的生长速率快；西门塔尔牛和安格斯牛的肉品品质和产量高等。

因此，在牧场中进行品种改良时，通常采用地方品种作为母本，引入品种作为父本进行杂交，利用杂交优势获得适应性和产量的双赢局面。在同一牧场中，通常使用不超过2种引入品种进行品种改良，其主要目的在于管理的经济性和产品的一致性。

(三)畜群结构配置

牧场中的畜群结构是指家畜品种内部的性别和年龄的组成比例。不合理的畜群结构主要表现为：家畜年龄偏大、适龄母畜比例低、公畜或阉畜偏多、生产周期长、周转速率缓慢、改良效果不佳、无效饲养家畜多、出栏率及商品率低。牧场中适宜的畜群结构，应根据饲养目的、家畜种类、家畜生产性能、经营管理水平及畜产品市场等加以区别。合理的畜群结构，需要在考量家畜利用年限的基础上，在保证畜群再生产和扩大再生产正常周转的同时，能够取得最大的经济效益。

在以自繁饲养模式为主的牧场中，母畜是牧场中畜产品生产的基础。根据母畜高效生产的利用年限，逐年淘汰母畜，并购买或保留优良仔畜进行更替和优化畜群结构。如牧场中优质母畜（绵羊）的高效利用年限为5年，则在畜群中需要根据实际情况淘汰1/5的老弱病残或母性较差的母畜，同时当年需保留相应数量的仔畜或购买优质低龄母畜。

家畜淘汰（出售）是在多年生产经验和科学依据支持下进行的必要经营管理活动。家畜淘汰前，需要先对所有家畜年龄、健康状况、生长和生产性能、经济效能等方面进行评价，然后逐个对家畜进行评分，实行"末位淘汰制"。如产仔率低、母性较差的基础母畜，生长速率慢、补饲效果较差的家畜，先天性残疾或存在身体缺陷的家畜，存在严重疾病的家畜，多年饲养的阉畜等均是应淘汰的主要目标。

种公畜的比例以母畜数量为基础进行对应保留，并进行分群饲养。放牧情况下，种公畜的保留比例应为：黄牛1:(20~30)，羊1:(50~70)，牦牛1:(15~20)。集约化养殖场，大家畜可采用人工授精的方式进行繁殖，种畜可采用胚胎移植的方式进行扩繁，同时需要保留少量试情公畜。新生公畜需要及时进行阉割，在条件允许的情况下可随同期生产的仔畜进行集中育肥。在传统牧区，牧场中通常由于生活习惯的因素，使得阉畜保留数量较多，尤其以羊表现得最为明显。阉畜生长速率快，饲料消耗量大；但是其并不能进行繁殖，在牧场中所起的经济作用是短期的，因此该部分家畜需要及时出售。

在以家畜育肥为生产方式的牧场中，通过加强饲喂管理，在短期内实现快速育肥、快速出栏是保障牧场效益的有效方式。主要针对新生羔羊和育肥用的架子牛、架子羊进行育肥，个别牧场也针对高端产品进行订单式育肥，而其对于母畜和种公畜的要求较自繁牧场低。

为了便于家畜集中管理，有效发挥家畜的生产性能，降低时间成本，放牧时应根据不同家畜的年龄、性别、生产特性、采食习性进行合理组群，并配给相应的草地。根据牧场的具体条件，把不同种类、不同品种以及在年龄、性别、健康状况、生产性能等方面有一定差异的家畜分别成群。如牛群可分为：泌乳牛群、干乳牛群、犊牛群、育成牛群和淘汰牛群；羊群分为：繁殖母羊群、羯羊群、种公羊群、羔羊群等。我国北方牧区畜群规模视草地类型、牧草产量、畜种及年龄、管理水平不同而异。一般而言，平坦地上成年牛以 $100\sim200$ 头/群，羊以 $300\sim1\,000$ 只/群为适宜畜群，幼畜畜群可适量减少。此外，山地、林地及农区草地畜群规模应酌减。

三、牧场饲草料配置规划

天然草地在整个牧场生产系统中是最为廉价的饲料资源，需要采用适宜方法利用草地，实现牧场效益最大化。高载畜率通常会导致单位家畜获得较少的牧草，为了保障家畜正常生长、繁殖的需要，则会造成牧场经营者购买更多饲料，增加牧场总成本支出。当载畜率增加时，如果补饲不能补偿家畜从草地上采食量减少的部分，这将影响家畜的生产性能。在牧场规划中，应根据自有条件进行饲草料的配置。

根据牧场中所饲养家畜的营养需要推算出饲料需要量。生产中，一般可按绵羊体重 $3\%\sim5\%$ 的比例粗略估计其青干草日需要量。各类家畜按表 11-1 和表 11-2 关系计算饲料需要量。结合天然草地包括放牧地和割草地及人工草地生产力状况，估算牧场中可利用饲草料供应总量；利用家畜营养需求量与饲草料资源供应量进行比对，获得牧场饲草料的盈亏现状，进而可采取相应的应对措施。通常在饲草料缺乏的情况下，主要采取两种方式实现草畜均衡配置：①根据家畜生长阶段的需要进行购置和补充；②合理淘汰生产性能低下、老弱病残的家畜。

表 11-1 各种成年家畜折合为标准家畜单位（羊单位）折算系数

［《天然草地合理载畜量的计算》（NY/T 635—2015）］

畜种	体重（kg）		羊单位折算系数	畜种	体重（kg）		羊单位折算系数
绵羊	大 型	>50	1.2	山羊	大 型	>40	0.9
	中 型	40~50	1.0		中 型	35~40	0.8
	小 型	<40	0.8		小 型	<35	0.7
黄牛	特大型	>500	8.0	水牛	特大型	>500	8.0
	中 型	400~500	6.5		中 型	400~500	7.0
	小 型	<400	5.0		小 型	<400	6.0

（续）

畜种	体重（kg）		羊单位折算系数	畜种	体重（kg）		羊单位折算系数
	大 型	>350	5.0		大 型	>370	6.0
牦 牛	中 型	300～350	4.5	马	中 型	300～370	5.5
	小 型	<300	4.0		小 型	<300	5.0
	大 型	>200	4.0		大 型	>570	9.0
驴	中 型	130～200	3.0	骆驼	小 型	<570	8.0
	小 型	<130	2.5				

表 11-2　幼畜与成年畜的家畜单位折算系数

[《天然草地合理载畜量的计算》（NY/T 635—2015）]

畜种	幼畜年龄	相当于同类成年家畜当量
	断奶前羔羊	0.2
绵羊、山羊	断奶至 1 岁	0.6
	1～1.5 岁	0.8
	断奶至 1 岁	0.3
马、牛、驴	1～2 岁	0.7
	断奶至 1 岁	0.3
骆 驼	1～2 岁	0.6
	2～3 岁	0.8

通过对已有饲料资源的调查，采取加强家畜饲喂管理如草地利用受限时的补饲等，使经营者能够避免因减少饲喂和饲料转化率降低导致的产量减少。通常情况下，我国北方牧场家畜在冬季均会出现不同程度的家畜掉膘现象。该现象在生产过程中是不可避免的，需要根据家畜不同阶段如生长期、怀孕期、哺乳期等的营养需求，匹配相应的饲草料种类和适当的饲喂量。在荒漠草原养羊牧场中，家畜在冬季、哺乳期等时期对于能量的需求较高。因此，在该地区采取冬季舍饲夏季放牧的方式进行牧场畜群管理，对应时期配合能量较高的饲料进行饲喂，其余阶段饲草料饲喂的质量可适当降低。

在气候条件较差的年份，如降水量减少、草地生产力降低时，为了维持已有家畜的生产性能，势必要增加饲喂投入，这对于很多牧场而言，增加了生产经营风险。于是，牧场主可通过淘汰出售部分家畜降低载畜率、减少牧场支出的方式减少损失，并获取较好收益。通常情况下，淘汰的家畜包括存在消耗饲料资源较多、身体存在缺陷、生产性能较差、阉畜、受孕率低等问题的家畜。

四、牧场草畜平衡规划

草畜平衡是维持牧场生产和经营可持续性的基本前提。草畜平衡是指为了保持草地生态系统良性循环，牧场主通过草地和其他途径获取的可利用饲草料总量与其饲养牲畜草料需要量保持动态平衡。牧场中的饲草料资源主要来源于牧场的自有资源和外购资源两类。自有资源主要包括天然草地牧草、人工草地和割草地收获的牧草，其供给受自然条件影响较大；外购饲草料主要受到价格因素和牧场资金状况的影响。根据牧场的生产目标和资金状况，在经济可行的前提下，保证牧场内部的草畜供需平衡（图 11-1）。

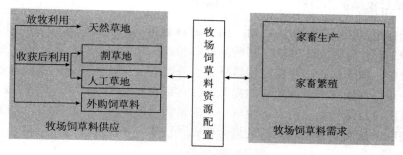

图 11-1　牧场饲草料资源配置

正常情况下，牧场中的草畜供需关系保持相对稳定；但在极端情况下，如连续干旱、家畜发生疫病、产品市场价格变化等，则需要通过调整家畜需求或牧草供给来达到牧场中新的草畜平衡。

（一）调整饲草料供给方式

牧场中需要储备的饲草料应适当多于家畜冬季需求量，用于防止翌年春季长时间干旱导致的饲草料短缺，可采取冬季预留部分草地不进行放牧利用或多购置饲草料两种方式。冬季预留部分草地不进行放牧利用的方式会造成部分饲草料的浪费和营养物质的损失，也可以采用牧场整体载畜率的调整来节省饲草料，即通过降低载畜率的方式增加牧场中单位面积草地上留存的牧草量，以备下一年出现极端天气时利用。

（二）筛选优先出售的牲畜

减少家畜的数量是最后的选择。在极端状况出现时，如果不减少家畜数量，将会使整体畜群的生产能力下降，所以需要将畜群中的家畜进行筛选，确定家畜优先出售的顺序。

（1）阉畜和不孕母畜：采食量大，不具备生育性能，获利周期长。

（2）老年母畜：生产繁殖所需的营养需求随年龄增长而增大，在饲草料短缺时期，饲养成本增加。

（3）病、残、弱畜：是正常年份牧场可适当保留的群体，但在极端年份时需尽量淘汰，这也是提升畜群品质的机遇。

（三）提前出售断奶后仔畜

在极端状况刚刚出现时，家畜价格相对较高。随着状况的恶化，饲草料短缺导致价格上涨，家畜出售数量增加使市场价格下降。因此，需要进行准确预测，在其他人出售前出售是降低损失的有效途径。提前出售可节省饲草料，有效维持家畜正常饲养状况。以一个 300 只羊、400hm² 天然放牧草地的牧场为例，正常年份全年平均 1.33hm² 放牧一只羊，如果干旱后草地生产力仅为正常年份的 60%，则需要增加 266.67hm² 同等生产力水平的草地或提供减产的 40%饲草料购买，也可以减少相应数量的家畜实现草畜平衡。由于该时期的饲草料购买价格较高，尽快减畜成为较现实的一种方式。如果等待越长时间出售，后期由于家畜生产性能的下降和饲草料的进一步短缺使得出售的牲畜更多，保留家畜的获利空间将被占用。

（四）恢复后逐渐扩大畜群

很多牧场在遭遇极端气候或灾害后，由于家畜数量的减少，往往会急于补充家畜数量。这时需要冷静处理，需要考虑回购家畜的品质和价格。可以用1～2年，甚至更长的时间逐渐恢复畜群数量，通常采用逐年保留优质仔畜、外购部分家畜两种方式实现牧场家畜数量的恢复。这样一可以保证畜群整体质量的提升；二可以减少因极端事件导致的牧场经济压力，实现牧场经营的可持续性；三可以将牧场中与家畜数量匹配后多余的部分草场为其他牧民进行短期代牧获利，从而实现牧场效益的最大化。

第三节　牧场生产设施与布局规划

一、牧场的选址与布局规划

（一）场址选择

场址直接关系到投产后场区小气候状况、牧场的经营管理及环境保护状况。无论是有放牧地的牧场还是无放牧地的养殖场，在进行建设规划时均需注意对场址的选择。通常情况下，有放牧地的牧场选址均有一定的历史因素，如水源、地形、草地类型、放牧家畜种类等，且该类型的场址绝大多数已经基本确定。对于无放牧地的养殖场而言，通常为新建牧场，其选址需要有严格的条件设置；但选址上与有放牧地的牧场有较高的一致性。场址选择主要应从地形地势、土壤、水源、交通、电力、物质供应及与周围环境的配置关系等自然条件和社会条件方面进行综合考虑，确定牧场的位置。然而，在实际工作中，场址选择受各种自然条件、社会条件、经济条件的局限，不可能做到面面俱到；但主要的环境卫生要求是必须保障的。

1. 对地形、地势的要求　牧场场地对地形的要求应满足地形开阔整齐，并有足够的面积。地形开阔，场地上原有房屋、树木、河流、沟坎等地物要少，可减少施工前清理场地的工作量或填挖土方量。避免选择过于狭长或边角太多的场地，保证地形整齐，有利于建筑物的合理布局，并可充分利用场地。场地面积应根据家畜种类、规模、饲养管理方式、集约化程度和饲料供应情况进行初步设计，并本着节约用地的原则，不占或少占农田。通常1头成年牛的所需面积为150～200m²，羊为15～20m²。

牧场场地应地势高燥、平坦。地势高燥，有利于保持地面干燥，防止雨季洪水的冲击，便于排水，减少家畜病害和蚊虫滋生。一般要求，牧场场地选择在高出当地历史洪水线以上、地下水位在2m以下的地段。场地平坦，可减少建场施工土方量，降低基建投资。场地稍有坡度，便于场地排水，选择坡向应利于夏季防暑、冬季背风；但坡度要求不超过25°。

2. 对土壤的要求　牧场场地的土壤状况对家畜健康影响很大。它不仅影响场区空气、水质和植被的化学成分及生长状态，而且影响土壤的净化作用。透气性和透水性不良、吸湿性大的土壤，当受粪尿等有机物污染以后，一方面在厌氧条件下进行分解，产生氨和硫化氢等有害气体污染空气；另一方面通过土壤孔隙或毛细管而被带到浅层地下水中，污染水源。潮湿的土壤是病原微生物、寄生虫卵以及蝇蛆等存活和滋生的场所。因此，在场址选择规划中，对土壤的要求不能忽视。牧场选址适宜的土壤条件应该是透气透水性强、毛细管作用弱、吸湿性和导热性小、质地均匀、抗压性强。沙壤土是比较理想的土壤类型。

3. 对水源的要求 牧场的水源要求水量充足，水质良好，便于取用和卫生防护。水量需满足场内人、畜饮用和其他生产、生活用水，并应考虑消防、灌溉和未来发展的需要。人员用水可按每人每天 24～40L 计算；成年牛需水量为 50～80L/（d·头），后备母牛 30～50L/（d·头），犊牛 20～30L/（d·头），成年羊 8～10L/（d·头），羔羊 3～5L/（d·头）；消防用水按我国防火规范规定，场区设地下消火栓，每处保护半径应不大于 50m，消防水量按 10L/s 计算；灌溉用水可根据场区绿化、饲料种植情况确定。人、畜饮用水必须符合饮用水水质卫生标准。

4. 对社会联系的要求 社会联系是指牧场与周围社会的关系，如与居民区的关系、交通运输和电力供应条件等。牧场场址的选择必须遵循社会公共卫生准则，不能成为周围环境的污染源。牧场应选在居民点的下风且地势较低处，一般牧场距离应不少于 300～500m，大型牧场应不少于 1 000m。在选择场址时，既要考虑到交通方便，又要使牧场与交通干线保持适当的卫生间距。一般来说，距一、二级公路和铁路应不少于 300～500m，距三级公路（省内公路）应不少于 150～200m，距四级公路（县级、地方公路）不少于 50～100m。选择场址还应考虑供电条件、饲料的方便供应和废弃物的就地处理与利用。

（二）场址布局

在场址选好之后，应在选定的场地上进行合理的分区规划和建筑物布局，目的在于发挥牧场各种生产设施的作用，尽可能有效利用资金和材料。各类设施的布局需要根据当地自然条件、生产条件、草地利用方式、牧场生产生活设施布局、生产经营目标等进行。主要本着便于利用、易于管理的原则，因地制宜进行布局。

1. 牧场的分区规划布局 规模化牧场通常分为 3 个功能区，即生活管理区、生产区和病畜隔离区。在进行场地规划时，应充分考虑未来的发展，在规划时留有余地，尤其是对生产区的规划。各区的位置要从人畜卫生防疫和工作方便的角度考虑，根据场地地势和当地全年主风向，按图 11-2 所示模式顺序安排各区。

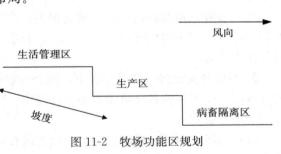

图 11-2 牧场功能区规划

2. 牧场生产设施的布局 牧道在设计过程中根据牧场现有规模和未来发展需要尽可能少占用草地，并结合牧场地形条件进行布局。通常情况下，牧道设置在地势较为平坦的宽阔区域，不宜在坡度较大地段规划设计牧道。围栏建设的主要目的是提高管理效率，如划区轮牧、分群放牧等。圈舍需要结合当地气候条件建造，综合考虑光照、温度、湿度和通风因素，其位置通常距离居住点 50m 以内。饲草料储存、加工设施的布置需尽量临近棚圈，便于饲喂管理。饮水设施附近 100m 范围内不应建有生活污染源，放牧场中的饮水设施需均匀布局，减少因饮水造成的局部草地退化。

二、牧场生产设施规划

牧场生产设施，如圈舍、围栏、牧道、饲草料棚等，既有助于家畜管理和监测，又可以减少牧场经营者劳动强度和劳动力投入。同时，在家畜管理过程中可以精确地进行分群管理和健康管理，实现牧场经营者的精准管理。

（一）牧场圈舍规划

1. 圈舍选址与建设要求

（1）圈舍选择地势较高、向阳背风、干燥通风良好、防风雪和便于排水的地方。避免在低洼潮湿、山洪水道处建设圈舍，预防汛期积水，甚至产生灾害；避免在冬季风口处建设，对家畜冬季防寒、防止大雪堆积具有重要意义。

（2）圈舍附近需辅以建设水源点，保证水质达到卫生要求，人畜饮水需要划分，保障人畜健康和安全。在有条件的地区，圈舍中需配备电源。在圈舍周边需配置运输饲草料和家畜的道路，防止机动车碾压破坏草地。圈舍就近配备储草棚和草料库，便于管理。

（3）圈舍应设在牧场管理人员居住地点附近，便于饲养管理和安全管理。同时，圈舍建设需远离人群聚居点，注重防疫管理和符合防疫要求。

（4）在西北牧区，冬春季节天气寒冷，特别是随着季节畜牧业的发展，一般提倡产冬羔，有条件的情况下需配置向阳棚或暖棚，有利于减少家畜能量消耗和保障家畜越冬。天气不太冷的地区，不必建立棚舍。

（5）根据目前我国牧区的情况，圈舍修建不一定要使用很好的建筑材料及采用过高的标准。圈舍要求光线充足，地面经常保持干燥。应每天清扫粪污，并垫入干土。冬天不能有粪尿结的冰，夏天不能有泥泞，否则家畜易得疥癣、腹泻、腐蹄等病或流产。

（6）同一圈舍内，最好分隔成若干小栏，以防大群家畜过分拥挤，互相扰乱，甚至引起孕畜流产。

（7）各种家畜圈舍所需的建筑面积为：产羔母羊每只应占 $1.1\sim1.6m^2$，羯羊每只应占 $0.7\sim0.9m^2$，成年牛每头占 $4\sim5m^2$，幼年母牛每头占 $2\sim3m^2$，母马每匹占 $12\sim13m^2$，公马每匹占 $13m^2$。

2. 圈舍种类设计　通常情况下，圈舍建设的类型依据气候条件、饲养要求、建筑场地、建材选用、生产习惯和经济实力等条件而定。按墙通风情况划分，常见的类型有封闭式、开放式及半开放式等。

（1）封闭式圈舍：封闭式圈舍四面有墙和窗户，顶棚全部覆盖，舍顶既可修成平顶也可修成脊形顶。该类型圈舍在北方寒冷地区普遍采用，主要为冬春家畜怀孕产仔期所使用，饮水、补饲多在运动场内进行，室内不设其他设备。

（2）开放式圈舍：开放式圈舍构造简单，通常为四面有墙，无顶棚。墙体以土坯、砖混、铁质或木质栅栏为主。该类型圈舍常在夏季使用，具有造价低、通风性好等特点。

（3）半开放式圈舍：半开放式圈舍三面有墙，向阳一面敞开，有部分顶棚，在敞开一侧设有围栏，水槽、料槽设在栏内。具有造价低、节省劳动力的优点，但寒冷季节防寒效果差。舍内可以根据分群饲养的需要分隔成若干个小栏，其适合于温暖地区或半农半牧区。在此基础上可改造成为塑料薄膜暖棚，适用于北方寒冷地区，具有经济实用、采光保温和通风性好的特点；但塑料薄膜易老化或被硬物碰破，要及时予以修补。

（二）围栏建设规划

围栏是放牧畜牧业经营的基本设施，也是畜牧业发达国家较为普遍的草地利用保护措施。围栏的使用可以节省牧场劳动力，便于草地的管理和利用，提高草地生产力。围栏的作用：一是牧场边界的确定，即对草地权属的明确；二是对放牧地家畜的调控，给草地牧草生长提供机会，使其能够积累充足的营养物质完成生殖生长，进一步恢复草地生产力，促进群落自然更新；三是用来控制放牧强度，提高草地利用率，尤其是在划区轮牧和分群管理方面作用明显。围栏的建设根据牧场需要和资金允许，因地制宜，按需选用。当前的围栏种类根据材质分为以下六种。

1. 沟围栏 在山集分水岭或其他不易造成冲蚀的地方，通过开外壕沟的方式对草地起到围栏作用。沟深 1.5～2.0m，为防止坍塌，需呈梯形，即顶部应比底部略宽。

2. 墙围栏 主要有石头墙和土墙两种，材质以当地材料为主，就近取材。

3. 生物围栏 通常采用带刺或生长致密的灌木或乔灌结合对草地起到围栏作用，其长成后不仅可以起到防风固沙的生态作用，还可以利用枝叶生产饲料。通常用在宜林地区。

4. 网围栏 国内外使用普遍，材质为厂家生产的铁（钢）丝网和固定桩（水泥、木质、角铁），具有建设便捷、占地少和易搬迁等特点。

5. 刺丝围栏 多为厂家生产，也可自行制作。围建与网围栏一致，使用年限长、效果好，但造价高。

6. 电网围栏 是一种新兴的围栏类型，成本较高，需要有电力供应。围栏使用光铁丝或刺丝均可，栏桩多使用木桩，绝缘性能好，便于安装。

（三）牧道建设规划

牧道是指家畜从畜舍到放牧地，或在划区轮牧草地中从一个围栏小区转移到另一个围栏小区，或从放牧地到饮水点的通道。牧道的宽度取决于家畜的数量，需要在满足畜群自由移动的前提下尽可能利用原有道路，减少草地的占用。通常，100 头牛群或马群规模的牧场，牧道宽度为 10～25m；600～700 头羊群规模的牧场，牧道宽度为 30～33m。

（四）附属设施建设规划

1. 人工授精室设计要求 在有条件的牧场中，修建人工授精室。由于小型家畜人工授精成本较高，通常在大型家畜或种畜场使用。人工授精室应临近圈舍，要求保温、光亮。

2. 饲草料储存、加工设施设计要求 饲草料库要位居圈舍中央，以便于取用饲料。青贮窖一般是圆桶形、长方形，为地下式或半地下式，窖壁、窖底用砖、石灰、水泥砌成。窖的容积大小依据畜群规模及其饲喂量决定，每只成年母羊每天可喂青贮玉米秸秆 3.0kg 左右，成年牛日食 15～20kg。用砖、石、钢筋、水泥砌成的青贮塔可建造在圈舍旁边，取用方便，并且具有不透气、不渗水、压得紧、损耗少、单位容积贮量多等优点。青贮塔一般直径为 4m 左右，每立方米能贮青贮玉米秸秆 450～750kg。饲料调制车间宜与饲草料库相邻，但也要防止噪声对家畜的不良影响。

3. 饲喂设施设计要求 通常牧场中使用各类饲槽饲喂家畜。饲槽可使用水泥、铁板或木材制成，分为固定式和活动式两种。以舍饲为主的圈舍，通常在内部修建固定式饲槽。牛舍饲槽长度与牛床宽度相同，上口宽 60～70cm、下底宽 35～45cm，近牛侧槽高 40～50cm、远牛侧槽高 70～80cm，底呈弧形。双列式对头羊舍，饲槽应在中间走道两侧。若为对尾式羊舍，饲槽应修在靠窗户走道一侧。走道墙高 1.2m，为半砖墙、水泥抹面，下半截呈隔栅状。顺墙用砖、水泥砌成通槽，一般槽高 40～50cm，上宽 50cm，深 20cm，槽底呈圆弧形。

活动式饲槽在户外使用较多，尤其是在草地放牧区。其材质可同固定式饲槽，也可使用旧轮胎等制作简易饲槽；也可使用竹片、木条或钢筋、三角铁等材料做成栅栏或草架固定于墙上，形成悬挂式草架，方便补饲干草，避免羊只践踏，减少污染、损失。

4. 药浴设施设计要求　羊场应修建药浴池，定期给羊药浴，以防治疥癣等体外寄生虫病。药浴池一般为长方形狭长小沟，用沙石、砖、水泥砌成，或直接挖沟后覆盖塑料薄膜。池深不少于 1m，长约 10m，上口宽 0.5～0.8m，池底宽 40～60cm，以一只羊能通过而不能转身为度。池的入口处为陡坡，以便羊只迅速入池；出口端筑成台阶式缓坡，以便消毒后的羊只攀登上岸。入口端设储羊栏，出口端设滴流台，使药浴后羊只身上多余的药液回流池内。牛场通常采用药物喷浴的方式进行除虫。

5. 饮水设施设计要求　饮水可以提高家畜的食欲，促进采食，有利于维持畜体健康和提高家畜的生产性能。不同家畜的饮水量不同，一般牛和马每天需要 40～50kg；1～2 岁幼畜需要 25～30kg；绵羊和山羊需要 3～5kg；羔羊需要 1～2kg；骆驼 2～3d 饮一次水，需要 60～70kg。

圈养家畜可以在圈舍内安装饮水器，连通自来水，可随时饮水；放牧家畜需要保障家畜每天饮水 2～3 次。牧场中，如果草地面积较大，需要设置多个饮水点，饮水点的距离以避免家畜因饮水耗费体力为最佳。饮水半径应根据家畜品种、年龄、季节及地形等因素而定，一般牛羊饮水半径为 1.5～3.0km，牦牛为 2～5km，马为 3～6km。乳畜、母畜、幼畜及体弱、病、老畜的饮水半径应短些。

牧场供水点必须有提供人、畜供水的各种建筑物和设备，包括集水建筑物、提水设备、蓄水池、饮水槽及饮水台等。储水的地点如蓄水池用围栏围护，将水引入饮水台的饮水槽内。饮水台周围应设排水沟，排除污水和家畜粪尿。污水要排到距井 100m 以外的地方。蓄水池的作用是调节单位时间日或数日的用水量，容积大小根据水源和日需水总量而定。蓄水池的位置尽量靠近机井房，池底要高于饮水槽之顶。池形可以是方形、圆形或长方形。修池的材料有砖、石块、混凝土等。在大面积无水草地区，也可以使用水袋等形式布设饮水点，可使用水罐车定期进行补充。

第四节　牧场经营与管理规划

一、牧场经营与管理规划的原则

牧场采用良好的经营与管理目的在于充分发挥牧场所有资源包括草地、家畜、饲料、资金、人力等的优势，实现牧场整体效益最大化。在具体规划工作中，需要遵循以下原则。

（一）高效优质原则

牧场中涉及的各种资源和生产环节比较繁杂，需要在保障整个生产系统中产品质量的前提下，提高生产效率。在我国的牧场中，尤其是在以放牧为主的天然草地牧区，资源利用率相对较低，经营管理比较粗放。因此，需要在适当放牧的前提下，提高草地利用率、饲料利用率，加快家畜周转，缩短饲养周期。如北方草地放牧区，很多牧场在入冬前购置较多饲草料，保存管理较粗放，致使春季牧草返青后仍有较多剩余，且饲草料品质下降严重，造成资源浪费。传统家畜饲养习惯仍然存在，每户或牧场中均存有一定数量的"高龄家畜"和"阉畜"，其在饲料回报率和经济成本核算上存在较大问题，成为影响牧场整体效益的主要问题之一。牧场畜群整体表现参差不齐，无论是在品种、长势方面，还是在产品规格、质量方面，均未实现产品的标准化，这些现象直接影响着产品的销售价格。如新西兰出口的放牧肥羔胴体重都在 13kg 左右，过大或过小都不可出口，这是保证其畜产品在国际市场地位的重要原因之一。

（二）商品化生产原则

牧场所有者或经营者生产的主要目的是盈利，因此需要始终将产品商品化作为贯彻于整个生产经营过程的原则。商品化生产也决定着牧场经营类型和规模、投资的方向和数量、家畜饲养周期和饲养方式、畜产品的出售时间和数量等。如新西兰牧场经营者遇到畜产品价格下跌时，往往会立即缩小生产规模，大大压低牛羊的出栏率，用青干草补饲超载的畜群；当价格上涨时，则大量出栏，甚至通过延长母畜群的使用年限而把后备畜也销售掉。

（三）动态管理原则

牧场生产管理经营的主体对象是家畜和饲草料，而这两者在实际生产中均存在季节性和周期性特点。为了保障生产环节的紧密关联和产品生产效率，必须进行动态管理。从配种到怀孕、产仔、哺乳、断奶再到育肥等不同环节，不同家畜对于营养的需求存在较大差异，因此只需要对家畜重要时期进行营养管理加强，其余时期可适当进行粗放管理。如放牧场遇到突发自然灾害，需要根据自身条件实时进行调节。

二、牧场经营者应具备的经营理念

在规划中，要注意培养经营者的现代牧场经营意识。牧场所有者或经营者是牧场经营管理的决策者，其经营思想直接影响着整个牧场的经营效果。树立科学的经营思想，是确立正确经营决策的关键。正确的、积极的决策可促进牧场持续盈利，并使牧场发展快速、稳定；保守的、消极的、被动的决策将制约牧场发展，最终将被市场和时间所淘汰。从传统草地畜牧业到集约化、市场化、现代化草牧业，要求生产经营者必须树立科学的经营观念。

（一）整体观念

我国的土地资源属国家和集体所有，每个牧场在经营过程中必须遵守国家法律法规，并积极响应国家方针政策，正确处理好国家、集体和个人之间的关系。牧场的规划要从长远利益和整体利益的角度出发，兼顾集体和个人利益。在经营过程中，树立资源利用的有效性，讲究投入、产出与追求利润的最大化应成为贯穿一切生产活动的经营原则，还需要兼顾生态效益和社会效益。牧场经营者必须整合牧场资源，利用科学技术手段和管理手段，开发利用所有可利用资源，包括人力、资金、材料、能源、设备、信息、管理、时间、空间等，拓展资源功能发挥的空间，提高牧场整体竞争力。

（二）市场观念

牧场作为一个存在于现实社会中的经营实体，其面向市场是必不可少的，需根据市场规则和市场动态变化的特点采取相应的应对策略。在市场需求的不断发展中，牧场规划、牧场经营不断在牧场经营者的调控下对其进行适应和发展，并在市场之中进行竞争。低消费水平的社会中，价格竞争表现突出，竞争手段应重点放在价格对策上；中等消费水平的社会中，质量在竞争中起支配作用，竞争手段以质量对策为主；高消费水平的社会中，优质服务和产品保险成为主要竞争手段。在不同竞争阶段，竞争的成功主要在于牧场经营者对于市场信息化的把握和适应，快速、高效的技术改造和管理模式转变是牧场适应市场的重要体现。

（三）可持续发展观念

牧场倡导的可持续发展观念主要包括生产经营的可持续性、资源开发利用的可持续性和环境保护的可持续性。生产经营的可持续性主要体现在牧场创新能力、牧场经营管理方式和销售模式方面。低投入、无创新、技术和管理模式更新缓慢、销售渠道开辟不畅等均会严重影响牧场生产经营的各个环节，最终导致由于很难适应多变的外部市场需求和市场环境而在市场竞争中逐步被淘汰。牧场涉及的资源，如草地资源、优良种质资源等，需要在资源可更新和可繁衍的范畴内开发利用，超过牧场利用的阈值则会产生不可逆的发展趋势，甚至导致牧场经营系统的崩溃。环境保护是牧场再发展的基础和保障，以牺牲环境所赢得的发展是不能持久的。因此，必须树立可持续发展的观念。

三、牧场经营与管理规划

牧场生产需优化资源配置和生产流程，在有限的牧场资源的基础上，最大限度地增加产出。牧场的集约化、现代化和信息化管理是可持续发展的必然趋势。在牧场的主要生产环节规划中，需要着重关注如草地培育、家畜改良、冬春季舍饲圈养、家畜短期育肥快速出栏等环节。

（一）草地培育

草地包括天然草地、改良草地和人工草地，是牧场饲草料的主要来源。改变传统的"重利用，轻建设"理念，将饲草料的生产、加工、储藏、利用作为牧场经营管理的重要组分，为牧场提供安全、稳定、充足的饲草料来源。在有条件的牧场中，适度进行栽培草地建设。

（二）家畜改良

家畜资源是牧场形成最终产品的直接体现。为了提高牧场总体生产能力和牧场效益，在保护本地家畜种质资源的基础上，通过新品种引进、本地家畜改良提纯、牧场畜群优化等措施实现牧场畜群达到商品化生产的需要。以提高单个家畜生产性能为目标，提高家畜受孕率和多胎率，降低家畜死亡率，摒弃"头数畜牧业"的落后经营理念。同时，根据畜种或生产需要，可引入人工授精、胚胎移植等先进技术。

（三）冬春季舍饲圈养

我国北方牧场冬春季节气候严酷，饲草料短缺。此时正值家畜能量需求较高时期（产仔、严寒），传统的放牧利用对于家畜能量损失较高，进而产生因冷季营养不良造成的繁殖成活率、保畜率、出栏率和绒毛品质与产量下降的现象，通过冬春季半舍饲、舍饲的饲养方式可消除或减缓家畜掉膘产生的不良影响。

（四）家畜短期育肥快速出栏

家畜育肥是在短时间内保障牧场盈利的前提下，通过人工圈养或放牧的方式干预家畜生产环节，以快速实现家畜生产目标、加快畜群优化为目的的技术措施。常规牧场家畜育肥以舍饲育肥为主，根据不同时期家畜营养需要，在特定饲草料饲喂计划的指导下，综合牧场成本核算，在短期内达到畜产品商品化生产的目的。通常舍饲育肥可控性强，效果明显；但存在管理、饲草料、疫病防控的要求较高，资金需求量较大等问题。放牧育肥是少量家畜在可提供充足牧草的草地中放牧，任由家畜自由采食，在一定时间内实现家畜增重的目的。放牧育肥是比较经济的育肥方式，管理相对粗放，疫病较少；但其育肥效果不如舍饲育肥明显和快速。牧场的育肥应由易到难、由放牧育肥到舍饲育肥、由普通育肥到强化育肥逐步发展，既可自繁殖自育肥，也可分散繁殖集中育肥，还可易地育肥或合作育肥。

四、牧场经营与管理的经济核算

牧场规划，不仅要对牧场从整体建设和布局上进行规划与设计，还需要在经济方面有一个科学、合理、客观的分析，从经济的角度评价牧场规划实施效果。

传统的牧场经营者，尤其是我国传统的草地放牧系统的家庭牧场经营者，其在一定程度上只可被视为一个生产者。发达国家的牧场主将牧场视为一个企业去经营，这也是我国牧场从业者所要学习和转变的。由于牧场是一个集草、畜、经的多元复杂系统，其特殊性又不同于一般性的企业，所以需要借鉴农业企业管理的理念，着重关注牧场系统的特殊性、规律性和矛盾动态平衡性，对牧场中涉及的经济学原理进行简化，形成适应于牧场利用的经济核算方法，即对牧场中的所有成本和收入进行详细的量化分析，对牧场生产和经营规划制定的可行性进行直接评价。

（一）牧场资金核算

资金在牧场中是指生产经营过程中，用于生产、交换、分配、消费等环节中的财产物资的货币形式。牧场的经营必须拥有一定数量的资金。通常情况下，按照资金的来源，可划分为自有资金和外借资金；按资金的用途和周转方式，可划分为固定资产和流动资金。

1. 固定资产　固定资产是指在牧场中以实物形态表现且可供牧场经营者长期使用的资金形式，由于使用、消耗、市场价格变化、通货膨胀等原因致使其价值不断损耗，通常具体指劳动资料和消费资料。

（1）劳动资料：包括机械、设备、生产工具、用具、交通运输工具、生产用房等。

（2）消费资料：包括生活用房、生活用具等。

固定资产折算需要具备两个条件：单价在规定数额以上；使用年限超过一年。通常情况下，固定资产通过折旧分摊计入产品成本之中，计算见式（11-1）至式（11-4）。

$$年折旧额 = 年折旧率 \times 固定资产原值 = \frac{固定资产原值 - 残值}{预计使用年限} \tag{11-1}$$

$$年折旧率 = \frac{1 - 预计净残值率}{预计使用年限} \times 100\% \tag{11-2}$$

$$预计净残值 = 固定资产原值 \times 预计净残值率 \tag{11-3}$$

$$预计净残值率 = \frac{预计净残值}{固定资产原值} \times 100\% \tag{11-4}$$

2. 流动资金　流动资金是指在牧场生产过程中使用的周转资金。

（1）用于准备投入生产，但还未实际投入生产过程的生产准备金，如种子、药品、饲料、燃油等。

（2）用于投入生产后，牧场获得成品之前的实物形式产品，如幼畜、育肥畜、饲料地产品等。

（3）已经形成产品，但还未销售的实物形式。

流动资金通过生产储备金、预成品、产成品3种形态的运动过程称为资金周转。牧场通过成品销售后获得资金，进而可以购买生产资料，完成资金和产品的循环。流动资金周转一次所需要的时间称为周转周期。周转周期越短，周转速度越快，资金利用率越高。因此，加快流动资金周转，在较少流动资金的前提下尽可能生产较多产品，是合理节约使用流动资金的关键。

流动资金周转率是评价流动资金利用效果的重要指标，采用如下指标表示，见式（11-5）至式（11-7）。

$$流动资金年周转次数 = \frac{年销售收入总额}{年流动资金平均占用额} \tag{11-5}$$

$$流动资金单次周转时间 = \frac{360}{年周转次数} \tag{11-6}$$

$$流动资金占用系数 = \frac{年流动资金平均占用额}{年产品销售总额} \tag{11-7}$$

由于牧场生产周期相对较长，大部分资金长期处于产品状态，为了加快流动资金周转速度，需要对资金综合利用，并健全现金和物资管理制度。如家畜、饲料的采购和储备需要合理，防止物资积压；通过改良品种，优化管理方式，缩短生产周期，加快畜群周转，节约物资消耗；把握市场动向，及时销售产品和清理结算资金，减少资金占用量。

（二）牧场成本核算

牧场中进行的成本核算，是指考核在固定周期内牧场生产中的各项消耗，并分析各消耗项目和成本之间的关系，进而寻求降低生产成本的途径。固定周期在牧场中可以指一个日历年、一个生产年或一个生产过程，这主要取决于牧场的经营目标和经营内容。牧场中的生产往往不同于工厂化的生产，其属于自主经营，生产周期相对较长，支出项目繁杂，需要及时对各项支出进行记录。牧场成本是指牧场生产过程中产品消耗的物化劳动总和，即牧场生产产品过程中所有支出项目，包括生产资料成本，如购买家畜、饲草、种子、农药、燃料等费用及固定资产折旧费、劳务成本等的总和，计算见式（11-8）。

$$总成本 = 固定资产年折旧费 + 生产资料支出 + 劳务成本 \qquad (11\text{-}8)$$

在牧场生产经营过程中，降低牧场成本是提高牧场收益的重要手段。降低成本并不意味着降低产品的质量，通常主要从提高牧场产品质量和产量与节约各类支出两个方面来实现降低成本。从家畜角度而言，选择高产优质、生产性能持续稳定、适应性强的家畜品种，通过科学饲养管理、优化畜群结构、缩短饲养周期、提高出栏率等方式提高产品质量和产量，从而获得持续、稳定的高回报；在保证产量和质量的基础上，尽可能减少消耗和支出。如根据家畜数量和饲养时期的能量与营养需求，合理购置饲草料，提高利用率和饲料报酬；利用机械、圈舍等已有条件，进行良好的饲草料储存，减少营养成分损失；利用饲槽减少饲喂浪费；采用同期发情、同期配种、同期产仔技术，减少劳动力成本，提高劳动生产率。

(三)牧场盈利核算

牧场盈利，也称牧场效益或牧场净收益，是衡量牧场生产经营效果的一个重要指标，具体是指固定周期内牧场中所有产品销售总收入与牧场总成本之间的差额。该固定周期在牧场中通常指一年或一个生产周期。根据牧场生产经营过程中所需的资金进行估算，通过对牧场成本和牧场收益的整体衡量，对牧场中收入和支出做详细记录，计算牧场固定周期经营的报酬（净收入），评估整个牧场的效益状况。

在牧场中，能够盈利的重要组分是产品价值，其通常是由物化劳动（生产资料）的消耗而转移到产品上的旧价值和由活劳动的消耗而创造的新价值两部分组成。在总成本中，在不考虑牧场固定资产折旧的情况下，产品的成本成为影响牧场支出的重要部分，主要包括生产资料支出和劳动力支出。劳动力支出在产品成本中所占配额相对较少，但在不同区域的牧场中差异比较大；生产资料支出是牧场产品成本中的主要内容，调控该部分支出才是牧场节支和盈利的根本方式之一。

牧场生产的产品出售后，在收回成本的基础上产生的盈余，即为产品净（纯）收入，见式（11-9）、式（11-10）。

$$产品成本 = 生产资料支出 + 劳动力支出 \qquad (11\text{-}9)$$
$$产品价值 = 生产资料价值 + 劳动消耗所创造的新价值 \qquad (11\text{-}10)$$

当产品价值大于产品成本，则经营有效，能够获得盈利；反之则亏损。

但实际上，产品在销售过程中并不按其固有的价值销售，其往往还会受到市场因素的影响。产品的市场价格称为销售价格，产品真实价值不完全等于产品销售价格，二者一般差别不大。换言之，可以把产品成本与销售价格的差额称为牧场的盈利或者是纯收入。若销售价格大于产品成本，则牧场盈利；若销售价格小于产品成本，则牧场亏损。另外，在牧场尺度上也可利用盈亏平衡分析衡量牧场生产的盈亏转折点，即生产产品的总收入与总成本相等时的转折点。当产量在该点以下时，就会发生亏损；反之，就有盈利。通常使用式（11-11）计算：

$$盈亏平衡点的产量(或销售) = \frac{固定成本}{单位产品销售价格 - 单位产品变动成本}$$
$$(11\text{-}11)$$

衡量牧场的盈利水平，通常使用利润率来表示。利润率是将利润与成本、产值和资金进行比较，来反映利润水平的相对指标，表示方法包括成本利润率、产值利润率和资金利润率3种，见式（11-12）至式（11-14）。

$$成本利润率 = \frac{销售利润}{销售产品成本} \times 100\% \tag{11-12}$$

$$产值利润率 = \frac{总利润}{产品产值} \times 100\% \tag{11-13}$$

$$资金利润率 = \frac{总利润}{占用资金总额} \times 100\% \tag{11-14}$$

资金利润率可以比较全面地反映出牧场使用资金的经济效果。因此，它是一个反映牧场经营状况的极其重要的综合性指标。此外，也可将人均盈利额、畜均盈利额、逐年利润增幅等作为衡量盈利状况的指标。

第五节　牧场环境保护规划

牧场环境保护在牧场生产经营过程中是容易被忽略的一个环节，尤其是在北方草地牧区。但随着人们对于食品安全和动物福利关注度的提高，环保问题的解决成为牧场畜产品品质提升、牧场增收的有力支撑。

一、环境保护措施规划

牧场生产运行过程中，污染源主要来自废弃物，如粪便、污水、生活垃圾、医疗垃圾等和病死畜。牧场环境保护的基本要求是：牧场中产生的一切污染物，必须通过适当的方式进行处理，合理转化利用，防止对水体、土壤产生污染。良好的牧场环境应具备的条件如下。

（1）具有良好的小气候条件，有利于畜舍内空气环境的控制。

（2）消毒设施健全，便于严格执行各项卫生防疫制度和措施。

（3）规划科学、布局合理，便于合理组织生产、提高设备利用率和劳动生产率。

（4）便于粪便和污水的处理与利用。

新建牧场必须从选址、规划、布局、卫生防疫、环境卫生监测等多方面综合考虑，合理设计，力争做到无污染、零排放，努力构建生产与生态的和谐关系，确保牧场生产可持续发展。对于传统牧区的已有牧场而言，环保设施的建设需要根据自身情况进行改进和完善。

（一）合理规划布局

牧场的合理规划是牧场环境保护的先决条件。在牧场选点建设之初，就必须严格按照相关的法规和环境保护要求，从环境保护着眼，依据相关法规科学规划，合理布局。选择远离居民区、交通要道、水源等地段，合理规划牧场规模和场内建筑，合理规划废弃物的处理和综合利用措施，防止污染周边环境，同时也要避免周边环境已存在的污染源影响牧场。

已有牧场的改建本着因地制宜、因户而宜的原则进行。在北方广大牧区，牧场设立时间较长，基础设施较为陈旧，需要在遵守环境保护的原则下，对水源进行保护，粪便污水排放和处理进行重新规划，圈舍环境进行改进管理。如采取水井或取水点设置遮盖物，粪便在远离圈舍和居住点集中堆放，圈舍内部粪便及时清除等措施。

（二）卫生防疫制度

在牧场规划布局的基础上，严格执行《中华人民共和国动物防疫法》，建立健全卫生防疫制度，以便于有效防止疫病的发生和传播。如牧场设车辆消毒池，供外来车辆入场时消毒，并禁止外来车辆进入家畜生产区；场区、畜舍及舍内设备要建立定期消毒制度；对病畜进行隔离饲养，尸体剖检和处理严格按照防疫规定执行。

（三）牧场废弃物处理

牧场生产过程中，产生大量的粪便、尿水等废弃物，常用的处理方式是采取堆放腐熟，制成有机肥料返田，也可通过发酵产生沼气的方式加以转化利用。如采用发酵的方法处理，需配套相应的基础设施、设备，严格制沼和利用流程，防止产生二次污染。

（四）牧场环境监测

为了保障牧场生产产品的无害化，需要定期对牧场周边及牧场内部环境进行取样监测。监测的内容主要包括以下方面。

（1）污染源监测：即对牧场废弃物和畜产品中的有害物质的浓度进行定期、定点测定。

（2）环境监测：定期采集牧场水源及周围自然环境中大气、水等样品，测定有害物质浓度，了解环境污染情况，进而正确评价环境状况，制定切实可行的环境保护措施。

二、生产安全监控规划

（一）牧场产品溯源

牧场产品溯源起源于疫病防控措施。澳大利亚早在 20 世纪 60 年代，就开始通过尾部标识及养殖场编号对牛只实施可追溯管理，肉品可追溯体系在国际上处于领先地位。2003 年，澳大利亚强制实施了国家牲畜标识计划（National Live Stock Identification Scheme，NLIS）。国家牲畜标识计划可以自动采集追溯数据，提高动物标识记录的准确性；可以将动物养殖信息与动物产品生产信息有效衔接，满足消费者的需求；可以提高动物产品的质量安全水平，实现动物产品的出口创汇。1998 年，加拿大颁布了牛标识计划，自 2005 年开始采用射频识别（RFID）系统对牛群进行标识与可追溯管理。自 2003 年的第一例疯牛病疫情之后，美国研究制定了全国牛标识溯源系统，并于 2009 年强制实施，以确保在动物疫情发生 48h 之内追踪到相关染疫动物。我国在 2002 年出台的《动物免疫标识管理办法》中规定，"猪、牛、羊要佩戴免疫耳标，建立免疫档案管理制度"。2006 年颁布的《畜禽标识和养殖档案管理办法》，对动物标识、养殖档案和防疫档案建立、标识信息管理等方面做出了明确规定。

牧场产品溯源是指能维护牧场产品在整个或部分生产与使用链上所期望获取的全部数据信息和作业。产品溯源是基于互联网、云计算和物联网技术，将产品生产、加工、运输、销售等环节构建成为一个不间断的时间序列，使产品在每一环节均能够进行跟踪、查阅、验证，是保证产品质量、提升产品附加值的重要手段。牧场产品溯源通常以电子耳标为载体，利用物联网、卫星定位等技术手段，对每一家畜个体从生产饲养到餐桌进行全方位跟踪定位，建立完善的信息采集、数据分析管理系统。该系统也可将环境监测、防疫监控、生产记录等进行整合，也可以与政府部门的相关数据库和监管系统关联。

真正实现牧场产品溯源需要将养殖、屠宰、流通等环节的数据信息利用互联网进行关联和查询。这对于牧场生产经营者而言，难度较大。牧场层面的产品溯源的工作仅能够实现牧场家畜养殖相关档案的建立。通过给家畜佩戴溯源电子耳标，明确每个家畜的遗传关系、饲养过程、健康状况等，并对其进行智能化记录和监控。养殖环节监控项目包括家畜品种、亲本、出生日期、性别、生产地、养殖牧场、养殖方式、体征数据（如体高、体重、胸围）等；防疫环节记录数据包括家畜防疫时间、地点、防疫员姓名、免疫程序名称、接种方式、接种剂量等；养殖监管主要在有条件的区域，建立视频监管，进行养殖数据采集管理，采集牧场、饲养环境、饲草料、疫病与防疫、饲养及移动等养殖各环节的数据。

（二）牧场动物福利

动物福利是指为动物提供适当的营养、环境条件，科学地善待动物，正确地处置动物，减少动物的痛苦和应激反应，提高动物的生存质量和健康水平。牧场尺度上的动物福利是根据畜禽需要提供使其健康生长或生产的环境条件，运用现代生产技术如家畜繁育技术、营养与饲料配制技术、养殖设施及环境监控技术、生物安全及疾病防控技术、工厂化生产管理技术等，满足家畜的生理和行为需要，加强应激因素管理，减少畜牧业生产中不恰当的人为操作，确保家畜的健康和快乐，最终力求获得优质安全的畜产品。具体是指动物在养殖、运输、屠宰过程中得到良好的照顾，避免遭受不必要的惊吓、痛苦或伤害。

国际上通认的动物福利的"五大自由"，就是动物在生理、环境、卫生、行为和心理方面的福利。在牧场中，生理福利是需要为家畜提供保持健康和精力所需要的清洁饮水和充足的食物，如不得使用变质、霉败、生虫或被污染的饲料原料；饲料的供给根据家畜品种、年龄、体重和不同生理需求，提供符合其营养需要的日粮，并且达到维持良好身体状况的需要量；不应使用以促生长为目的的非治疗用抗生素，不得使用激素类促生长剂。环境福利需要为家畜提供适宜的圈舍、生产环境和栖息场所，如圈舍需具备保温隔热的作用，圈舍及配套设施应避免尖锐的边缘和突出；废弃物需无害化处理，牧场需提供足够的自由活动及运动空间。卫生福利需要为家畜做好疫病的及时防控，如病死畜及废弃物的无害化处理，药物使用及残留控制，制订兽医健康计划，圈舍保持良好的卫生状况，以减少家畜不适或疾病的发生。行为福利需要为家畜提供足够的空间、设施，并能确保与同物种动物群聚和正常行为的自由表达，如保持相对稳定的畜群，减少混群，以防止由于拥挤和应激对家畜造成伤害；为母畜和仔畜提供相处的条件，以满足母畜天性表达；新进种公畜采取隔离，避免争斗行为的发生。心理福利需要保证家畜拥有避免心理痛苦的条件和处置方式，避免受到惊吓和伤害，如日常管理应采用温和的方式，断尾和阉割过程中要避免对家畜造成不必要的痛苦；应使用适当的装卸设备，引导家畜自行走入或走出运输车辆，不得采取粗暴的方式驱赶并应尽量减少噪声；运输过程中，保证适当的装载密度；通常采用就近屠宰，屠宰企业需善待家畜，采用人道的屠宰方式。

对于牧场而言，采用动物福利措施可以有效降低动物发病率和死亡率，减少动物用药，有利于提高动物健康和防疫水平，对于提高畜产品品质、保证动物源性食品安全具有重要意义。同时，动物福利措施的采用有利于提高畜牧业生产效率，对畜牧业资本的边际生产效率的提高有巨大帮助，也是企业对外宣传和营销的有力手段。

（三）家畜疾病防控

家畜疾病严重危害家畜健康，不仅会引起家畜大批死亡，影响生产造成极大的经济损失；同时，一些人畜共患病也有可能威胁到人类的身体健康。因此，在牧场规划中，要充分重视对家畜疾病的防控。

任何一种疾病的发生与流行都不是由单一因素引起的，除致病病原体外，还与营养、环境和管理等方面有一定的关系。因此，在规划中，就需要从牧场的环境卫生、计划免疫、防疫消毒制度、疫病检疫检验、粪便处理以及病死家畜无害化处理等方面，采取综合措施，预防疾病的发生，并形成系统化的牧场防疫体系。

在防疫体系规划中，要坚持预防为主、加强饲养管理的原则。首先，对牧场在各功能区的布局上应做出科学规划，功能区的配置应有利于疾病的防控。另外，牧场的环境卫生是家畜疾病防控的重点。为了保证家畜健康，牧场管理人员需定期对圈舍、场地内部、进出车辆、饲养生产设施等进行消毒处理，使牧场消毒卫生形成制度化。家畜饲养较多的无草场养殖场，采用全进全出的养殖消毒模式，即同批次家畜出栏后，保证畜舍有一定时间的空置期，在该时间段内进行彻底消毒处理；有放牧场的牧场，因家畜在圈舍内的时间相对较短，圈舍密闭性较差，仅需定期消毒和清理圈舍卫生即可。其次，根据饲养家畜的种类、发病种类和周期、家畜生长状况制订对应的免疫计划。家畜从幼年至成年经历不同的生长阶段，不同阶段由于家畜个体免疫系统在不断地完善，期间需要按计划定期进行不同的免疫处理。

第六节　牧场风险评估

一般意义上来讲，风险评估是指在事件发生之前或之后，对该事件给人们的生活、生命、财产等各个方面造成的影响和损失的可能性进行量化评估的工作。从牧场风险评估的角度来讲，风险评估是对规划结果所面临的一些不确定性、存在的弱点、造成的影响，以及三者综合作用所带来风险的可能性的评估。

牧场是以草产品生产和畜禽产品生产为主的高风险产业，其在生产过程中不仅需综合考量自然环境、技术管理等因素，还需要考虑经济、社会和政治等因素。这些与牧场生产、管理相关的诸多因素也是产生牧场风险的来源，并且各个因素的叠加效应使得牧场面临的风险更加严峻。牧场风险是牧场经营者在进行生产决策过程中所面临的客观条件和经营管理条件上的不确定性，以及由此产生后果与预期目标的偏离。这种偏离可能是正向偏离，也可能是负向偏离。正向偏离是指超出预期，产生了高于目标的效果和利益；而负向偏离则是低于目标预期，牧场最终生产结果产生利益损失或转变。如果风险处理得当，牧场的生产经营及发展将实现相对稳定的持续发展；反之则会出现停滞或者倒退现象，严重影响生产顺利进行。

一、牧场风险的种类

（一）自然风险

自然风险，通常是指由于自然环境因素发生突发性变化而引起的种种物理化学现象对牧场生产经营造成损失机会的风险，也就是通常所说的自然灾害。自然风险在牧场中主要表现为气象灾害，如雪灾、旱灾、风灾、洪涝灾害及鼠害、病害和虫害等。

（二）经济风险

经济风险，通常是指在牧场生产经营过程所涉及的生产资料、劳动工具、劳动力等随市场价格的变化而产生的联动效应。该效应是一种市场行为，也受到自然、政策等因素的影响。其主要风险与牧场产品的质量和数量有关，并且也与市场供需有关。例如，饲草料价格上涨、家畜价格下降或草畜价格上涨的不同步均可能造成牧场产生经济风险。

(三) 社会风险

社会风险，又称行为风险，是指由于个人或团体的社会行为对牧场生产经营造成的风险。主要包括：环境污染对牧场造成的损失，牧场决策失误造成的损失，错误的行政干预造成的损失，劣质生产资料造成的损失和技术措施应用不当或不适应而产生的损失。

二、牧场风险的成因

牧场面临风险的成因来源较广，有人为因素导致的主观原因，也有自然因素造成的客观原因。通常将牧场风险成因归纳为自然、社会、经济、技术等几个方面。其中，自然因素是客观存在的，其对于牧场风险的产生具有不确定性；社会和技术因素是人为导致的，带有较强的主观性。客观原因导致的牧场风险是不以牧场经营者的主观意志为转移的客观存在，并且牧场风险的发生时间、范围、形式、频率、强度等也是不确定的；主观因素主要是由于经营者自身行为对牧场造成的风险，在一定程度上可以避免和控制。

牧场的效益是衡量牧场经营状态的指标之一，而牧场效益的获得与市场是密不可分的。市场环境变化是不可预见的，其也是导致牧场生产风险的直接原因。市场环境的变化受到自然环境、社会政治、政策和全球经济的影响。自然界灾害的频发是由于自然界本身的发生发展产生的，其具有较强的不确定性；国家政局动荡、战争等现象的发生，直接导致牧场经营活动受到损坏；全球经济的波动，尤其是草畜产品的波动势必会对牧场产品产生直接或间接影响，这一结果产生的诱因具有较强的不确定性。

三、牧场风险控制的一般程序

为了实现风险控制的目标，需要采取一系列的管理程序加以实现。通常情况下，在牧场尺度上的风险控制程序包括风险识别、风险评估、控制决策和效果评价4个步骤。

(一) 风险识别

牧场生产中风险种类繁多，对其进行准确、及时的识别是实现风险控制的基本前提。该步骤是对牧场中将要面临的各种潜在风险进行汇总归类，并分析其本质特征、发生可能性和后果实现的基本过程。如果该步骤缺失，会导致对各种潜在风险进行有效控制机会的丧失，也不能对牧场面临的风险进行进一步的控制。牧场风险识别是基于严谨的调查研究进行的，在针对性分析后做出准确判断。常见的识别方法可参考企业经营风险评估的方法，如指标分析法、财务报表法、流程图法、概率分析法、决策分析法、动态分析法等。

(二) 风险评估

对牧场进行风险评估是指用定量分析的方法来估计和预测某一特定风险在牧场中的发生概率和损失程度。风险评估是基于风险识别，对牧场中潜在风险产生的后果进行量化和评估的过程。该步骤也是进行风险控制决策的前提，因此该步骤在整个牧场风险评估过程中是一个中间环节，必不可少。进行风险评估所需要的基本条件包括：充足且精确的牧场背景资料，正确的数理统计方法，经营者的专业判断。

（三）控制决策

决策，指决定的策略或办法，是人们为各种事件出主意、做决定的过程。它是一个复杂的思维操作过程，是通过信息搜集、加工，最后做出判断、得出结论的过程。牧场风险控制决策是经营者在日常生产经营过程中普遍存在的一种行为或活动。换言之，就是为了实现牧场生产的特定目标，根据客观的可能性，在经过牧场风险识别和风险评估后，借助一定的工具、方法、技巧对影响目标实现的诸因素进行分析、计算和判断选优后，对未来行动做出决定。因此，牧场风险的控制决策是现代化牧场管理的核心内容，其往往贯穿于整个牧场管理活动的各个方面。

（四）效果评价

在以上 3 个阶段的基础上，对牧场风险控制决策的执行效果进行检查和评价，并不断进行因地制宜的修正和调整。也就是说，牧场风险控制决策的可行性是靠实践应用来进行检验的。如果决策出现偏差或由于新风险因素的出现而导致风险识别不足，在决策执行过程中需要进行及时纠正和调整，并进行进一步的风险控制效果评价。评价是在牧场整体效益最优的基础上进行减少、降低、规避或转移风险的效果考量。通过风险控制效果评价，发现风险发生与控制的规律，以实现牧场风险控制工作的科学性、实用性和有效性。

四、牧场风险评估

（一）自然风险评估

自然风险是在牧场中时常面临的风险种类，其在发生时间、发生范围、发生强度等方面具有很强的不确定性。同时，自然风险不仅对牧场生产产生巨大影响，并且对整个草牧业的生产和管理具有巨大影响。

对牧场面临的自然灾害风险程度，主要采用风险指数进行评估［式（11-15）］。

$$R = Q \times P \times V \times (1-S) \times (1-C) \tag{11-15}$$

式中，R 为牧场总体风险指数；Q 为牧场灾变规模指数；P 为自然灾害发生概率；V 为受灾体易损性指数；S 为牧场防灾指数；C 为变差系数［式（11-16）］。

$$C = \sqrt{\frac{\sum_{i=1}^{n}(R_i - R)^2}{n-1}} \tag{11-16}$$

式中，R_i 为第 i 年的牧场风险指数［式（11-17）］；R 为牧场多年平均风险指数；n 为统计时段年数。

$$R_i = Q_i \times P_i \times V_i \times (1-S_i) \tag{11-17}$$

式中，R_i 为第 i 牧场风险指数；Q_i 为牧场第 i 年灾变规模指数；P_i 为第 i 年牧场自然灾害发生概率；V_i 为第 i 年牧场受灾体易损性指数；S_i 为第 i 年牧场防灾指数。

由上式可知，牧场自然风险指数受到灾变规模、灾变频率、财产易损性、防灾抗灾能力的影响。通常情况下，受灾程度越高，风险性越高；受灾财产密度越高，受灾可能性越高。一旦发生灾害，财产易损性越高，灾害风险越大。

（二）市场风险评估

牧场市场风险主要是指牧场在生产经营过程中，由于市场行情、消费需求、经济政策等的改变，或者由于管理问题、信息闭塞及草畜产品质量差等原因引起的牧场损失。牧场产品以草、畜及附属产品为主，具有投入大、产出小，生产周期长，回报率低的特性。牧场尺度的产品生产量较为有限，尽管联户型的牧场生产出的产品也很难满足市场的大量需求；但是市场的变化可能会对牧场造成毁灭性的破坏。在产品市场中，无论是生产资料购买价格还是产品的售价的变化，均对牧场的经营和发展起到重要影响。产品的价格是由市场整体的供需关系决定的，并伴有季节波动的特性，因此对牧场产品价格的预测显得尤为重要。然而，对于牧场尺度上进行的价格预测又具有不确定性，因此需要从宏观尺度上进行牧场产品的价格预测。

宏观尺度上的产品价格预测需要确定产品供给、需求和市场价格的关系，即产品供给与需求如何决定市场价格，以及价格如何影响产品的供给与需求。该问题属经济学的研究领域，是在大量基本调研的基础上进行的模拟预测行为，具有较强的时间节点性，因此在牧场尺度上进行该项评价可酌情考虑。

（三）技术风险评估

前文提及的社会风险主要是人为性的外力所致。政策和环境污染造成的风险在牧场尺度上较难把握和评价，而牧场中可控的其他人为因素，如技术措施的应用是牧场尺度上可以把控的内容。牧场中涉及的技术风险评价就是对自然科学和社会经济系统进行综合性评价。技术风险的评价通常采用主观风险评定法以及客观风险测定法两种。

（1）主观风险评定法：在分析牧场诸多风险因素的基础上，借鉴个人经验及判断力对技术风险进行定性分析判断。该方法具有简单易行、省时省力的特点，但由于其受到评判人的主观判断力的限制，评价结果会出现因人而异、标准不一的现象。

（2）客观风险测定法：依据技术使用的实际数据，通过定量化技术风险指标并进行综合分析评价。通常采用权重法进行综合评价。在诸多技术风险中，筛选一组最能反映技术风险的客观性指标，根据其在显示或预测技术风险方面的贡献率采用专家打分的形式分别给出权重系数，将这些加权后的系数加和可得到技术风险综合指数。

通过对以往技术开发、应用的失败案例进行统计可获得技术风险临界值，将牧场技术风险综合指数与经验性技术风险临界值进行对比就可以预测技术开发应用的风险程度。常见的技术风险的客观性指标有技术机会系数、技术能力系数、技术效果系数等。

牧场经营者对生产经营的决策及客观条件的不确定性引起的可能后果与预期目标发生多种偏离被视为牧场风险的表现。牧场预期的偏离有正向偏离和负向偏离，传统意义上的风险评价强调负偏离或损失，忽略了正向偏离的作用。正向偏离对于激励生产者承担和驾驭风险及获取风险报酬具有积极作用，其在风险分析和生产决策中应给予重视。

主要参考文献

柏延臣，冯学智，1997. 积雪遥感动态研究的现状及展望 . 遥感技术与应用，12（2）：59-65.

常国军，2014. 草食家畜的采食行为与牧场管理 . 北京农业，5：139.

陈宝书，2001. 牧草饲料作物栽培学 . 北京：中国农业出版社 .

陈静，2012. 河南省动物产品可追溯体系建设探讨 . 郑州：河南农业大学 .

丛德，2013. 集约化草原畜牧业发展模式研究：以锡林郭勒盟集约化草原畜牧业发展为例 . 呼和浩特：内
　　蒙古大学 .

丛慧，杨知建，肖静，等，2012. 我国南方草地农业发展模式探讨 . 作物研究（1）：65-69.

戴正，闵文义，2014. 牧民定居规模与牧区产业发展的实证研究 . 北方民族大学学报（哲学社会科学版），
　　119（5）：45-50.

邓波，洪绂曾，高洪文，2004. 试述草原地区可持续发展的生态承载力评价体系 . 草业学报，13（1）：1-8.

丁勇，2008. 天然草地放牧生态系统可持续发展研究：家庭牧场的视角 . 呼和浩特：内蒙古大学 .

董宽虎，沈益新，2003. 饲草生产学 . 北京：中国农业出版社 .

董世魁，江源，黄晓霞，2002. 草地放牧适宜度理论及牧场管理策略 . 资源科学，24（6）：35-40.

董永平，吴新宏，戎郁萍，等，2005. 草原遥感监测技术 . 北京：化学工业出版社 .

杜青林，2006. 中国草业可持续发展战略 . 北京：中国农业出版社 .

段庆伟，辛晓平，2012. GIS 技术在草地畜牧业的应用研究进展 . 现代农业科技（3）：11-15.

甘肃农业大学，1985. 草原调查与规划 . 北京：农业出版社 .

高鸿宾，2012. 中国草原 . 北京：中国农业出版社 .

高甲荣，齐实，2006. 生态环境建设规划 . 北京：中国林业出版社 .

高永久，邓艾，2007. 藏族游牧民定居与新牧区建设 . 民族研究（5）：28-37.

宫海静，王德利，2006. 草地放牧系统优化模型的研究进展 . 草业科学，15（6）：1-6.

郭怀成，尚金城，张天柱，2004. 环境规划学 . 北京：高等教育出版社 .

郭泺，薛达元，2009. 民族地区生态规划：生态规划原理与方法 . 北京：中国环境科学出版社 .

国家林业局，2009. 中国重点陆生野生动物资源调查 . 北京：中国林业出版社 .

郝兴明，2005. 阿合奇县草地资源优化配置与牧区环境容量的研究 . 乌鲁木齐：新疆农业大学 .

郝兴明，崔恒心，马海燕，等，2005. 阿合奇县草地畜牧业优化配置方案的研究 . 草业科学，22（11）：
　　81-84.

洪绂曾，1989. 中国多年生栽培草种区划 . 北京：中国农业科学技术出版社 .

侯扶江，杨中艺，2006. 放牧对草地的作用 . 生态学报，26（1）：244-264.

侯琼，陈素华，2008. 基于 SPAC 原理建立内蒙古草地干旱指标 . 中国沙漠，28（2）：326-331.

侯向阳，2013. 中国草原科学 . 北京：科学出版社 .

侯向阳，尹燕亭，运向军，等，2013. 北方草原牧场心理载畜率与草畜平衡模式转移研究 . 中国草地学报，
　　35（1）：1-11.

胡景威，李锋单，安山，2009. 实施家畜福利的必要性及措施 . 饲料工业，30（3）：50-53.

黄昌勇，徐建明，2013. 土壤学 . 3 版 . 北京：中国农业出版社 .

黄富祥，高琼，赵世勇，2000. 生态学视角下的草地载畜量概念 . 草业学报，9（3）：48-57.

黄琦，莫炳国，陈朝勋，等，2003. 人工草地主要杂草发生规律及防除技术 . 草业科学（1）：42-44.

贾广寿，1997. 新疆荒漠草地现状及其开发利用. 草食家畜，3（S2）：15-18.

江泽慧，2006. 综合生态系统管理理论国际研讨会论文集. 北京：中国林业出版社.

李博，1997. 中国北方草地退化及其防治对策. 中国农业科学，30（6）：1-9.

李典友，高本刚，2016. 生物标本采集与制作. 北京：化学工业出版社.

李国江，赵瑞华，2008. 安达地区家畜粪便处理的现状及有效利用途径. 当代畜牧，3：44-45.

李洪泉，高兰阳，刘刚，等，2009. 草畜优化条件下草地生态载畜量测算方法新探. 草业学报，18（5）：262-265.

李帅，花立民，聂中南，等，2015. 草地干重排序快速监测方法在高寒草甸中的应用. 生态学杂志，34（12）：3575-3580.

李小坤，鲁剑巍，陈防，2008. 牧草施肥研究进展. 草业学报（2）：136-142.

李小云，2001. 参与式发展概论：理论方法工具. 北京：中国农业大学出版社.

李毓堂，1994. 草业. 银川：宁夏人民出版社.

李震钟，1993. 家畜环境卫生学附牧场设计. 北京：中国农业出版社.

廖新俤，2013. 德国养殖废弃物处理技术及启示. 中国家禽，35（3）：2-5.

刘宝元，2007. 水土保持专家刘宝元先生论：水土流失监测的概念、种类与方法. 水土保持通报，27（4）：161.

刘建新，2010. 干草秸秆青贮饲料加工技术. 北京：中国农业科学技术出版社.

刘康，2011. 生态规划：理论、方法与应用. 北京：化学工业出版社.

刘荣堂，武晓东，2011. 草地啮齿动物学. 3版. 北京：中国农业出版社.

刘秀珍，2006. 农业自然资源. 北京：中国农业科学技术出版社.

刘长仲，2009. 草地昆虫学. 北京：中国农业出版社.

陆昌华，胡肄农，自零峰，等，2009. 动物及动物产品标识与可追魏体系研究的探讨. 中国动物检疫，26（8）：1-4.

罗成，2013. 四川藏区牧民定居后的可持续发展研究. 牡丹江大学学报，22（3）：98-101.

马丹炜，2008. 植物地理学. 北京：科学出版社.

马志广，王玉青，2013. 中国北方草原改良与可持续利用. 呼和浩特：内蒙古大学出版社.

毛培胜，2015. 草地学. 4版. 北京：中国农业出版社.

孟林，张英俊，2010. 草地评价. 北京：中国农业科学技术出版社.

牟新待，1998. 我国草原牧区30户家庭牧场的经营决策分析. 草业科学，8（5）：4-7.

牛翠娟，娄安如，孙儒泳，等，2007. 基础生态学. 2版. 北京：高等教育出版社.

农业部畜牧业司，全国畜牧总站，2010. 草地植保实用技术手册. 北京：中国农业出版社.

千玉坤，2010. 荒漠化草原牧户经营规模与生产效率研究. 呼和浩特：内蒙古大学.

全国畜牧总站，2017. 草原生态实用技术. 北京：中国农业出版社.

冉东亚，2005. 综合生态系统管理理论与实践：以中国西北地区土地退化防治为例. 北京：中国林业科学研究院.

任继周，1995. 草地农业生态学. 北京：中国农业出版社.

任继周，2004. 草地农业生态系统通论. 合肥：安徽教育出版社.

任继周，2015. 几个专业词汇的界定、浅析及其相关说明. 草业学报，24（6）：1-4.

任继周，胥刚，李向林，等，2016. 中国草业科学的发展轨迹与展望. 科学通报，61（2）：178-192.

沈海花，朱言坤，赵霞，等，2016. 中国草地资源的现状分析. 科学通报，61（2）：139-154.

石自忠，王明利，2019. 我国草产品贸易及效率分析. 草业科学，36（3）：294-303.

苏大学，2013. 中国草地资源调查与地图编制. 北京：中国农业大学出版.

苏峰，2007. 基于"3S"技术的奉节县喀斯特石漠化调查及精度评价. 西南师范大学学报（自然科学版），

32（6）：60-65.

孙飞达，龙瑞军，郭正刚，2011. 鼠类活动对高寒草甸植物群落及土壤环境的影响．草业科学（28）：146-151.

孙吉雄，2000. 草地培育学．北京：中国农业出版社.

孙振钧，周东兴，2010. 生态学研究方法．北京：科学出版社.

覃志洪，吴顺康，2005. 川西南山原地区高产人工草地建植技术研究．草原与草坪（6）：65-68.

吐尔逊娜依·热依木，2004. 牧民定居现状分析与发展对策研究．乌鲁木齐：新疆农业大学.

吐尔逊娜依·热依木，夏热古丽·穆力达坤，2014. 北疆牧区牧民定居后的生产经营模式．草业科学，31（12）：2348-2355.

汪诗平，王艳芬，陈佐忠，2003. 放牧生态系统管理．北京：科学出版社.

王春梅，杨林杰，常生华，等，2014. 国内外主要畜产品与饲料价格分析．草业学报，23（1）：300-311.

王德利，程志茹，2002. 放牧家畜的采食行为理论研究．草地畜牧业与农区草业：115-120.

王德利，王岭，2014. 放牧生态学与草地管理的相关概念：Ⅰ. 偏食性．草地学报，22（3）：432-438.

王辉珠，1997. 草地分析与生产设计．北京：中国农业出版社.

王吉恒，2003. 国有农场农业风险管理研究．哈尔滨：东北农业大学.

王加启，2013. 我国商品草生产情况．中国畜牧业（13）：40-41.

王金南，蒋洪强，等，2015. 环境规划学．北京：中国环境出版社.

王晶杰，2006. 内蒙古草原植被"十五"期间动态变化．内蒙古草业，18（3）：47-50.

王堃，张玉娟，刘克思，等，2014. 加强人工草地建设推进我国畜牧业健康发展．草原与草业（2）：1-4.

王明玖，杨茂，张力，2007. 草地植物入侵的预防和控制．干旱区资源与环境，21（5）：126-130.

王瑞波，兰彦平，周连第，等，2009. 奶牛养殖废弃物处理研究．中国农业资源与区划，30（5）：60-64.

王万茂，2006. 土地利用规划学．北京：科学出版社.

王云平，2003. 冷季牧区两用暖棚养羊试验观察．黑龙江畜牧兽医，12（1）：14-15.

王宗礼，孙启忠，常秉文，2009. 草地灾害．北京：中国农业出版社.

卫智军，2003. 荒漠草原放牧制度与家庭牧场可持续经营研究．呼和浩特：内蒙古农业大学.

吴次芳，2016. 土地资源调查与评价．北京：中国农业出版社.

武吉华，张绅，等，2005. 植物地理学．北京：高等教育出版社.

辛晓平，闫瑞瑞，姚艳敏，等，2015. 数字草业理论、技术与实践．北京：科学技术出版社.

辛晓平，徐丽君，徐大伟，2015. 中国主要栽培牧草适宜性区划．北京：科学出版社.

邢福，周景英，金永君，等，2011. 我国草田轮作的历史、理论与实践概览．草业学报（3）：245-255.

徐加茂，2005. 草地水土流失监测点的建立和观测．四川草原（11）：31-33.

徐柱，2008. 中国的草原西部地标．上海：上海科学技术文献出版社.

许鹏，1994. 草地调查规划学．北京：中国农业出版社.

许鹏，1998. 新疆荒漠区草地与水盐植物系统级优化生态模式．北京：科学出版社.

许鹏，2000. 草地资源调查规划学．北京：中国农业出版社.

阎顺国，2001. 河西走廊盐渍化草地土壤生态指标的选择与分类．草业科学，8（3）：22-25.

杨京平，祁真，2004. 生态系统与管理技术．北京：化学工业出版社.

叶敬忠，刘燕丽，王伊欢，2005. 参与式发展规划．北京：社会科学文献出版社.

曾倩，2015. 我国动物福利法律保护刍议．今日湖北，1；37-38.

张继权，张会，佟志军，等，2007. 中国北方草地火灾灾情评价及等级划分．草业学报，16（6）：121-128.

张敏，2013. 动物福利的国际贸易保障制度与我国的立法对策．国际商务研究，34（190）：48-54.

张倩，张振华，2016. 西部草原牧民定居问题研究综述．草食家畜，176（1）：6373-6377.

张双阳，韩国栋，赵萌莉，等，2010. 冬季舍饲精喂对内蒙古典型家庭牧场乌珠穆沁羊日增重的影响．畜

牧与饲料科学 （2）：45-48.

张耀生，赵新全，黄德清，2003. 青藏高寒牧区多年生人工草地持续利用的研究. 草业学报 （3）：22-27.

张英俊，2009. 草地与牧场管理学. 北京：中国农业大学出版社.

张英俊，李兵，等，2011. 世界草原. 北京：中国农业出版社.

张众，刘天明，2004. 我国人工草地类型划分探讨. 中国草地 （5）：33-37.

张自和，2015. 强化人工草地建设推动草畜产业化发展. 草原与草业 （2）：3-6.

章家恩，2009. 生态规划学. 北京：化学工业出版社.

赵雪雁，2007. 高寒牧区生态移民、牧民定居的调查与思考. 中国草地学，29 （2）：94-101.

中国牧区畜牧气候区划科研协作组，1988. 中国牧区畜牧气候. 北京：气象出版社.

中华人民共和国国家质量监督检验检疫总局，2004. 天然草地退化、沙化、盐渍化的分级指标：GB 19377—2003. 北京：中国标准出版社.

中华人民共和国国家质量监督检验检疫总局，中国国家标准化管理委员会，2008. 草原健康状况评价：GB/T 21439—2008. 北京：中国标准出版社.

中华人民共和国农业部，1996. 中国草地资源，北京：中国科学技术出版社.

中华人民共和国农业部畜牧兽医司，全国畜牧兽医总站，1996. 中国草地资源. 北京：中国科学技术出版社.

周启明，2009. 畜禽养殖废弃物处理技术与发展趋势. 农业装备技术，35 （2）：9-10.

朱进忠，2009. 草业科学实践教学指导. 北京：中国农业出版社.

朱进忠，2010. 草地资源学. 北京：中国农业出版社.

WALTER H，1984. 世界植被-陆地生物圈的生态系统. 中国科学院植物研究所生态室，译. 北京：科学出版社.

CARANDE V G，BARTLETT E T，GUTIERREZ P H，1995. Optimization of rangeland management strategies under rainfall and price risks. Journal of Range Management，48：68-72.

FARINA S R，GARCIA S C，FULKERSON W J，et al.，2011. Pasture-based dairy farm systems increasing milk production through stocking rate or milk yield per cow：pasture and animal responses. Grass and Forage Science，66：316-332.

HAN J G，ZHANG Y Z，WANG C T，et al.，2008. Rangeland degradation and restoration management in China. Rangeland Journal，30：233-239.

HOLECHEK J L，PIEPER R D ，HERBEL C H，2004. Range management：Principles and practices 5th ed. New Jersey：Pearson Prentice Hill.

HOLLING C S，1973. Resilience and stability of ecological systems. Annual Review of Ecology and Systematics，4：1-24.

KEMP D R ，MICHALK D L，2007. Towards sustainable grassland and livestock management. The Journal of Agricultural Science，145 （6）：543-564.

KEMP D R，HAN G D，HOU X Y，et al.，2013. Innovative grassland management systems for environmental and livelihood benefits. Proceedings of the National Academy of Sciences of the United States of America，110 （21）：8369-8374.

PAPANASTASIS V P，YIAKOULAKI M D，DECANDIA M，et al.，2008. Integrating woody species into livestock feeding in the Mediterranean areas of Europe. Animal Feed Science and Technology，140：1-17.

PAPANASTASIS V P，2009. Restoration of degraded grazing lands through grazing management：can it work. Restoration Ecology，17 （4）：441 – 445.

PHILLIPS J D，1993. Spatial domain chaos in landscapes. Geographical Analysis，25：101-117.

REMISON D，CINGOLANI A M，SUAREZ R，et al. ，2005. The restoration of degraded mountain woodlands: effects of seed provenance and micro site characteristics on Polylepis australis seedling survival and growth in Central Argentina. Restoration Ecology，13：129-137.

TOZER P R，BARGO F ，MULLER L D，2004. The effect of pasture allowance and supplementation on feed efficiency and profitability of dairy systems. Journal of Dairy Science，87：2902-2911.

VALLENTINE J F，2001. Grazing management. 2nd ed. California：Academic Press.

图书在版编目（CIP）数据

草地调查规划学/朱进忠主编 . —北京：中国农业出版社，2020.8（2023.12 重印）

普通高等教育农业农村部"十三五"规划教材　全国高等农林院校"十三五"规划教材

ISBN 978-7-109-27063-3

Ⅰ.①草… Ⅱ.①朱… Ⅲ.①草原调查②草地—规划 Ⅳ.①S812.5

中国版本图书馆 CIP 数据核字（2020）第 122255 号

中国农业出版社出版

地址：北京市朝阳区麦子店街 18 号楼

邮编：100125

责任编辑：何　微　文字编辑：史佳丽

版式设计：杜　然　责任校对：沙凯霖

印刷：中农印务有限公司

版次：2020 年 8 月第 1 版

印次：2023 年 12 月北京第 2 次印刷

发行：新华书店北京发行所

开本：787mm×1092mm　1/16

印张：15.5

字数：375 千字

定价：38.00 元